14 생각하는 수학

제4판

중등수학 교과내용으로

기하학 다시보기

김향숙 · 정승달 지음
인제대학교 창의력교육센터

KM 경문사

머리말

21세기 지식정보시회의 페러다임에 내재되어 있는 핵심 기치 중의 히나는 단순히 지식을 전수받아 보급하는 차원을 넘어서 누가 핵심 지식을 어떻게 창출해 낼 것인가라는 것이다. 이러한 시대적 요청에 따라, 지식정보시대를 앞당기는 근본토대 중의 하나는 교육에 있다고 믿는 사람이 많다.

종종 교실 내 활동은 실제 문제 상황의 소우주가 되지 못하고 있으며 많은 교수학습활동은 진정한 현실 문제해결의 맥락과 연결되어 있지 않다. 이것은 학생들이 교실에서 그들이 배운 것을 실제 문제 상황에 적용하는 것을 어렵게 만들며, 또한 학생들은 종종 왜 학교에서 배우는 지식이 어떻게 가치가 있는지에 대한 의문 없이 강의내용상의 사실, 개념 그리고 원리를 기억하기를 강요받는다.

물론 주어진 지식을 암기하여 기억에 저장하는 것과 같은 학습 또한 중요한 학습의 한 형태이다. 그러나 지식이 폭주하는 현 시대에서 더욱 중요하며 우리의 교육에서 더 강조해야 할 부분은 학습자와 교수자가 실제로 문제를 발견할 수 있도록 하고, 복잡하고 역동적인 문제구조와 문제해결활동에 관해 창조적으로 생각하도록 하고, 문제해결에 적합한 정보를 조직화하고, 그리고, 일련의 의사결정 활동이 실제문제해결로 도달되도록 해야 한다는 것이다. 즉, 이제는 지식전달을 지양하고 지식창출이라는 새로운 화두에 부응할 수 있도록 교수학습활동상의 무엇이 어떻게 혁신되어야 할 것인가에 대하여 고민해야만 한다.

현재를 포함한 미래는 CQ(창의력 지수)의 시대가 될 것으로 예견하고 있는 가운데 변화와 혁신의 사회 속에서 무엇보다도 지식창출의 기반이 되는 창의력이 21세기의 경제프론티어의 자질에 으뜸임을 부인할 수 없다. 지식 및 생산물을 산출하고 그것을 가치화할 수 있는 힘이 바로 창의력에서 비롯되기 때문이다.

'생각하는 수학'시리즈는 Mathematica, 엑셀, GSP, Flash, 종이접기, 문제일반화, 통계, 발문, PBL, 퍼즐, 기하 다시보기 등의 다양한 주제를 다루면서 탈교과서 위주의 수학을 위한 교수학습 자료제공에 목적을 두고 있으며, 특히 이 시리즈들은 수학교실에서 학생과 교사가 하나 되어 체험을 통해 좀 더 즐거워하며 수학을 하고, 또 수학을 보고, 느끼고, 만지게 함으로써 교실 수업을 살아 있게 하는데 뜻을 두고 18권이 개발되었으며, 이 책은 그 18권 중의 한 권이다.

이 책의 내용은

제1장 유클리드 기하,
제2장 원뿔곡선,
제3장 구면기하,
제4장 택시기하,
제5장 창의성 신장을 위한 문제탐구

로 구성하였다. 구체적인 내용으로는 유클리드 공간, 원, 평행이동, 대칭이동, 회전이동, 사인과 코사인 법칙, 원뿔곡선의 촛점반사와 응용, 구, 구면의 측지선, 구면삼각형, 구면의 사인과 코사인 법칙, 구면기하의 활용, 택시원, 택시타원, 택시거리, 택시포물선, 택시쌍곡선 및 교과 내용을 바탕으로 한 중등기하 탐구문제를 다루었다.

제4판은 이전 판들의 내용을 수정·보완하였으며, 내용전개와 구성 재배치를 통해 가독성 향상 및 디자인 재구성으로 새롭게 단장하였다.

부족하고 어설픈 내용들을 계속 다듬어 갈 생각이므로 독자들의 많은 조언을 부탁드리며, 이 책에 각별한 사랑과 관심을 보내주신 독자들께 진심으로 감사를 표한다.

끝으로 이 책이 나오기까지 애쓰신 경문사 편집부 임직원 분들께도 감사를 전한다.

2016년 9월
저자 씀

차례

Chapter 01

유클리드 기하

도형을 다루는 '기하학'은 생활 속에서 만나는 각종 도형과 함께 인류가 생활을 영위하면서, 필요한 것들을 해결하기 위한 과정에서 관찰 및 탐구 내용을 요약하고, 그러한 결과들을 정리해가면서 자연스럽게 탄생했을 것으로 짐작이 간다. 지금 사용하고 있는 기하학의 영문자는 'geometry'로서 이는 그리스어에서 유래한 것으로 'geo'는 '땅'을 의미하는 것이고 'metry'는 '측량'을 의미하는 단어이다. 즉, 기하학의 태동은 본래 땅을 측량하기 위하여 필요했던 학문으로부터 생겨났음을 추측할 수 있다.

그리스 사람들은 기하학적 명제들이 시행착오에 의해서가 아니라 연역적 추론에 의해서 만들어져야 한다고 주장했다. 특히 탈레스(Thales)는 이러한 관점에서 최초의 논리적 기하학을 전개하였다. 즉, 증명에 의하여 정리들을 논리정연하게 전개하는 것이 당시 그리스 수학의 특징이었다. 이렇게 시작된 평면기하학의 체계는 기원전 400년경의 수학자 히포크라테스가 쓴 수학책으로부터 비롯되어 피타고라스와 그의 제자들에 의하여 다음 2세기 동안 계속 진행되었다.

한편 기원전 4세기경에는 플라톤의 아카데미가 번창하게 되었는데 이때 플라톤의 관념의 세계가 지적인 면을 지배하고 있었다. 그 무렵 유클리드는 기원전 300년경에 총 13권으로 된 《기하학원론(elements of geometry)》에서 그리스 기하학에 대한 명확한 체계를 이룩하였다. 유클리드 기하학(Euclidean geometry)은 유클리드의 저서 《기하학원론》에 기초한 기하학을 뜻하나, 이것에 공리적으로 전개한 것도 포함시키고 있다. 고대 그리스의 수학을 집편한 《기하학원론》 13권은 제6권까지에는 평면기하, 제11권 이하는 입체기하이며 그 중 제7~9권은 정수론(整數論), 제10권은 무리수(無理數)의 이론으로 되어 있는데 이 책들은 당시 피타고라스·플라톤 학파에 축적되어 있던 막대한 지식의 집대성(集大成)으로서 단순히 지식을 모아놓은 것이 아닌 계통적 이론체계를 바탕으로 정리한 것이다.
유클리드 기하학에 대한 접근 방법은 그로부터 지금까지 거의 2000년 동안이나 기하학 교육을 지배하고 있는데, 이것은 한 명제가 참이라는 것을 실험이 아닌 오직 공리계를 바탕으로 한 논리적인 추론만으로 증명하는 방법을 제시한 최초의 시발점이다. 이러한 방법론은 오늘날 순수수학의 원형이 되고 있다.

유클리드 공준

1. 임의의 점과 다른 한 점을 연결하는 직선은 단 하나뿐이다.
2. 임의의 선분은 양끝으로 얼마든지 연장할 수 있다.
3. 임의의 한 점을 중심으로 하고 임의의 길이를 반지름으로 하는 원을 그릴 수 있다.
4. 직각은 모두 같다.
5. 두 직선이 한 직선과 만날 때, 같은 쪽에 있는 내각의 합이 180° 보다 작으면 이 두 직선을 연장할 때 180° 보다 작은 내각을 이루는 쪽에서 반드시 만난다.

1.1 유클리드 공간

유클리드 공간은 기하학뿐만 아니라 대수학, 해석학, 위상수학 등 다른 모든 수학의 분야에서 기본이 되는 매우 중요한 공간이다.

정의 1.1.1

$E^n = (\mathbb{R}^n, d_E)$를 n차원 **유클리드 공간**(Euclidean space)이라고 한다.
여기서,

$$d_E(P, Q) = \sqrt{\sum_{i=1}^{n}(q_i - p_i)^2} \quad P = (p_1, \cdots, p_n), Q = (q_1, \cdots, q_n) \in \mathbb{R}^n$$

은 유클리드 거리함수이고, $\mathbb{R}^n = \underbrace{\mathbb{R} \times \mathbb{R} \times \cdots \times \mathbb{R}}_{n}$ 이다.

참고

E^2를 **유클리드 평면**이라고 부른다.

정의 1.1.2

공집합이 아닌 두 집합 X, Y에 있어서 X의 각 원소에 Y의 원소가 하나씩 대응할 때 이 대응을 X에서 Y로의 **함수**(function)라 하고, 문자 f를 써서

$$f : X \to Y \quad \text{또는} \quad X \xrightarrow{f} Y$$

로 나타낸다.
또한, 함수 $f : X \to Y$에서 X를 f의 **정의역**(domain), Y를 f의 **공역**(codomain)이라 하고 임의의 $x \in X$에 대하여 $f(x) \in Y$를 x의 **상**(image)이라 한다. 그리고, 상 전체의 집합 $\{f(x) | x \in X\}$를 f의 **치역**(range)이라 하고 $f(X)$로 나타낸다. 이때 치역 $f(X)$는 공역 Y의 부분집합이다.

정의 1.1.3

임의의 두 점 P, Q에 대하여 유클리드 공간 $\mathbf{E}^n$ 상의 함수 $f : \mathbf{E}^n \to \mathbf{E}^n$가

$$d_E(\mathrm{P}, \mathrm{Q}) = d_E(f(\mathrm{P}), f(\mathrm{Q}))$$

를 만족하면 f를 **등장사상**(isometry)이라고 한다.

정의 1.1.4

두 도형 $\mathrm{A}, \mathrm{B} \in \mathbf{E}^n$에 대하여 어떤 등장사상 f가 존재하여 $f(\mathrm{A}) = \mathrm{B}$이면 A와 B는 **합동**(congruence)이라고 하고, 기호로는 $\mathrm{A} \equiv \mathrm{B}$로 나타낸다.

참고

삼각형의 합동조건은 다음과 같다.

(1) 대응하는 세 변의 길이가 각각 같을 때 두 삼각형은 합동이다(SSS 합동).

(2) 대응하는 두 변의 길이가 각각 같고, 그 끼인각의 크기가 같을 때 두 삼각형은 합동이다(SAS 합동).

(3) 대응하는 한 변의 길이가 같고, 그 양끝각의 크기가 각각 같을 때 두 삼각형은 합동이다(ASA 합동).

참고

직각삼각형의 합동조건은 다음과 같다.

(1) 빗변과 다른 한 변의 길이가 같은 두 직각삼각형은 서로 합동이다(RHS 합동).

(2) 빗변과 한 예각의 크기가 같은 두 직각삼각형은 서로 합동이다(RHA 합동).

1.2 원의 성질

정의 1.2.1

한 정점으로부터 같은 거리에 있는 평면 위의 점들의 집합을 **원**(circle)이라고 한다. 즉, 유클리드(Euclid) 평면 위의 한 정점 P로부터 일정한 거리 r에 있는 원을 $C_{\mathrm{P}}(r)$로 표시하면

$$C_{\mathrm{P}}(r) = \{\mathrm{Q} \in \mathbb{R}^n \mid d_{\mathrm{E}}(\mathrm{P}, \mathrm{Q}) = r\}$$

이다. 여기서, r을 원의 **반지름의 길이**, P를 원의 **중심**이라 한다.

보기 $C_O(r)=\{(x, y)\in\mathbb{R}^2 | x^2+y^2=r^2\}$

정의 1.2.2

중심이 O인 원 위의 두 점 A, B가 주어질 때, ∠AOB를 호 AB의 **중심각**이라 하고, 호 AB위에 있지 않은 원 위의 점 P를 잡았을 때 ∠APB를 호 AB에 대한 **원주각**이라고 한다(그림 1.1).

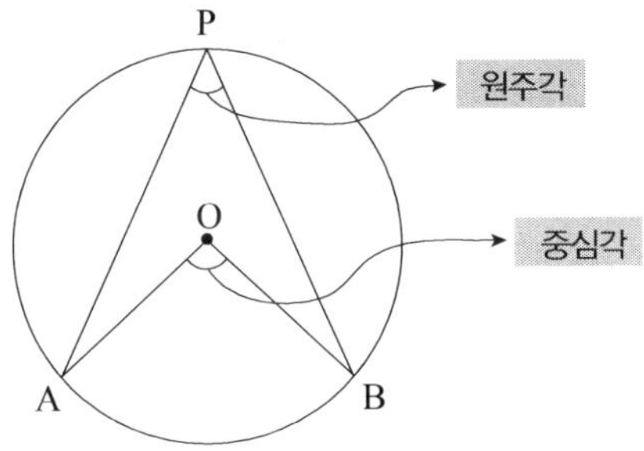

그림 1.1

정리 1.2.3

한 호에 대한 중심각의 크기는 그 호에 대한 원주각의 크기의 2배이다.

증명 호 AB에 대한 원주각 ∠APB와 중심 O의 위치 관계는 점 P의 위치에 따라 중심 O가 ∠APB의 변 위에 있는 경우, 내부에 있는 경우, 외부에 있는 경우로 나눌 수 있다.

중심 O가 원주각 ∠APB의 내부에 있는 경우를 생각해보자(그림 1.2).

중심이 O인 한 원을 C라 할 때, 원 C의 한 호를 AB라 하고, 호 AB위에 있지 않은 원 위의 한 점을 P라고 하자. 또한 점 Q를 점 P에서 중심 O를 지나는 지름의 끝점이라고 하자.

그 때 $\overline{OA}=\overline{OP}$이므로 △OAP은 이등변 삼각형이다.

그러므로 ∠OAP = ∠APO이다.

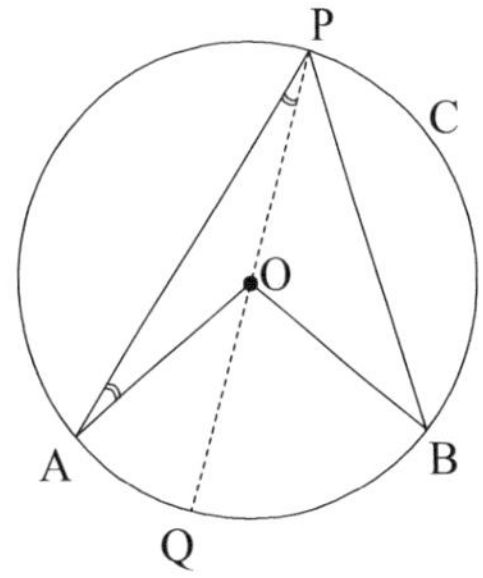

그림 1.2

$\triangle OAP$의 세 내각의 합은 $180°$이므로 $\angle AOP = 180° - 2\angle APO$이다.

그리고 $\angle AOQ = 180° - \angle AOP$이므로 $\angle AOQ = 2\angle APO$이다.

마찬가지로 $\angle BOQ = 2\angle BPO$이다.

$\angle AOB = \angle AOQ + \angle BOQ$이므로 $\angle AOB = 2(\angle APO + \angle BPO)$이다.

그러므로 $\angle AOB = 2\angle APB$이다. ■■■

Q 문제 1.2.4 위의 정리 1.2.3의 증명을 통해 다음의 각각의 경우에도 한 호에 대한 중심각의 크기는 그 호에 대한 원주각의 크기의 2배임을 보여라(그림 1.3 참조).

(1) 중심 O가 $\angle APB$의 변 위에 있는 경우

(2) 중심 O가 $\angle APB$의 외부에 있는 경우

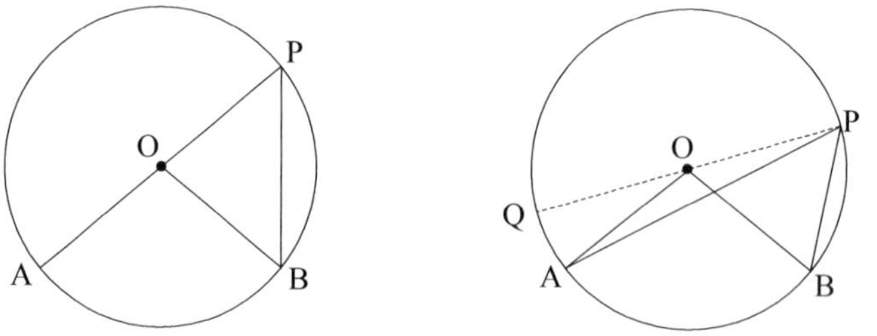

그림 1.3

정리 1.2.5

한 원에서 길이가 같은 호에 대한 중심각의 크기는 같고, 역으로 크기가 같은 중심각에 대한 호의 길이는 같다(그림 1.4 참조).

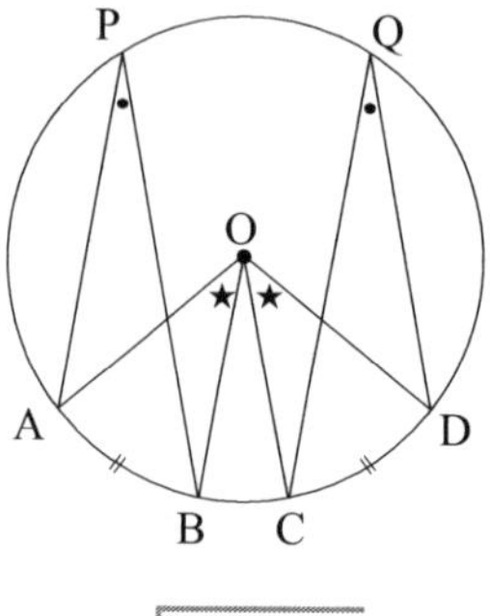

그림 1.4

Q 문제 1.2.6 정리 1.2.5를 증명하여라

Q 문제 1.2.7 원주각의 크기와 관련된 정리들을 조사하여라.

정리 1.2.8

원의 중심에서 현에 내린 수선은 이 현을 수직이등분한다.

증명 중심이 O인 한 원을 C라 할 때, 원 C의 한 현을 AB라 하고, 중심 O에서 현 AB 위에 수선을 그었을 때 교점을 H라고 하면(그림 1.5)

$\triangle$OAH와 $\triangle$OBH는 직각삼각형이다.

또한 $\overline{OA} = \overline{OB}$이고, $\overline{OH}$는 공통이므로

$\triangle OAH \equiv \triangle OBH$이다.

그러므로 $\overline{AH} = \overline{BH}$이다. ■■■

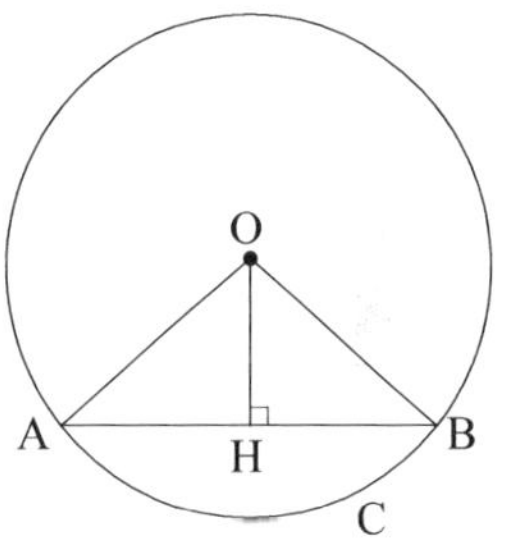

그림 1.5

예제 1.2.9 유람선은 지금 어디에 있는 것일까?(그림 1.6)

관광객을 태우고 섬 사이를 돌던 유람선이 갑자기 기관고장을 일으켰다. 모든 기계가 멈춰버려서 더 이상의 운항이 불가능하게 되었다. 현재 유람선의 위치를 정확히 알아내기 위해, 유람선의 항해사는 먼 곳에 있는 육지 위의 세 지점 A,B,C를 나타내는 표지를 보았다. 항해사는 유람선 갑판 위의 한 지점 S로부터의 세 지점까지의 거리를 관측했고,

$$\angle ASB = 100°,\ \angle BSC = 120°,\ \angle CSA = 140°$$

임을 알아냈다. 그 다음 항해사는 지도에서 A,B,C 세 지점을 찾아냈다. 이제 항해사는 어떻게 해야 멈춰버린 유람선의 정확한 위치를 알아낼 수 있을까?

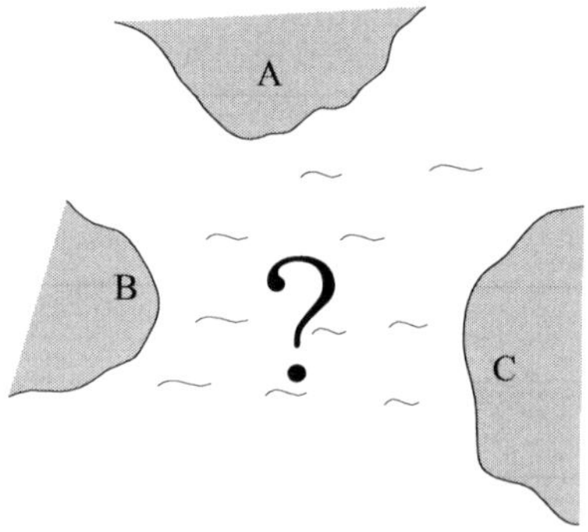

그림 1.6

풀이 ▸ 어떻게 시작하면 될까?

먼저 세 지점 A, B, C를 연결하여 삼각형 ABC를 만들어본다.
두 점 A, B를 지나는 원을 하나 만들어서 그 원에서부터 유람선의 위치 S를 찾기 위한 방법을 생각해보자.
항해사는 관측을 통해 $\angle ASB = 100°$ 임을 알고 있다. 그렇다면 두 점 A, B를 지나는 수많은 원들 중에 이 조건을 만족하는 원은 오직 하나 존재하게 된다.

▸ 어떻게 원을 찾으면 될까?

원의 정의를 생각해본다. 또한, 원에서 성립하는 원주각과 중심각의 성질을 이용해보자.

▸ 한 원에서 같은 길이의 호에 대한 중심각의 크기와 원주각의 크기는 어떤 관계가 있을까?

한 호에 대한 중심각의 크기는 그 호에 대한 원주각의 크기의 2배이다.

▸ 어떻게 계산하면 될까?

다음의 그림 1.7을 참고하여라.
그림 1.7에서 $\triangle AC_1B$, $\triangle BC_2C$, $\triangle CC_3A$ 는 모두 이등변삼각형이다. 이것을 이용하여 세 원을 그릴 수 있음을 알아보자.

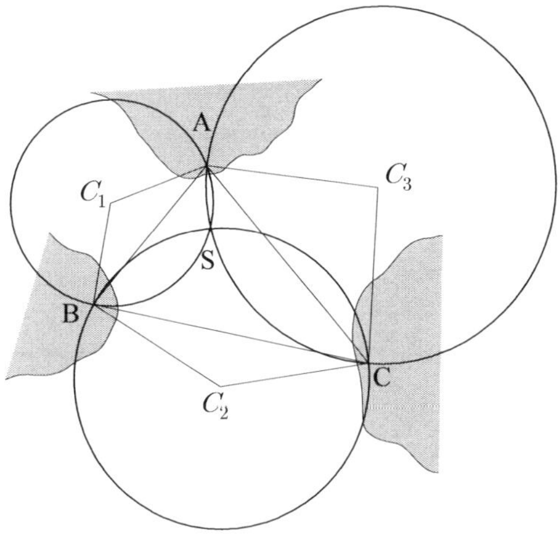

그림 1.7

▸ 계산과정을 자세히 살펴보자.

$\angle ASB = 100^\circ$ 가 원주각이면, 이것에 대한 중심각은 200° 이다. 또한, 세 점 A, S, B를 지나는 원의 중심을 C_1이라고 할 때, $\angle AC_1B = 160^\circ$ 가 된다.

$\triangle AC_1B$는 두 변을 반지름으로 하는 이등변삼각형이므로, 중심 C_1을 정확히 작도할 수 있으며, 반지름이 결정되고 세 점 A,S,B를 지나는 원 C_1'을 유일하게 하나 그릴 수 있다(그림 1.8 참조).

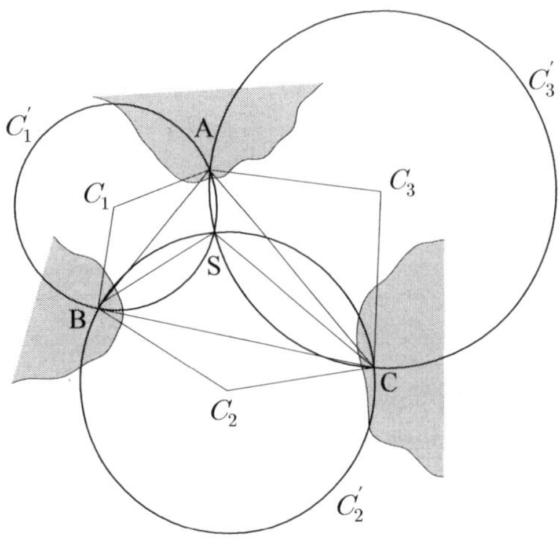

그림 1.8

마찬가지 방법으로 $\angle BSC = 120^{\circ}$ 이므로 세 점 B, S, C를 지나는 원 C_2'를 유일하게 작도할 수 있다.

두 원 C_1', C_2'은 두 점에서 만나는데 그 한 점이 B이고 나머지 한 점이 S가 된다.

마지막으로 $\angle CSA = 140^{\circ}$ 를 이용하여 원 C_3'를 작도하면 원 C_1'과의 교점은 점 A와 점 S, 그리고 원 C_2'과의 교점은 점 C와 점 S가 된다.

그러므로, S는 유일하게 하나 존재한다.

이와 같은 결과로 항해사는 유람선의 위치 S를 정확히 찾을 수 있었다. ■■■

Q 문제 1.2.10

민수는 원하는 자리에서 오페라를 볼 수 있을까?(그림 1.9)

민수는 오페라를 보기 위해 인터넷을 통해 자리를 예약하려고 한다. 그런데 A라고 표시된 귀빈석은 이미 예약이 끝나있었다. 귀빈석을 예약하지 못한 민수는 귀빈석 A에서 볼 때와 똑같은 각의 범위에서 무대를 볼 수 있는 자리를 예약하고 싶다. 어떻게 하면 될까?

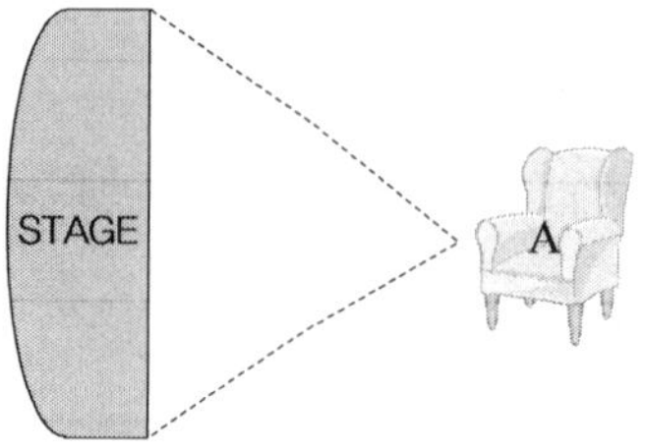

그림 1.9

정의 1.2.11

원 밖의 임의의 한 점에서 원에 그은 직선이 원과 한 점에서 만나면 원에 **접한다**고 하고 이 직선을 **원의 접선**, 만나는 한 점을 **원의 접점**이라고 한다. 또한 두 원에 동시에 접하는 직선을 그 두 원의 **공통접선**이라고 한다. 그리고 접선을 중심으로 두 원이 같은 방향에 있으면 그 접선을 **공통외접선**, 반대방향에 있으면 **공통내접선**이라고 한다.

참고

아래의 (1)~(4)와 같이 두 원의 위치관계에 따라 공통외접선과 공통내접선의 개수가 달라진다.

(1) 두 원이 만나지 않을 때(그림 1.10)

- 공통내접선 : 2개, 공통외접선 : 2개

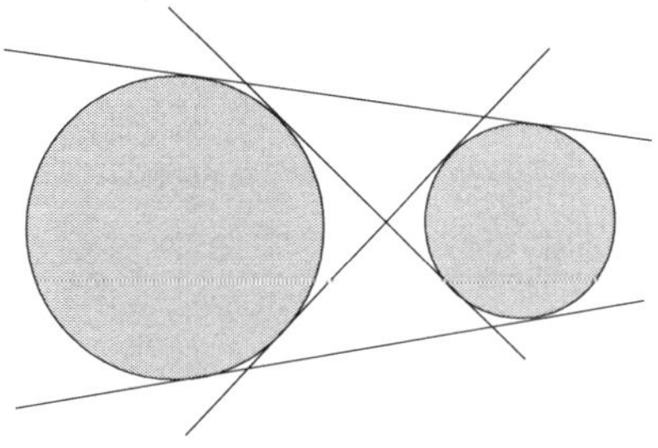

그림 1.10

(2) 두 원이 외접할 때(그림 1.11)

- 공통내접선 : 1개, 공통외접선 : 2개

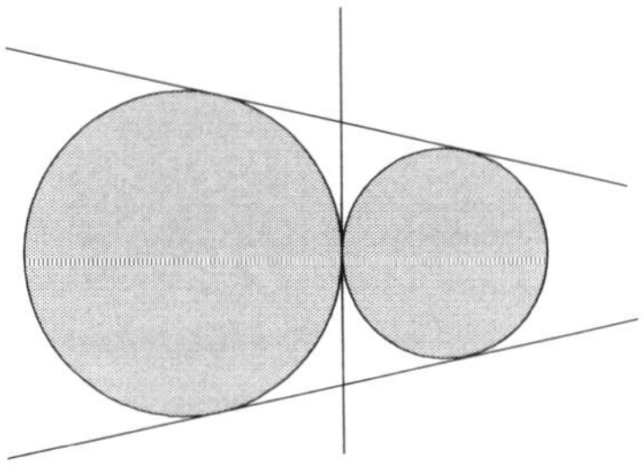

그림 1.11

(3) 두 원이 내접할 때(그림 1.12)

- 공통외접선 : 1개

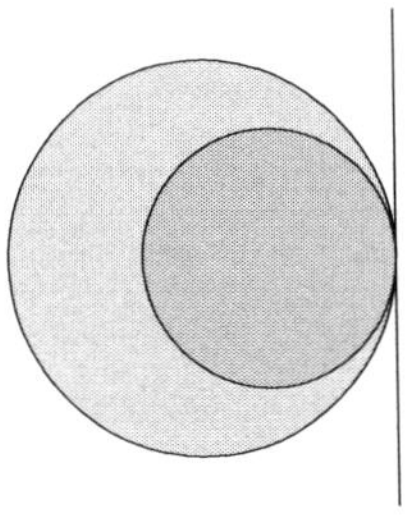

그림 1.12

(4) 두 원이 두 점에서 만날 때(그림 1.13)

– 공통외접선 : 2개

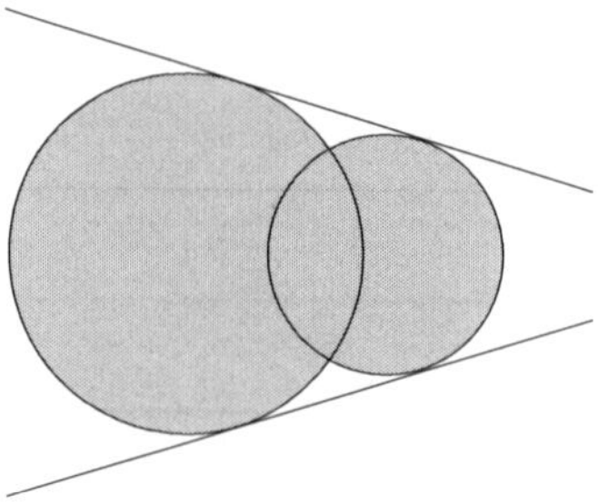

그림 1.13

정리 1.2.12

원 밖의 한 점에서 원에 그은 접선은 그 접점을 지나는 반지름에 수직이다(그림 1.14).

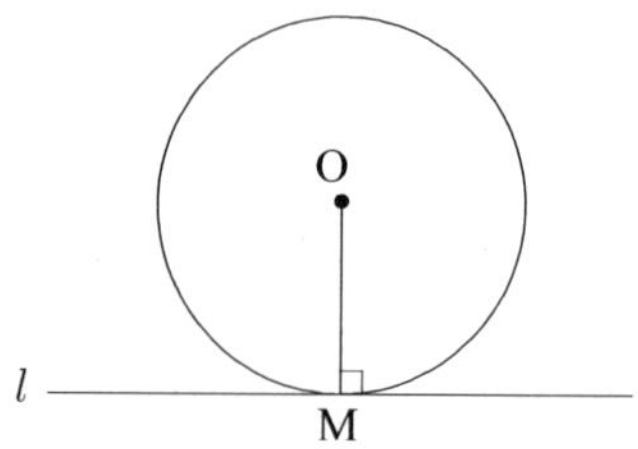

그림 1.14

따름정리 1.2.13

원 밖의 한 점에서 그은 두 접선의 길이는 같다(그림 1.15).

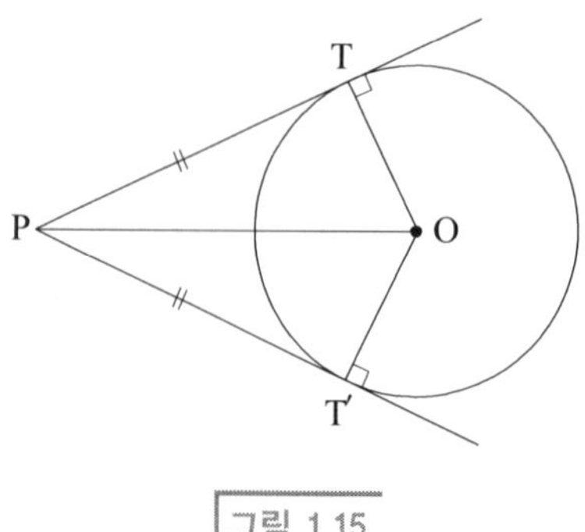

그림 1.15

예제 1.2.14 바퀴와 닿지 않은 벨트의 길이는?(그림 1.16)

어느 정미소의 한 기계에는 아래 그림과 같이 반지름의 길이가 각각 $50cm$, $30cm$ 인 바퀴에 벨트가 감겨있다. 두 바퀴의 중심거리가 $2m$ 일 때, 벨트가 바퀴와 닿지 않은 부분의 길이를 구하면?

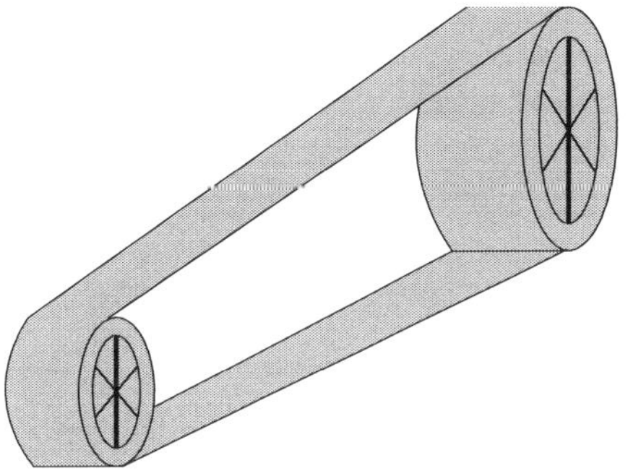

그림 1.16

풀이 ▸ 어떻게 시작하면 될까?

벨트의 두께는 매우 얇은 것으로 생각하자.
두 원의 공통외접선을 생각하여, 벨트의 길이를 계산하면 된다. 이때 단면을 생각하면 다음과 같은 그림 1.17을 그릴 수 있다.

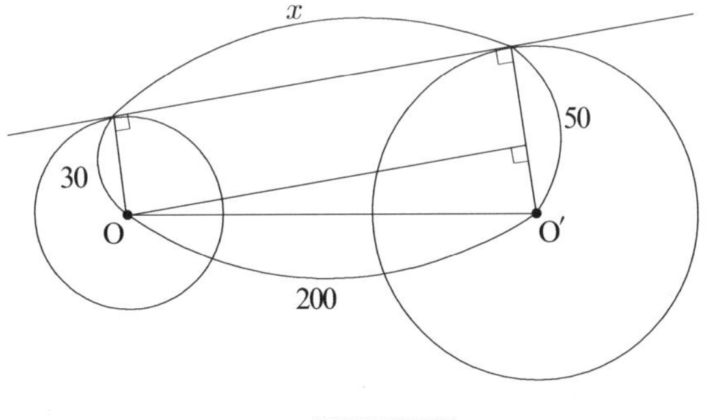

그림 1.17

▸ 어떻게 계산하면 될까?

그림 1.17에서 피타고라스 정리를 이용하여 계산하자.

$$x^2 + 20^2 = 200^2$$

$$x^2 = 39600$$

이때 벨트 길이 x는 $x > 0$이다.

그러므로 $x = 60\sqrt{11}\,(cm)$이다.

▸ 어떻게 하면 벨트가 바퀴에 닿지 않은 부분을 계산할 수 있을까?

벨트가 바퀴에 닿지 않은 부분의 길이는 벨트 길이 x의 2배가 되므로, 그 길이는 $60\sqrt{11} \times 2 = 120\sqrt{11}\,(cm)$이다. ■■■

문제 1.2.15 **벨트의 길이를 얼마로 해야 할까?**(그림 1.18)

어떤 공장에서 다음과 같은 모양의 기계가 돌아가고 있다. 그런데 갑자기 벨트가 끊겨서 더 이상 작업을 할 수가 없게 되었다. 공장장은 스스로 이것을 고치려고 하고 있다. 벨트의 정확한 길이를 알아내어 벨트를 감아야만 기계가 다시 돌아갈 수 있게 된다. 벨트가 걸려있는 바퀴 세 개는 모두 같은 크기이며, 바퀴의 반지름의 길이는 $30cm$ 이다. 그리고, 세 개의 바퀴 사이의 거리는 각각 $1m$, $1m$, $2m$ 이다. 그렇다면 공장장은 어떻게 벨트의 길이를 알아낼 수 있을까?

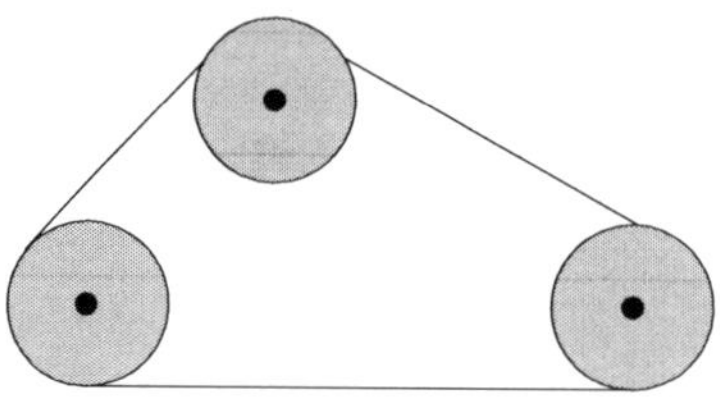

그림 1.18

1.3 호도법

각을 측정하는 단위로는 **각도**(degree)를 주로 이용한다. 어릴 때부터 우리는 60분법을 사용하여 원의 중심각은 360°이고 직각은 90°, 정삼각형의 한 내각의 크기는 60°라는 사실을 배웠다. 그러나 현실에서는 각의 크기를 길이로 나타내는 것이 유용할 때가 많다. 이 방법이 호도법이다. 즉, 호도법은 각의 크기를 길이로 나타내는 측정법이다.

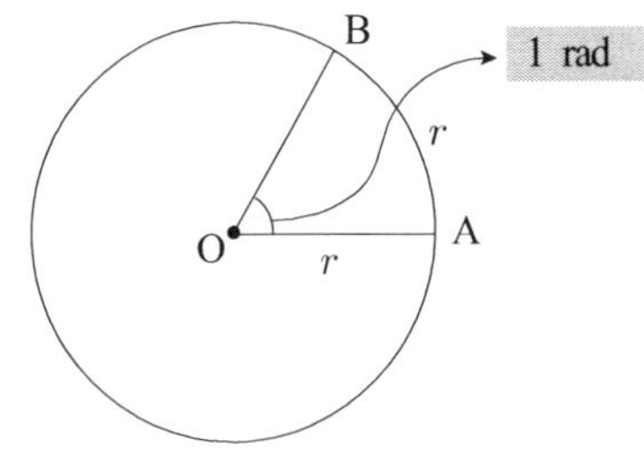

그림 1.19

오른쪽 그림 1.19와 같이 반지름의 길이가 r인 원의 둘레 위에 길이가 r인 호 AB를 잡을 때, 이 호에 대응하는 중심각 $\angle AOB$는 반지름의 길이 r에 관계없이 항상 일정하게 된다. 이때 반지름의 길이 r과 같은 호 AB에 대한 중심각의 크기를 1**호도(radian)**라 한다. 이때 1호도를 1rad라고 쓰고 1**라디안**으로 읽는다. 따라서

$$1\,\text{rad} = \frac{180^\circ}{\pi}, \qquad 1^\circ = \frac{\pi}{180^\circ}\,\text{rad}$$

인 관계가 성립한다.

문제 1.3.1 반지름의 길이가 r인 원에서 각 θ°에 의해서 잘린 호의 길이를 구하여라.

문제 1.3.2 반지름의 길이가 r인 원에서 중심각이 θ (rad)인 부채꼴의 호의 길이와 넓이를 구하여라.

문제 1.3.3 부채꼴의 둘레의 길이가 그 원둘레의 반과 같을 때
(1) 부채꼴의 중심각은 몇 rad인가?
(2) 이때 반지름의 길이가 $2\,cm$이면 부채꼴의 넓이는 몇 cm^2인가?

참고

등장사상(isometry)은 각을 보존한다. 따라서 한 도형은 등장사상에 의해 모양이 변하지 않는 다른 도형으로 변환된다.

1.4 평행이동 · 대칭이동 · 회전이동

정의 1.4.1

E^n 위의 점 P를 주어진 벡터(방향선분) v 만큼 이동하는 사상을 P의 v 에 관한 **평행이동**(translation)이라 하고, $T_v(P)$ 로 나타낸다.
즉, $T_v(P) = P + v$ 이고 좌표로 나타내면 $T_v(P) = (p_1 + v_1, \cdot \cdot \cdot, p_n + v_n)$ 으로 표현한다.
여기서, $P = (p_1, \cdot \cdot \cdot, p_n)$, $v = (v_1, \cdot \cdot \cdot, v_n)$ 이다.

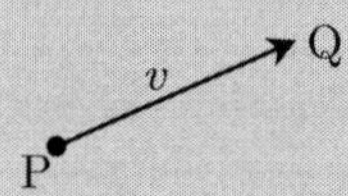

$$P + v = Q = T_v(P), \quad \overrightarrow{PQ} = v$$

정리 1.4.2

임의의 벡터 v 에 대한 평행이동 $T_v : E^n \to E^n$ 는 등장사상(isometry)이다.

증명 방향선분 v 에 대응하는 평행이동을 T_v 라 하자.

$$d_E(T_v(P), T_v(Q)) = d_E(P + v,\ Q + v) = \sqrt{\sum_i (q_i + v_i - p_i - v_i)^2}$$

$$= \sqrt{\sum_i (q_i - p_i)^2} = d_E(P, Q).$$ ■■■

문제 1.4.3

E^2 의 벡터 $v = (-1, 3)$ 에 대하여 다음을 구하여라.
(1) 평행이동 T_v 를 구하여라.
(2) 평행이동 T_v 에 의하여 원점으로 변환되는 점 P 를 구하여라.
(3) 직선 $x + by + c = 0$ 이 평행이동 T_v 에 의하여 직선 $x - 6y + 20 = 0$ 으로 변환될 때, 상수 b, c의 값을 구하여라.

정의 1.4.4

평면 H 위의 직선 L 에 대하여, 함수 f : H → H 가 임의의 P∈H에 대해

$$\overline{f(\mathrm{P})\mathrm{L}} = \overline{\mathrm{PL}}, \quad \overleftrightarrow{\mathrm{P}f(\mathrm{P})} \perp \mathrm{L}$$

를 만족할 때, 이것을 직선 L 에 대한 **대칭이동**(symmetric transposition)이라 한다.

예제 1.4.5 E^2 위에서 방정식 $f(x, y)=0$ 이 나타내는 도형의 여러 내칭이동을 실펴보자.

(1) x 축에 관하여 대칭이동 : $f(x, -y)=0$

(2) y 축에 관하여 대칭이동 : $f(-x, y)=0$

(3) 직선 $y=x$ 에 관하여 대칭이동 : $f(y, x)=0$

(4) 직선 $y=-x$ 에 관하여 대칭이동 : $f(-y, -x)=0$

(5) 직선 $x=a$ 에 관하여 대칭이동 : $f(2a-x, y)=0$

(6) 직선 $y=b$ 에 관하여 대칭이동 : $f(x, 2b-y)=0$

문제 1.4.6 E^2 위에서 직선 $ax+by+c=0$ 에 대한 대칭이동을 구하고, 대칭이동이 등장사상임을 증명하여라.

문제 1.4.7 한 점 $P(a, b)$를 직선 $y=x$에 관하여 대칭이동한 점을 Q 라 할 때, 선분 PQ 는 직선 $y=x$ 에 의하여 수직이등분됨을 보여라.

정의 1.4.8

E^2 위의 점 P 에 대하여, 주어진 각 θ 만큼 시계반대방향으로 회전하는 사상 $R_{P,\theta}: E^2 \to E^2$ 를 **회전이동**(rotation)이라 하고, $R_{P,\theta}$ 로 나타낸다.

예제 1.4.9 E^2 위에서 $R_{O,\theta}: E^2 \to E^2$ 를 구하여라.

풀이 $R_{O,\theta}(x, y) = (x\cos\theta - y\sin\theta, \ x\sin\theta + y\cos\theta)$.

문제 1.4.10 E^2 위에서 $R_{P,\theta}$ 가 등장사상임을 증명하여라.

정리 1.4.11 ([9])

E^2 위에서의 등장사상은 평행이동, 대칭이동, 회전이동뿐이다.

예제 1.4.12 **가장 짧은 거리로 갈 수 있는 지점은?**

한 소년이 개울에서 물을 떠서 집에 가져가려고 한다. 그는 집에까지 물을 가져가기 위한 가장 짧은 경로를 찾고 싶어 한다(경로는 그림 1.20 참조). 어떻게 경로를 결정해야 할까? 확실한 것은 그 소년은 직선으로 개울의 한 지점에 도착해야 하며, 물을 뜬 후에 다시 직선으로 집까지 가야 한다. 그렇다면 개울의 어떤 지점에서 물을 떠야 가장 짧은 거리를 이동하여 물을 집에 가지고 갈 수 있을까?

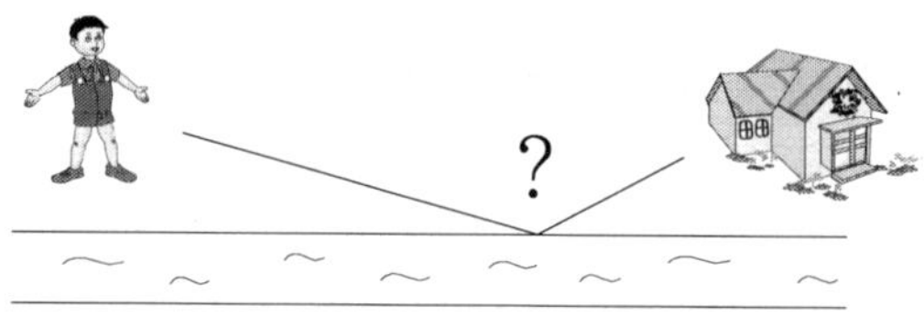

그림 1.20

풀이 ▸ 어떻게 시작하면 될까?

소년이 개울까지 가는 경로 중 가장 짧은 거리는 직선이다. 또한 개울에서 집에까지 가는 길도 직선으로 이동해야 가장 짧게 된다. 그렇다면 어느 지점에서 물을 떠야 가장 짧게 이동해도 되는지 생각해보자.

▸ 어떻게 구하면 될까?

물을 가지고 가야 할 최종목적지의 위치 A에서 개울에 대하여 대칭인 위치 B를 찾는다(그림 1.21 참조). 그리고, 소년의 위치와 B를 연결한 직선거리와 개울과의 교점 P를 찾는다. 이때 $\triangle APC$와 $\triangle BPC$는 대칭의 성질에 의해 합동이 된다.
그러므로 점 P의 위치가 소년이 가장 짧은 경로로 물을 떠서 집에 가져갈 수 있는 지점이다.

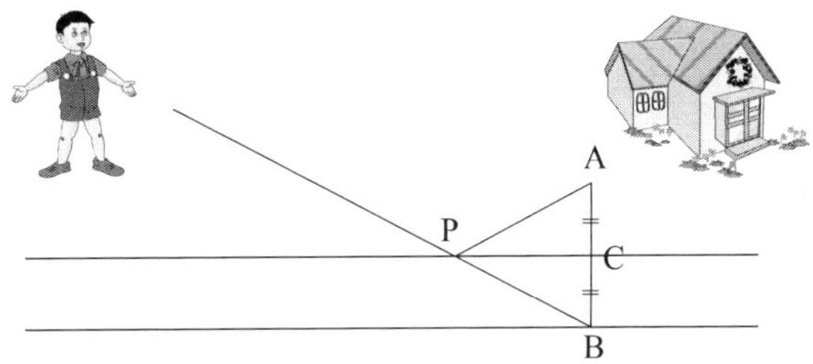

그림 1.21

■ ■ ■

예제 1.4.13 도로와 다리를 어떻게 건설해야 할까?(그림 1.22)

도시계획을 세우던 김과장은 고민에 빠졌다. 두 마을 A, B 사이에 두 개의 강이 흐르고 있었기 때문이다. 그렇다면 두 마을을 연결하기 위해서는 두 개의 다리와 그것을 연결하는 도로를 건설해야 한다. 하지만 경제성과 효율성을 고려할 때 최단거리를 생각해야 한다. 김과장은 어떻게 이 문제를 해결할 수 있을까?

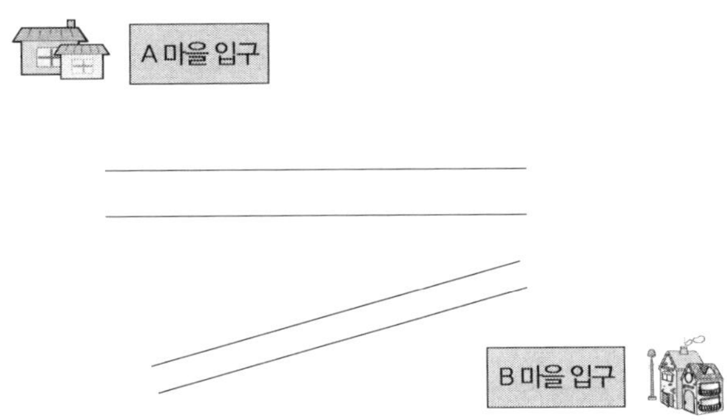

그림 1.22

풀이 ▸ 어떻게 시작하면 될까?

먼저 두 마을 A, B 사이에 두 개의 강이 흐르고 있다는 것을 생각해야 한다. 다리는 강에 대하여 직각이 되도록 건설해야 한다(그림 1.23 참조). 이것을 고려하여 A마을과 B마을을 연결하는 가장 적당한 다리의 위치를 찾아야 한다. 강의 넓이와 두 강의 각도를 고려하여 강의 대칭점을 생각해보자.

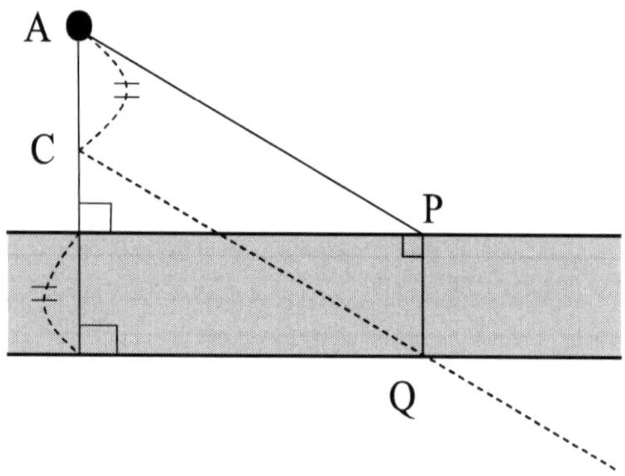

그림 1.23

▸ 어떻게 정확한 지점을 찾을 수 있을까?

그림 1.24와 같이 우선 두 마을에서 강까지 직각으로 직선거리 $\overline{AP}$와 $\overline{BS}$를 그리는 점 P와 S를 찾는다. 그 다음에 두 마을로부터 다리의 길이만큼의 각 위치 C와 D를 파악한다. 두 점 A와 B를 그림 1.25와 같이 연결하면 최단거리의 길이가 결정된다.

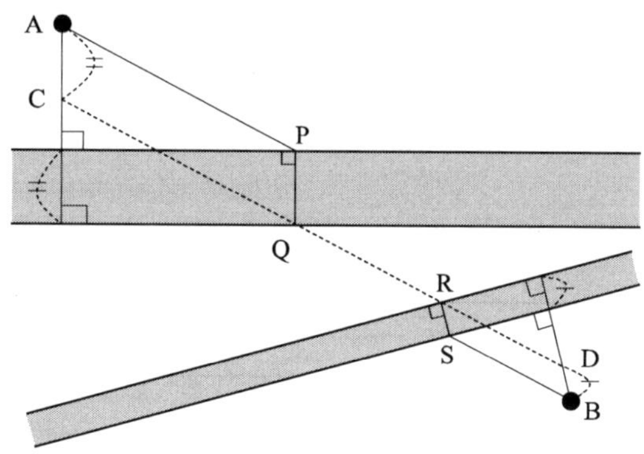

그림 1.24

▸ 어떻게 구하면 될까?

위의 그림 1.24에서 $\overline{CQ}$와 평행한 선분을 점 A로부터 작도하여 강과 만나는 위치를 찾고, 그 점을 P라 하면 사각형 ACQP는 평행사변형이 된다. 마찬가지로 작도하면 점 B를 한 점으로 가지는 또 하나의 평행사변형 BDRS가 만들어진다. 이것으로부터 거리 A

와 B를 잇는 도로 ACDB와 같은 최단거리인 도로를 건설할 수 있다. 즉, 다리는 두 선분 $\overline{PQ}$와 $\overline{RS}$이고, 세 선분 $\overline{AP}$, $\overline{QR}$, $\overline{SB}$가 최단거리의 도로이다.

그러므로 최단거리는 A→P→Q→R→S→B이다. ■■■

예제 1.4.14([9]) 거울 속에 비친 상은?

그림 1.26과 같이 두 개의 거울이 75°의 각으로 마주보게 놓여있다. 어떤 사람이 거울 앞에 서서 그 옆에 있는 친구와 얘기하고 있다. 그런데 거울 안에 친구의 모습이 여러 개 보이는 것을 발견했다. 이 사람은 모두 몇 개의 친구의 모습을 볼 수 있었을까?

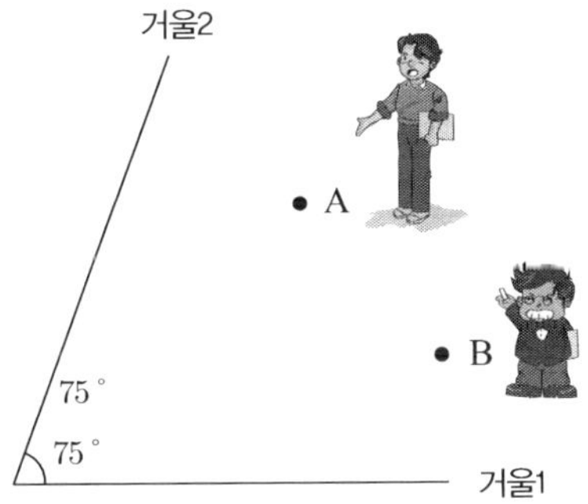

그림 1.25

풀이 ▸ 어떻게 시작하면 될까?

대칭이동의 원리를 생각해보자. 어떤 사람을 A라 하고 친구를 B라 하자.

이때 A는 거울에 비치기 전의 친구 B의 실제 모습을 볼 수 있다. 다음의 그림 1.26은 A가 본 친구 B의 첫 번째 모습을 나타낸다. 이제 거울에 비치는 과정을 하나씩 차례로 생각해야 한다.

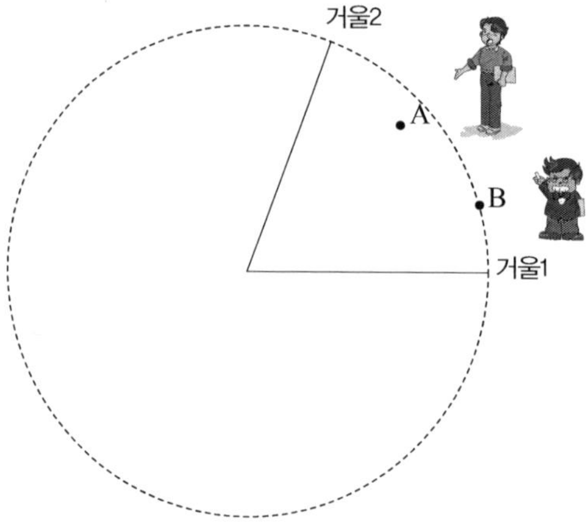

그림 1.26

▸어떻게 거울에 비친 모습을 찾아낼 수 있을까?

A가 B를 보았을 때 **거울**1 안에 B(1)의 위치에 있는 것으로 B의 모습이 비춰지게 된다(그림 1.27 참조). 마찬가지로 경로 BSA를 따라서 반사각의 원리에 의해 **거울**2 안에 친구 B가 B(2)의 모습으로 비춰진다. 또한 비춰진 B(2)의 모습은 A가 보았을 때 A에서 B(2)까지의 거리만큼 떨어져있는 것처럼 보인다.

그리고 B(4)의 형태는 다음과 같이 설명할 수 있다. **거울**1(1)은 **거울**1이 **거울**2에 반사되어 거울2 안에 나타난 것이다. B(4)는 **거울**1(1) 안에서 B(2)가 반사된 모양이다. 거울1(1)에서 선분 B(4)Q(1)의 반사는 선분 B(2)Q(1)이 된다. 이때 거울2에서 B(2)Q(1)T 경로의 반사는 BQT를 말한다. 그러므로 B의 모습은 B에서부터 경로 BQTA를 따라 A에게 비춰지게 된다. 그리고 그것의 상은 B(4)에 위치하게 된다.

마찬가지로 BU(1)PA의 경로를 통해 B(3)에 상이 생기게 된다. B(3)는 거울2(1) 안에서 B(1)이 반사된 상이 된다. 단, 이때 거울2(1)은 거울1 안에서 거울2가 반사된 것을 말한다.

또한 U는 경로 B(3)A와 거울2(1)의 교점이고, P는 B(3)A와 거울1의 교점이다. 경로 B(3)U는 거울2(1) 안에 경로 B(1)U에서 반사되어 나타나고, B(1)UP 는 거울1 안에 BU(1)P 에서 반사되어 나타난다.

예를 들면 경로 BU(1)PA 는 거울1을 지나 거울2(1)에 반사되어 나타나는 B(3)A 가 된다. 또한 B(3)A 는 거울2(1)을 지나 거울1에 반사되어 나타난 결과가 BU(1)PA 라고 말할 수 있다. 이런 과정을 반복해서 생각하면 반사되어 몇 개의 모습이 거울에 비치는지 알아낼 수 있다.

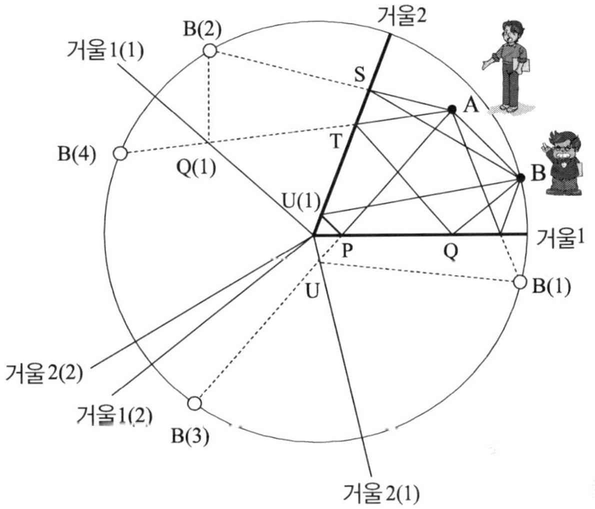

그림 1.27

▸ 그렇다면 거울에 비친 모습은 모두 몇 개가 될까?

위의 과정을 되풀이하면 거울에 비치는 모습 4개와 직접 보는 것 1개를 합하여 5개의 모습을 볼 수 있다. 또한 거울의 각을 달리하면 거울을 통해 보이는 개수도 달리할 수 있다. ■■■

나의 노트

1.5 삼각형의 성질

정의 1.5.1

삼각형에서 내심, 외심, 수심, 방심, 무게중심을 삼각형의 **오심**(Five centroids of triangle)이라 한다.

정리 1.5.2

삼각형의 세 내각의 이등분선은 한 점(**내심**, inner center)에서 만나고, 이 점에서 세 변에 이르는 거리는 같다.

따름정리 1.5.3

내심 I 에서 삼각형의 세 변에 그은 수선을 반지름으로 하는 원이 존재하며, 이 원은 삼각형에 내접하고, 내심은 이 원의 중심이 된다(그림 1.28).

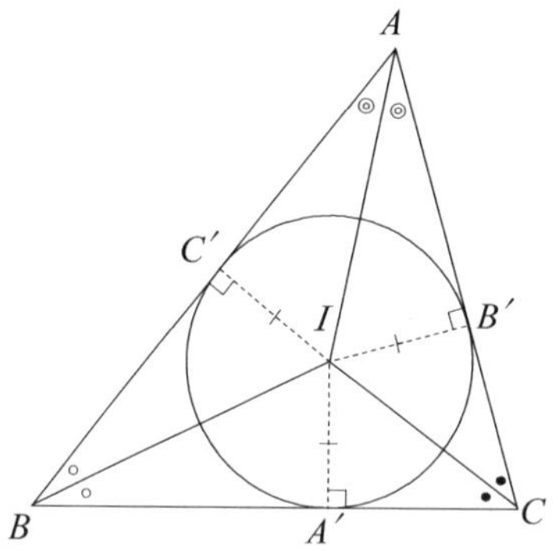

그림 1.28

정리 1.5.4

삼각형의 세 변의 수직이등분선은 한 점(**외심**, circumcenter)에서 만나고 이 점에서 세 꼭짓점까지의 거리는 같다.

따름정리 1.5.5

외심 O 에서 세 꼭짓점까지의 거리를 반지름으로 하는 원이 존재하며 이 원은 삼각형의 세 꼭짓점을 지나고, 외심은 이 원의 중심이 된다(그림 1.29).

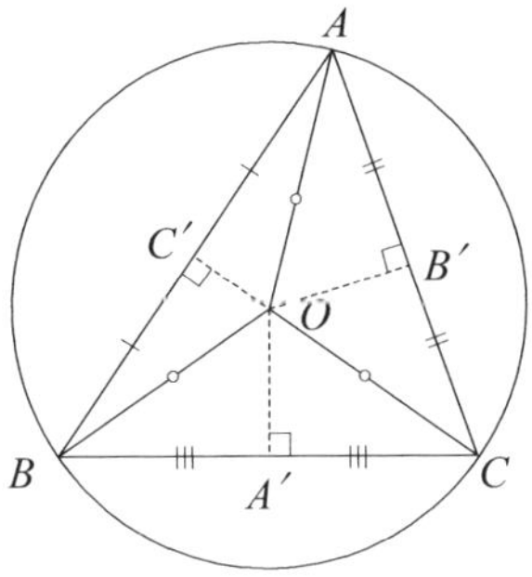

그림 1.29

문제 1.5.6 세 점 $A(0,\ 0)$, $B(3,\ 1)$, $C(-1,\ 2)$를 꼭짓점으로 하는 $\triangle ABC$의 외심의 좌표와 외접원의 반지름의 길이를 구하여라.

정리 1.5.7

삼각형의 각 꼭짓점에서 그 대변에 내린 세 수선은 한 점(**수심**, orthocenter)에서 만난다.

문제 1.5.8 $\triangle ABC$ 의 수심 H는 $\triangle ABC$ 의 세 꼭짓점을 지나면서 각 꼭짓점의 대변에 평행한 세 직선으로 만들어지는 $\triangle A_1B_1C_1$ 의 외심이 됨을 증명하여라(그림 1.30).

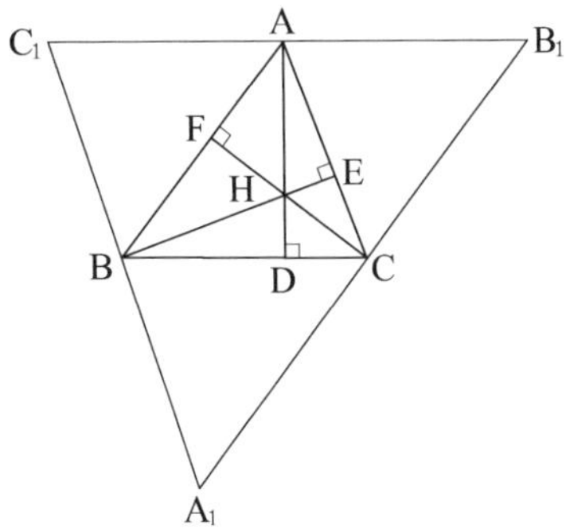

그림 1.30

정리 1.5.9

삼각형의 한 내각의 이등분선과 다른 두 개의 꼭짓점에 대한 외각의 이등분선의 교점은 한 점(**방심**, excenter)에서 만나고, 삼각형에는 세 개의 방심이 존재한다.

문제 1.5.10

방심 I는 삼각형의 한 변과 다른 두 변의 연장선상에 접하는 원의 중심이 됨을 보여라(그림 1.31 참조).

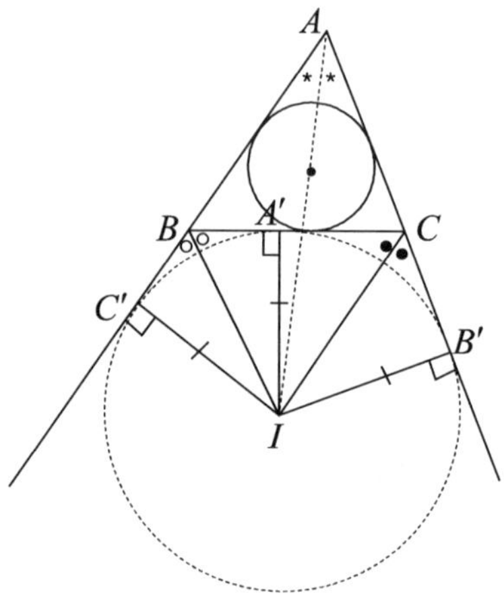

그림 1.31

정리 1.5.11

삼각형의 세 중선은 한 점(**무게중심**, center of gravity, G)에서 만나고, 각각의 중선은 다른 것을 2 : 1로 내분한다(그림 1.32).

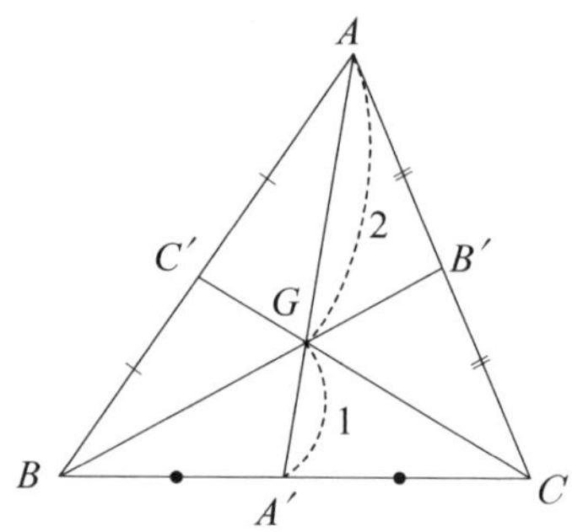

그림 1.32

문제 1.5.12

다음 세 점을 꼭짓점으로 하는 $\triangle ABC$의 무게중심 G의 좌표를 구하여라.

$A(x_1, y_1)$, $B(x_2, y_2)$, $C(x_3, y_3)$

1.6 사인(sine)법칙, 코사인(cosine)법칙

사인(sine)법칙은 평면상의 일반적인 삼각형에서 성립하는 삼각형의 세 각의 크기의 사인함수와 세 변의 길이의 관계에 대한 법칙이다. 이 공식을 이용하면 어떤 삼각형의 두 각의 크기와 한 변의 길이를 알고 있을 때에 다른 두 변의 길이를 구할 수 있다.

정리 1.6.1 사인(sine)법칙

$\triangle ABC$의 세 내각 $\angle A$, $\angle B$, $\angle C$의 대변의 길이를 각각 a, b, c라고 하면

$$\frac{a}{\sin\angle A}=\frac{b}{\sin\angle B}=\frac{c}{\sin\angle C}=2R$$

이 성립한다. (여기서, R은 $\triangle ABC$의 외접원의 반지름의 길이이다.)

증명 아래 그림 1.33과 같이 꼭짓점 A에서 $\overline{BC}$에 내린 수선의 발을 H라고 하면

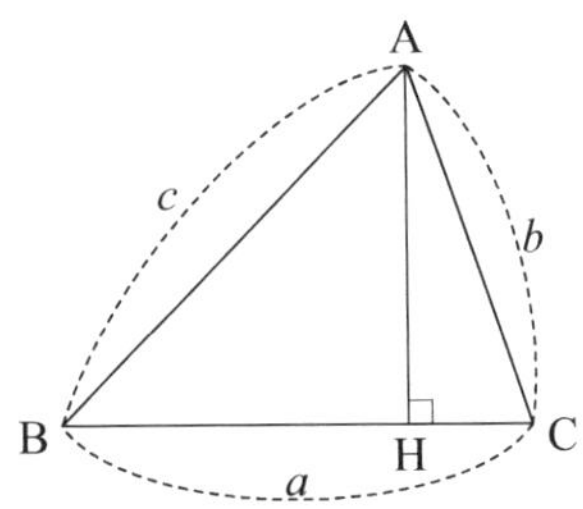

그림 1.33

$\triangle ABH$에서 $\overline{AH}=\overline{AB}\sin\angle B$이고, $\triangle ACH$에서 $\overline{AH}=\overline{AC}\sin\angle C$이므로 $c\sin\angle B=b\sin\angle C$이다. 따라서 $\frac{b}{\sin\angle B}=\frac{c}{\sin\angle C}$이다. 마찬가지로 꼭짓점 C에서 $\overline{AB}$에 수선을 내려 같은 방법으로 $\frac{a}{\sin\angle A}=\frac{b}{\sin\angle B}$을 얻는다.

따라서 $\dfrac{a}{\sin\angle A}=\dfrac{b}{\sin\angle B}=\dfrac{c}{\sin\angle C}$이다.

한편 아래 그림 1.34와 같이 $\triangle ABC$의 외접원 O에서 $\overline{BC}$에 내린 수선의 발을 H라고 하고 원 O의 반지름의 길이를 R이라고 하면

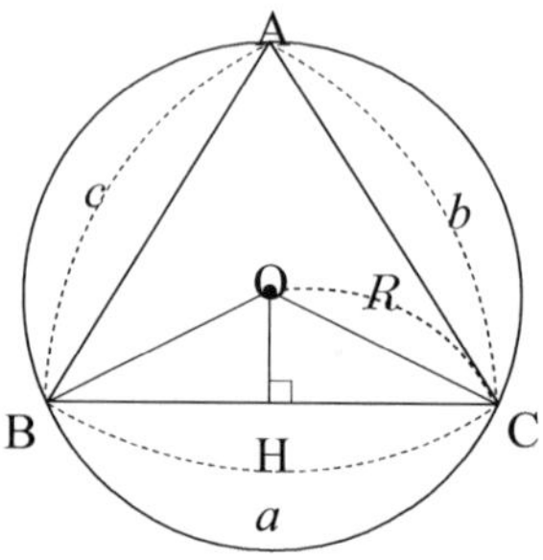

그림 1.34

$\angle A=\dfrac{1}{2}\angle BOC=\angle BOH$이므로 $\triangle BOH$에서

$$\sin\angle A=\sin\angle BOH=\frac{\overline{BH}}{\overline{OB}}=\frac{\frac{1}{2}a}{R}=\frac{a}{2R}$$

이고, 같은 방법으로 $\sin\angle B=\dfrac{b}{2R}$, $\sin\angle C=\dfrac{c}{2R}$이므로

$$\frac{a}{\sin\angle A}=\frac{b}{\sin\angle B}=\frac{c}{\sin\angle C}=2R$$

이다. ■■■

문제 1.6.2 위의 정리 1.6.1에서 $\angle C>90^{o}$인 경우와 $\angle C=90^{o}$인 경우에도 사인법칙이 성립함을 증명하여라.

코사인(cosine)법칙은 평면상의 직각삼각형에 적용되는 피타고라스의 정리를 직각삼각형이 아닌 일반적인 삼각형에까지 확장시킨 법칙을 말한다. 이것은 두 변의 길이와 그 사이의 끼인각을 이용하여 나머지 한 변의 길이를 구할 때나 세 변의 길이로 얻은 $\cos\angle \mathrm{A}=\dfrac{b^2+c^2-a^2}{2bc}$을 이용하여 삼각형의 세 내각을 구하는 데 유용하게 쓰인다.

정리 1.6.3 코사인(cosine)법칙

$\triangle \mathrm{ABC}$의 세 내각 $\angle \mathrm{A}$, $\angle \mathrm{B}$, $\angle \mathrm{C}$의 대변의 길이를 각각 a, b, c라고 하면

$$a=b\cos\angle \mathrm{C}+c\cos\angle \mathrm{B},$$
$$b=c\cos\angle \mathrm{A}+a\cos\angle \mathrm{C},$$
$$c=a\cos\angle \mathrm{B}+b\cos\angle \mathrm{A}$$

가 성립한다.

증명 아래 그림 1.35의 $\triangle \mathrm{ABC}$의 꼭짓점 A에서 $\overline{\mathrm{BC}}$에 내린 수선의 발을 H라고 하면

$\triangle \mathrm{ABH}$에서 $\overline{\mathrm{BH}}=c\cos\angle \mathrm{B}$, $\triangle \mathrm{ACH}$에서 $\overline{\mathrm{HC}}=b\cos\angle \mathrm{C}$이다.

또, $\overline{\mathrm{BC}}=\overline{\mathrm{BH}}+\overline{\mathrm{HC}}$이므로

$$a=c\cos\angle \mathrm{B}+b\cos\angle \mathrm{C}\cdots\cdots \quad ①$$

이다. 같은 방법으로 하면

$$b=a\cos\angle \mathrm{C}+c\cos\angle \mathrm{A}\ \cdots\cdots \quad ②$$
$$c=b\cos\angle \mathrm{A}+a\cos\angle \mathrm{B}\ \cdots\cdots \quad ③$$

가 성립한다.

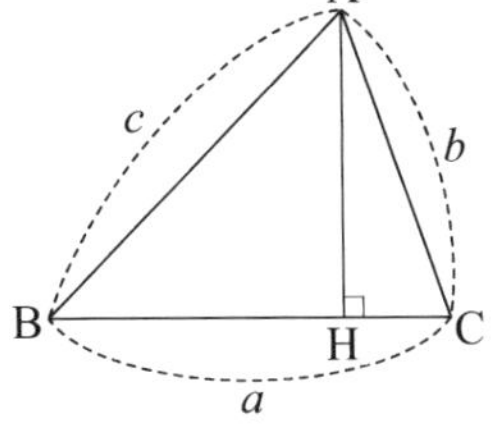

■■■

그림 1.35

참고

위 정리 1.6.3으로부터

$$①\times a\ :\ a^2 = ac\cos\angle \mathrm{B} + ab\cos\angle \mathrm{C}\ \cdots\cdots\ ①'$$

$$②\times b\ :\ b^2 = ab\cos\angle \mathrm{C} + bc\cos\angle \mathrm{A}\ \cdots\cdots\ ②'$$

$$③\times c\ :\ c^2 = bc\cos\angle \mathrm{A} + ca\cos\angle \mathrm{B}\ \cdots\cdots\ ③'$$

에서 ①′ − (②′ + ③′)하면 $a^2 - (b^2 + c^2) = -2bc\cos\angle \mathrm{A}$ 이다.

따라서 $a^2 = b^2 + c^2 - 2bc\cos\angle \mathrm{A}$ 이다.

마찬가지로 ②′ − (③′ + ①′)하면 $b^2 = c^2 + a^2 - 2ca\cos\angle \mathrm{B}$ 이고

③′ − (①′ + ②′)하면 $c^2 = a^2 + b^2 - 2ab\cos\angle \mathrm{C}$ 이다.

정리 1.6.3과 위의 참고를 **코사인법칙**이라 부른다.

문제 1.6.4 위의 정리 1.6.3에서 $\angle \mathrm{C} > 90^{\circ}$과 $\angle \mathrm{C} = 90^{\circ}$인 경우에도 코사인법칙이 성립함을 증명하여라.

문제 1.6.5 코사인법칙을 이용하여 평면상의 피타고라스의 정리, 즉 $\triangle \mathrm{ABC}$의 세 내각 $\angle \mathrm{A}$, $\angle \mathrm{B}$, $\angle \mathrm{C}$의 대변의 길이를 각각 a, b, c라고 할 때, $\angle \mathrm{A} = 90^{\circ}$이면 $a^2 = b^2 + c^2$임을 증명하여라.

문제 1.6.6 코사인법칙을 이용하여 평면위의 피타고라스 정리의 역, $\triangle \mathrm{ABC}$의 세 내각 $\angle \mathrm{A}$, $\angle \mathrm{B}$, $\angle \mathrm{C}$의 대변의 길이를 각각 a, b, c라고 할 때, $a^2 = b^2 + c^2$이면 $\angle \mathrm{A} = 90^{\circ}$임을 증명하여라.

문제 1.6.7 그림 1.36은 $\triangle \mathrm{ABC}$의 세 변 $\overline{\mathrm{AB}}$, $\overline{\mathrm{BC}}$, $\overline{\mathrm{AC}}$를 각각 한 변으로 하는 정사각형 □AFGB, □ACDE, □BHIC를 나타낸 것이다. 코사인법칙

$$\overline{\mathrm{BC}}^2 = \overline{\mathrm{AB}}^2 + \overline{\mathrm{AC}}^2 - 2\,\overline{\mathrm{AB}}\,\overline{\mathrm{AC}}\cos\angle \mathrm{A}$$

이 성립함을 증명하기 위하여 다음 물음 (1)~(3)에 답하여라.

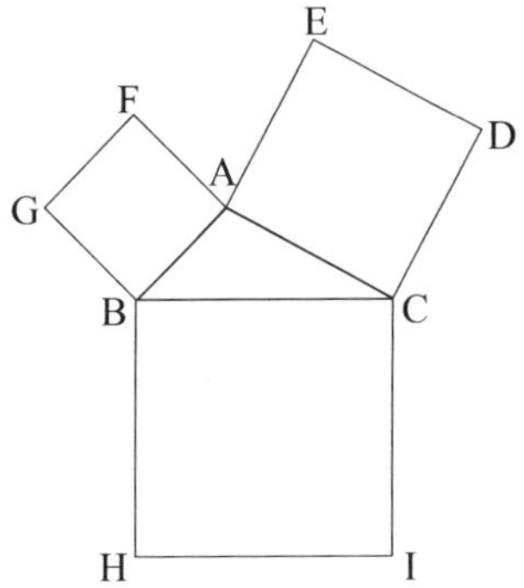

그림 1.36

(1) 그림 1.37과 같이 점 C에서 $\overline{BA}$의 연장선에 내린 수선의 발을 A′, $\overline{CA'}$의 연장선과 GF의 연장선의 교점을 F′, 점 A에서 $\overline{BC}$, $\overline{HI}$에 내린 수선의 발을 각각 L, M이라고 할 때, □BHML = □AFGB + □AA′F′F임을 증명하여라.

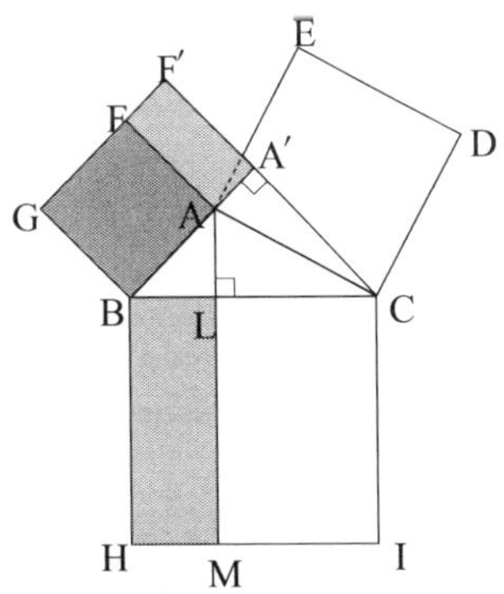

그림 1.37

(2) 다음의 그림 1.38와 같이 점 B에서 $\overline{CA}$의 연장선에 내린 수선의 발을 A′, $\overline{BA'}$의 연장선과 DE의 연장선의 교점을 E′, 점 A에서 $\overline{BC}$, $\overline{HI}$에 내린 수선의 발을 각각 L, M이라고 할 때, □LMIC = □ACDE + □AEE′A′ 임을 증명하여라.

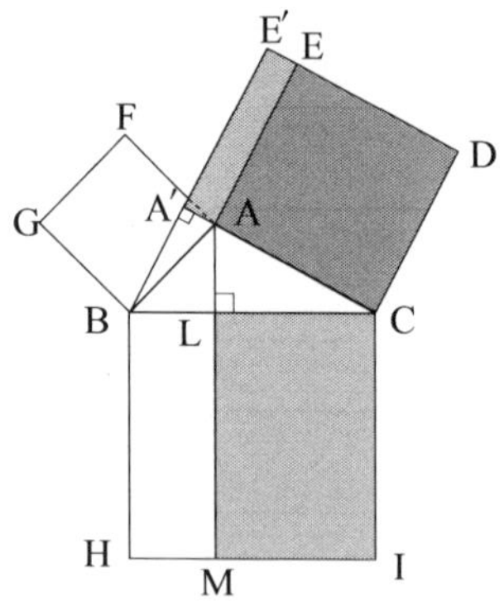

그림 1.38

(3) $\square\mathrm{BHIC} = \square\mathrm{BHML} + \square\mathrm{LMIC}$임을 이용하여

$$\overline{\mathrm{BC}}^2 = \overline{\mathrm{AB}}^2 + \overline{\mathrm{AC}}^2 - 2\,\overline{\mathrm{AB}}\,\overline{\mathrm{AC}}\cos\angle\mathrm{A}$$

임을 증명하여라.

Q 문제 1.6.8

아래 그림 1.39는 $\triangle\mathrm{ABC}$의 점 B에서 $\overline{\mathrm{CA}}$의 연장선 위에 내린 수선의 발을 D라고 할 때, 직각삼각형 $\triangle\mathrm{DBC}$의 세 변을 각각 한 변으로 하는 정사각형 $\square\mathrm{BDEF}$, $\square\mathrm{BGHC}$, $\square\mathrm{CIJD}$를 나타낸 것이다. 피타고라스의 정리를 이용하여

$$\overline{\mathrm{BC}}^2 = \overline{\mathrm{AB}}^2 + \overline{\mathrm{AC}}^2 - 2\,\overline{\mathrm{AB}}\,\overline{\mathrm{AC}}\cos\angle\mathrm{A}$$

임을 증명하여라.

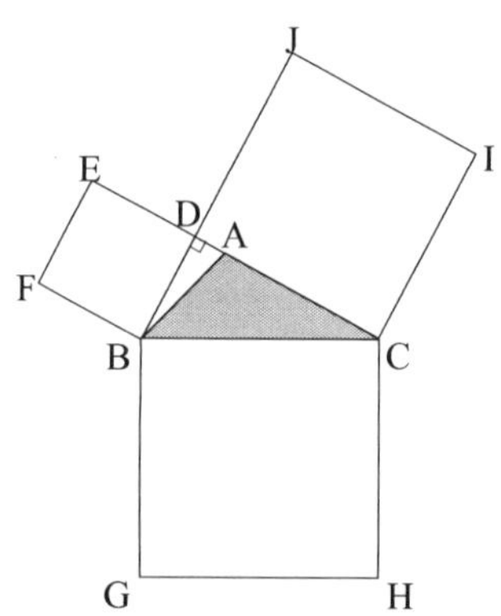

그림 1.39

예제 1.6.9([1]) **물통에 빠진 철판을 꺼낼 수 있을까?**

어떤 건설현장에서 반구 모양의 물통에 물이 완전히 가득 차 있다. 인부가 실수로 삼각형 모양의 커다란 철판을 빠뜨리고 말았다. 그 철판은 천천히 가라 앉아 수면과 수평이 되게 위치하고 있다. 삼각형 철판의 세 각은 각각 $60°$, $45°$, $75°$이고, 물통의 깊이는 정확히 $3m$이다. 직접 들어가서 꺼내오기는 무리였다. 인부들 중의 한 명이 아이디어를 생각해냈다. 밧줄의 끝에 커다란 자석을 매달아 물통 속에 넣어서 자석에 붙게 하여 철판을 끌어올리자는 것이었다. 그런데, 철판이 가라앉아 있는 깊이가 어느 정도 되는지를 알 수가 없고 알고 있는 것은 삼각형 모양의 철판에서 가장 작은 변의 길이가 $2m$라는 것이다. 어떻게 하면 정확한 깊이를 알아내어 최소한의 길이의 밧줄을 이용하여 철판에 자석을 붙여 삼각형 모양의 철판을 끌어올릴 수 있을까?

풀이 ▸ 어떻게 시작하면 될까?

삼각형의 외심을 이용하는 방법을 생각해보자. 삼각형 모양의 철판이 수면과 수평이 되게 가라앉아 있기 때문에 수면에서 삼각형 모양의 철판까지의 길이는 어느 곳에서 측정을 해도 같아진다. 삼각형의 외심을 생각하면 이것은 외접원의 중심이 되므로, 물통 위에서 똑바로 정확하게 내려다 보았다고 가정하면 다음과 같은 그림 1.40을 얻을 수 있다.

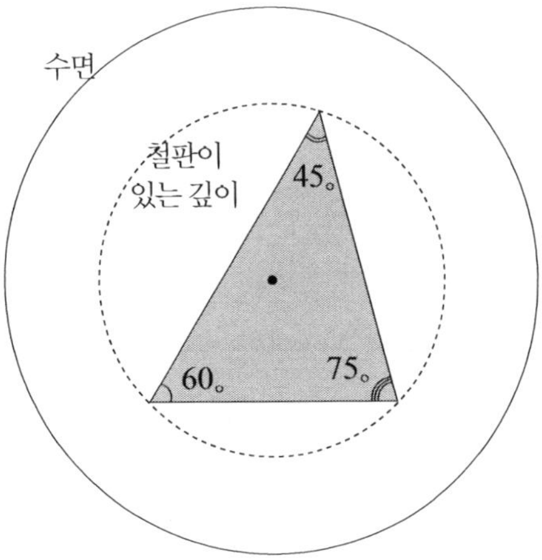

그림 1.40

▸ 어떻게 생각하면 철판이 있는 곳까지의 깊이를 알 수 있을까?

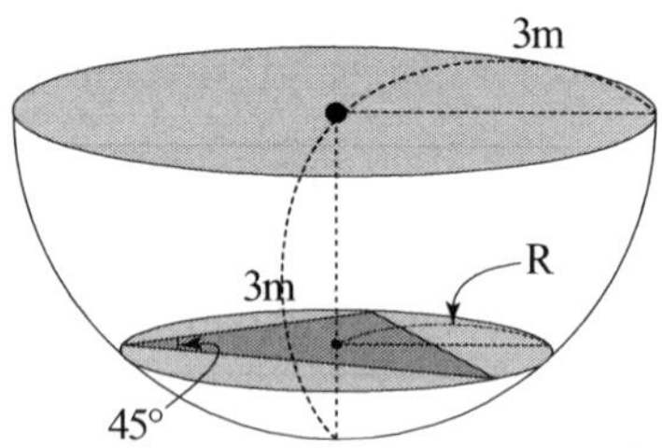

그림 1.41

우선 사인법칙을 이용하여 외접원의 반지름을 구해보자.

$$\frac{a}{\sin\angle A}=\frac{b}{\sin\angle B}=\frac{c}{\sin\angle C}=2R(\text{단, } R\text{ 은 외접원의 반지름})$$

삼각형 모양의 철판에서 가장 작은 변의 길이가 $2m$이기 때문에 이 변에 대한 대각은 45°이다(그림 1.41).
그러므로

$$\frac{2}{\sin 45°}=2R$$

이 되고

$$\therefore\ R=\frac{1}{\sin 45°}=\sqrt{2}\,(m)$$

다음으로 삼각형 모양의 철판에 대한 외접원의 반지름이 $\sqrt{2}\,m$이므로, 다음과 같은 그림 1.42에서 피타고라스 정리를 이용하면 수면에서 철판까지의 깊이를 알 수 있다.
수면의 정중앙에서 밧줄을 내려뜨리면 삼각형 모양 철판의 외심에 닿게 된다.

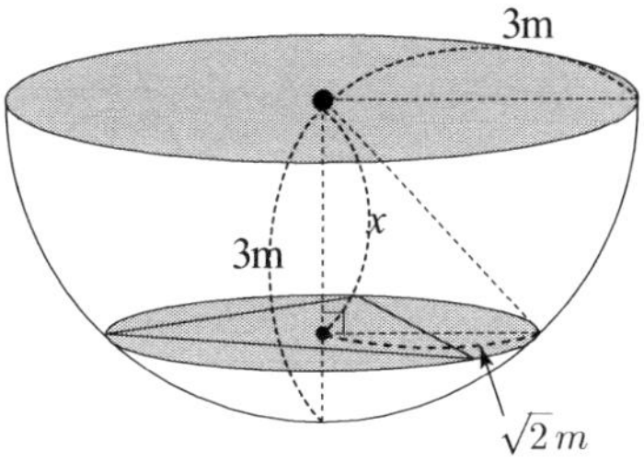

그림 1.42

$$3^2 = x^2 + (\sqrt{2})^2$$
$$\therefore\ x = \sqrt{7}\,(m)$$

그러므로 최소한 $\sqrt{7}\,(m)$의 밧줄이 있으면 끝에 커다란 자석을 매달아서 물속에 넣어서 삼각형 모양의 철판을 끌어올릴 수 있다.

■■■

여기서 우리는 다음 세 가지를 생각해 볼 수 있다.

(1) 삼각형 모양 철판의 세 변의 길이를 정확히 알 수 있을까?

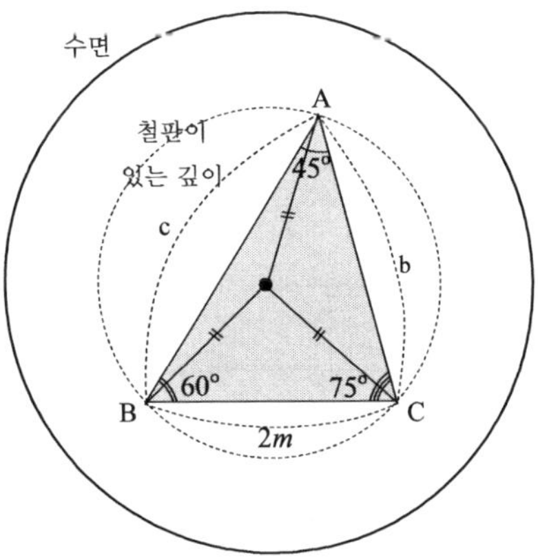

그림 1.43

사인법칙과 코사인법칙을 이용하면 삼각형 모양의 철판에서 나머지 두 변의 길이를 구할 수 있다(그림 1.43).

먼저 사인법칙으로부터,

$$\frac{b}{\sin 60^\circ} = 2R$$

$$\therefore b = 2R\sin 60^\circ = \sqrt{6}(m)$$

코사인 법칙으로부터

$$c = a\cos\angle B + b\cos\angle A$$

$$\therefore 2\cos 60^\circ + \sqrt{6}\,cos 45^\circ = 2\sqrt{3}(m)$$

그러므로, 삼각형 모양의 철판은 세 변의 길이가 $2(m)$, $\sqrt{6}(m)$, $2\sqrt{3}(m)$이다.

(2) 삼각형 철판의 넓이를 알 수 있을까?

여러 가지 방법이 있지만, 여기서는 외접원의 반지름을 이용하기로 한다.

$$\text{삼각형의 넓이} = \frac{abc}{4R} = \frac{2\times\sqrt{6}\times 2\sqrt{3}}{4\times\sqrt{2}} = 3(m^2)$$

(3) 물통(반구)에 가득 담겨있는 물의 양은 얼마일까?

(단, 철판의 두께는 매우 얇은 것으로 생각한다.)

$$\text{물통의 부피} = \frac{4}{3}\pi r^3 \times \frac{1}{2} = \frac{4}{3}\pi\times 3^2\times\frac{1}{2} = 6\pi(m^3)$$

예제 1.6.10 유리구슬을 보호하려면?

제임스는 수집가이다. 그는 골동품가게에서 이상한 커다란 유리구슬을 발견했다. 구슬의 지름은 $50cm$ 였다. 그것은 보기 드문 투명한 것이었고 보는 각도에 따라 구슬 속에 비치는 모양도 달라졌다. 그는 많은 돈을 주고 그것을 샀다. 집으로 돌아온 그는 그 구슬을 안전하게 보관하기 위해서 삼각형 모양의 틀을 제작하였다. 틀의 세 각의 크기는 각각 $30°, 60°, 90°$로 하였고, 가장 작은 변의 길이는 $30cm$ 로 하였다. 또한 각 꼭짓점에서 받침대를 제작하여 그 높이를 $40cm$ 로 하였다(그림 1.44 참조). 그런데 유리구슬을 그 틀 위에 얹어놓았을 때 흠집이 날 것 같았다. 그래서 유리구슬과 접촉하는 부분에 부드러운 천을 덧대어 구슬을 보호하고 싶었다. 어느 지점에 천을 덧대어야 유리구슬이 흠집이 가지 않을까? 그리고 유리구슬은 틀 위에 놓았을 때 테이블로부터 얼마나 떨어져있게 되는가?

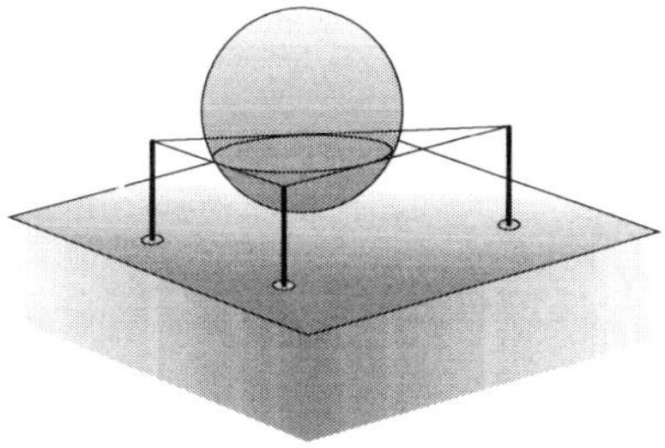

그림 1.44

풀이 ▸ 유리구슬은 삼각형 모양의 틀에 어떻게 놓여질까?

삼각형의 세 각의 크기는 30°, 60°, 90°이므로 직각삼각형이다. 이때, 유리구슬은 정확히 구의 모양을 하고 있으므로 직각삼각형에 내접원을 형성하면서 접하게 된다(그림 1.45).

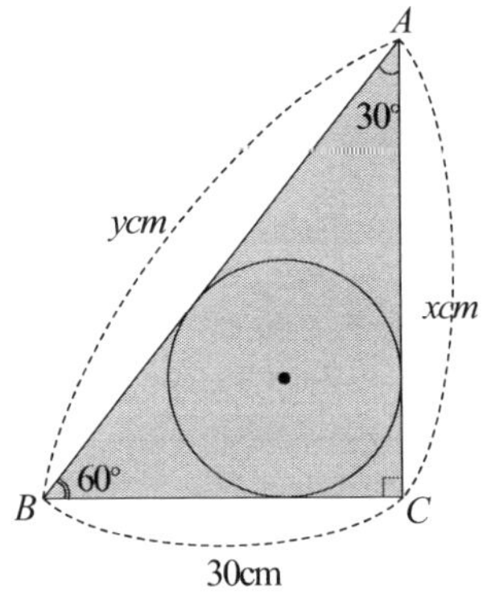

그림 1.45

따라서 그림 1.45의 x, y의 길이는 간단히 구할 수 있다.
즉, $x = 30\sqrt{3}(cm)$, $y = 60(cm)$이다.

▸ 어떻게 계산해야 정확한 위치에 부드러운 천을 덧대어, 유리구슬을 흠집이 나지 않게 할 수 있을까?

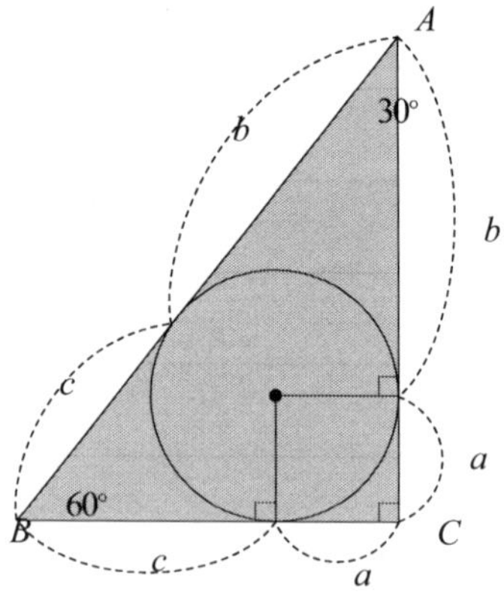

그림 1.46

위의 그림 1.46에서 볼 수 있듯이 다음과 같은 식을 이용하여 원의 반지름 a를 구할 수 있다.

$$a+b=30\sqrt{3}$$
$$a+c=30$$
$$b+c=60$$

$$\therefore\ a+b+c=45+15\sqrt{3}=15(3+\sqrt{3})$$

이것으로부터 원의 반지름 a는

$$a=15(\sqrt{3}-1)\ (cm)$$

이고, 또한

$$b=15(1+\sqrt{3})\ (cm)$$
$$c=15(3-\sqrt{3})\ (cm)$$

이다. 그러므로 삼각형의 세 꼭짓점으로부터 각각 위에서 구한 값 a, b, c 의 길이만큼 떨어진 곳에 천을 대면 유리구슬에 흠집이 생기지 않게 보관할 수 있다.

▸ 유리구슬은 테이블 위에서 재었을 때 어느 정도 높이에 놓이게 되는 걸까?

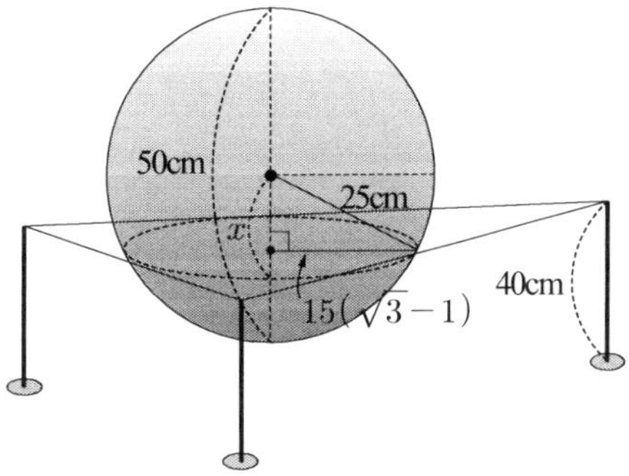

그림 1.47

피타고라스정리를 이용하면

유리구슬의 중심에서부터 테이블의 표면까지 길이를 구할 수 있다.

즉, 그림 1.47에서

$$x^2 + \{15(\sqrt{3}-1)\}^2 = 25^2$$
$$x^2 = 450\sqrt{3} - 275$$
$$\therefore \ x = \sqrt{450\sqrt{3}-275} \ \ (cm)$$

또한 테이블 받침대 끝에서부터 유리구슬 꼭대기까지의 길이를 구할 수 있다.

즉,

$$40 + 25 + \sqrt{450\sqrt{3}-275} = 65 + \sqrt{450\sqrt{3}-275}$$

따라서 테이블의 표면에서 유리구슬까지의 길이를 구하면 다음과 같다.

$$25 + \sqrt{450\sqrt{3}-275}$$

■ ■ ■

참고

예제 1.6.10에서 삼각대와 접촉하는 원의 둘레의 길이는?

$$2\pi \times 15(\sqrt{3}-1) = 30(\sqrt{3}-1)\pi\,(cm)$$

문제 1.6.11 **삼각형 모양의 천에서 얼마나 큰 원을 오려낼 수 있을까?**

세 변의 길이가 각각 $6m, 8m, 10m$ 인 직각삼각형 모양의 천이 있다. 이것을 이용하여 가장 큰 원을 오려내어서 사용하고 싶다. 어떻게 오려내면 될까? 그리고 그때의 원의 넓이는 얼마나 될까?

나의 노트

Chapter 02

원뿔곡선

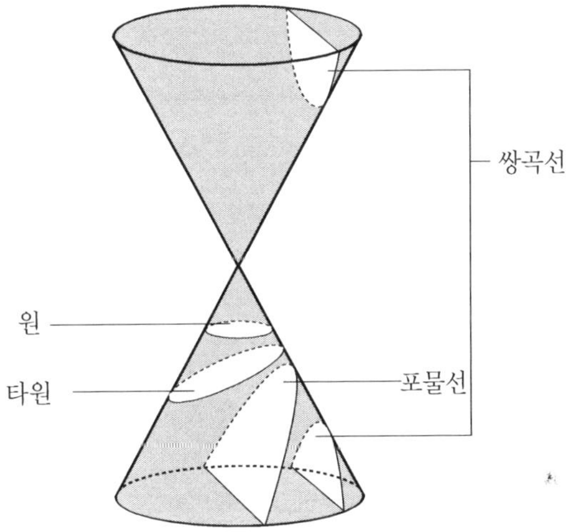

그림 2.1

원뿔곡선에 대한 최초의 논문을 발표한 학자는 **아폴로니우스**(Appolonius, B.C. 262~200)이다. 유클리드의 제자였던 아폴로니우스는 그의 저서「원뿔 곡선론(Conics)」에서 원, 타원, 포물선, 쌍곡선에 대하여 논하였고, 그는 당시의 알레산드리의 수학을 집대성하였다. 이 책은 전체 8권으로 되어 있는 데, 그 마지막 권은 전해지지 않는다. 이 책에는 원뿔곡선의 이름에 대한 어원이 전해진다. 즉, 아폴로니우스는 원뿔곡선에 타원(ellipse), 포물선(parabola), 쌍곡선(hyperbola)이라는 이름을 붙여준 최초의 인물이다(그림 2.1 참조). 타원의 경우 그리스어로 "부족하다"는 뜻의 ellipse를 썼고, 포물선의 경우 "같다"는 뜻의 그리스어인 parabola를 썼고, 쌍곡선의 경우에도 그리스어로 "초과하다"라는 뜻의 hyperbola를 썼다.

2.1 원뿔곡선

두 개의 교차하는 직선 L과 A에서 직선 A주위로 직선 L을 회전시키면 A에 수직이 아닌 한 직선 L은 두 개의 원뿔 K를 그린다(그림 2.2 참조). 이때 직선 L은 원뿔의 **생성자**(generator), 직선 A를 원뿔의 **축**(axis), 두 직선 A와 L의 교점 V를 원뿔의 **꼭짓점**(vertex), 두 직선 A와 L의 사이의 각 α 즉, $\alpha = \angle(A, L)$를 원뿔의 **반 꼭짓각**(half vertex angle)이라 한다.

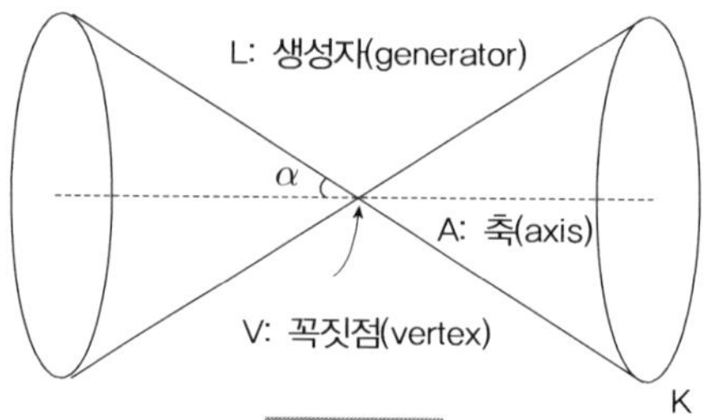

그림 2.2

정의 2.1.1

평면 H와 두 원뿔 K의 교집합, 즉 $C = H \cap K$를 **원뿔곡선**(conic section)이라고 한다.

원뿔 K의 축 A와 평면 H 사이의 각을 β, 즉 $\beta = \angle(A, H)$라 하자.

정의 2.1.2

원뿔곡선 C는 α와 β의 관계에 의해 다음과 같이 분류된다(그림 2.3 참조).

(1) $\alpha < \beta$일 때, C는 **타원**(ellipse),

(2) $\alpha = \beta$일 때, C는 **포물선**(parabola),

(3) $\alpha > \beta$일 때, C는 **쌍곡선**(hyperbola)이라 한다.

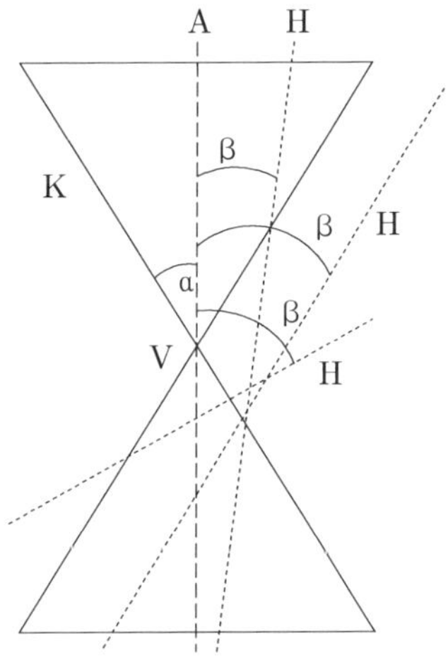

그림 2.3

참고

평면 H가 꼭짓각 V를 포함할 때, 원뿔곡선 $C=H\cap K$를 **퇴화 원뿔곡선**이라 한다(그림 2.3 참조).

2.2 초점, 준선, 이심률

원뿔곡선에서 초점, 준선, 이심률의 성질들은 실제적인 응용에서 매우 중요하다. 그것에 관한 연구는 그리스 시대 이후에도 계속 연구되어져 왔다. 본 절에서는 근대적인 연구의 선상에서 1822년 벨기에 수학자 G.P Dandelin이 연구한 Dandelin 입체(그림 2.4 참조)에 관한 내용을 다루고자 한다.

정의 2.2.1

S_1과 S_2를 원뿔 K에 내접하고 평면 H에 접하는 구라 하자(그림 2.4 참조). 이때 $F_1=S_1\cap H$과 $F_2=S_2\cap H$를 원뿔곡선 $C=K\cap H$의 **초점**(focus)이라고 한다. 또한 $S_i\cap K=Q_i(i=1,\ 2)$는 축과 90°인 원이고, 이 원을 포함하는 평면을 E_i라고 할 때, $D_i=E_i\cap H$를 원뿔곡선 C의 **준선**(directrix)이라 하고, 이때 초점 $F_i=S_i\cap H\ \ (i=1,2)$를 각각 준선 $D_i(i=1,2)$의 **이웃초점**이라 한다.

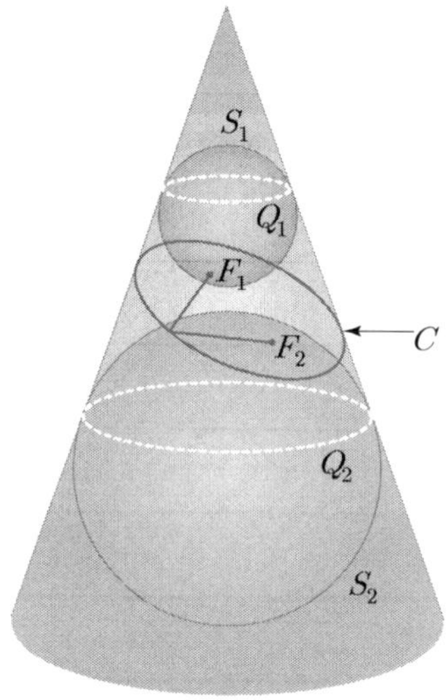

그림 2.4 Dandelin 입체

예제 2.2.2 원이 아닌 모든 원뿔곡선은 적어도 하나의 준선 D를 가지는 것을 설명하여라.

풀이 그것을 구체화하기 위하여 아래 그림 2.5와 같이 원뿔 K에 내접하고 평면 H에 접하는 구를 S라고 두자. 이때 $Q = S \cap K$이고 원 Q 를 포함하는 평면을 E 라고 하자. 그러면 평행하지 않은 두 평면 E와 H는 하나의 교선 $D = E \cap H$ 를 만들고 이 교선이 원뿔곡선 C의 준선이 된다. 만약 C가 원이라면 평면 E는 평면 H에 평행하므로 준선은 존재하지 않는다.

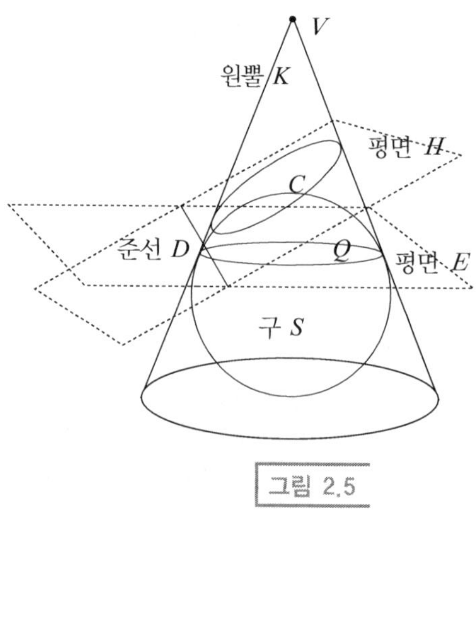

그림 2.5

■■■

정리 2.2.3

만약 원뿔곡선 C가 타원일 때, 원뿔곡선 C상의 임의의 점 $P \in C$에 대하여

$$\overline{PF_1} + \overline{PF_2} = \text{상수}$$

가 성립한다.

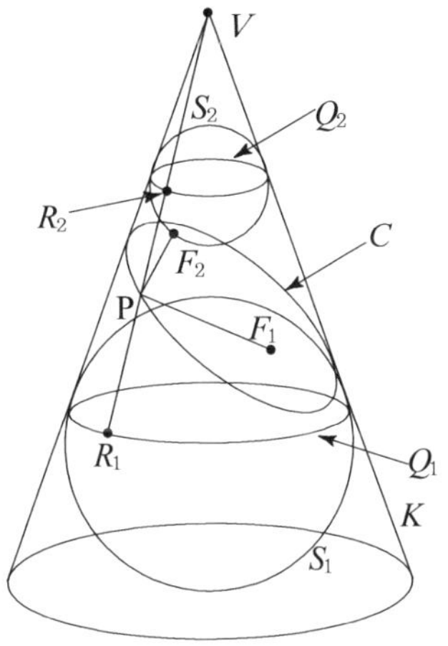

그림 2.6

증명 그림 2.6에서, 구 S_1 과 K의 교선은 원이 되며, 그 원을 $Q_1 = S_1 \cap K$ 이라 하고, 구 S_2 와 K의 교선을 $Q_2 = S_2 \cap K$ 라 하자. 그러면 임의의 점 $P \in C$에 대하여 직선 $\overleftrightarrow{PV}$가 Q_1, Q_2와 만나는 점을 각각 R_1, R_2 라 하자. 즉 $R_i = \overleftrightarrow{PV} \cap Q_i\ (i = 1,2)$이다. 따라서 C상의 한 점 P에서 구 S_1에 내린 접선의 접점이 R_1과 F_1이므로

$$\overline{PR_1} = \overline{PF_1}$$

이다. 마찬가지로 구 S_2의 두 접점 R_2, F_2에 의해

$$\overline{PR_2} = \overline{PF_2}$$

이다.

한편 $\overrightarrow{PR_1} + \overrightarrow{PR_2} = \overrightarrow{R_1R_2}$ 이고, 점 P의 선택에 상관없다.

따라서

$$\overline{PF_1}+\overline{PF_2}=\overline{PR_1}+\overline{PR_2}=\overline{R_1R_2}=\text{상수}$$

이다. ■■■

예제 2.2.4 두 정점 $F(c,\ 0)$, $F'(-c,\ 0)$에서의 거리의 합이 $2a\,(a>c>0)$인 점 $P(x,\ y)$의 자취는 타원이 되는데 이 타원의 방정식을 구하여라.

풀이 타원상의 임의의 점을 $P(x,\ y)$라고 하면 $\overline{PF}+\overline{PF'}=2a$이므로

$$\sqrt{(x-c)^2+y^2}+\sqrt{(x+c)^2+y^2}=2a$$

이 식을 이항하고 양변을 제곱하여 정리하면

$$(a^2-c^2)x^2+a^2y^2=a^2(a^2-c^2)$$

$a>c>0$이므로 $a^2-c^2=b^2$로 두고, 양변을 a^2b^2으로 나누면 방정식 $\dfrac{x^2}{a^2}+\dfrac{y^2}{b^2}=1$ (단, $a>b>0,\ c^2=a^2-b^2$)을 얻는다. ■■■

예제 2.2.5 두 정점 $F(0,\ c)$, $F'(0,\ -c)$에서의 거리의 합이 $2b\,(b>c>0)$인 점 $P(x,\ y)$의 자취는 타원이 되는데 이 타원의 방정식을 구하여라.

풀이 타원상의 임의의 점을 $P(x,\ y)$라고 하면 $\overline{PF}+\overline{PF'}=2b$이므로

$$\sqrt{x^2+(y-c)^2}+\sqrt{x^2+(y+c)^2}=2b$$

이 식을 이항하고 양변을 제곱하여 정리하면

$$b^2x^2+(b^2-c^2)y^2=(b^2-c^2)b^2$$

$b>c>0$이므로 $b^2-c^2=a^2$로 두고, 양변을 a^2b^2으로 나누면 방정식 $\dfrac{x^2}{a^2}+\dfrac{y^2}{b^2}=1$ (단, $b>a>0, c^2=b^2-a^2$)을 얻는다. ■■■

정의 2.2.6

원뿔곡선 C의 **이심률**(eccentricity) e 를 다음과 같이 정의한다(그림 2.3 참조).

$$e = \frac{\cos\beta}{\cos\alpha}$$

정리 2.2.7

원뿔곡선 C는 이심률 e 에 의해 나음과 같이 분류된다.

(1) $e=0$ 이면 C는 원,

(2) $0 < e < 1$ 이면 C는 타원,

(3) $e=1$ 이면 C는 포물선,

(4) $e > 1$ 이면 C는 쌍곡선이다.

증명 정의로부터 쉽게 증명이 된다(그림 2.3 참조). ■■■

정리 2.2.8

원뿔곡선 C의 이심률이 e , 준선이 D 그리고 D의 이웃초점이 F일 때, 임의의 점 $P \in C$에 대해서 $\overline{PF} = e\,\overline{PD}$ 이다.

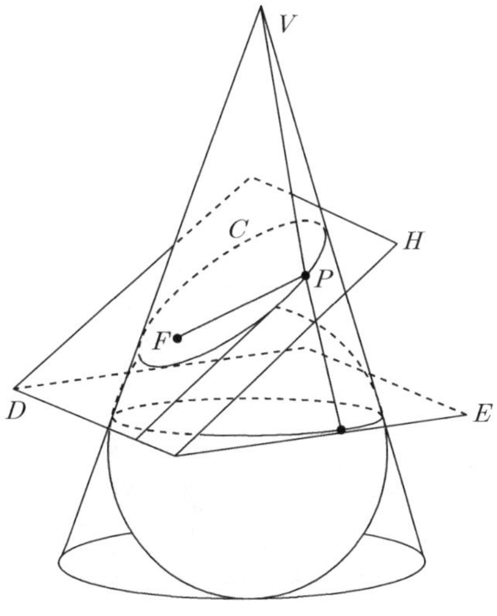

그림 2.7

증명 그림 2.7에서 두 평면 E, H의 그림을 별도로 그린 아래의 그림 2.8에서 알 수 있듯이 평면 E는 원뿔 K와 구 S의 교선 Q를 포함하는 평면 $[Q=(S \cap K) \subset E]$이고, C 상의 임의의 한 점 $P \in C$에 대해 점 P에서 평면 E로 내린 수선의 발을 Z라 하자. 즉 $Z \in E$, $\overline{PZ} \perp E$(평면). 또한 점 P에서 준선 D로 수선의 발 T를 내리자. 즉 $T \in D$, $\overline{TP} \perp D$(준선). 그리고 점 P에서 원뿔의 꼭짓점 V를 잇는 직선 PV는 원뿔의 생성자(generator)이고 그것의 연장선과 구 S와의 교점은 원 Q상에 있으며 그 점을 R이라고 하자.

그러면 직선 ZP는 평면 E와 수직이고 원뿔의 축도 평면 E와 수직이므로 ZP와 원뿔의 축도 서로 평행함을 알 수 있다.

또 ZP가 평면 E와 수직이고 준선 D는 평면 E에 포함되므로 직선 ZP와 준선 D도 역시 서로 수직이다. (삼수선의 정리)

따라서 직선 ZP 와 준선 D가 수직이고 점 P에서 준선 D에 내린 수선의 발 T에 대하여 직선 PT도 준선 D와 수직이므로 평면 ZPT는 준선 D와 수직이다. 또한 준선 D는 평면 H상에 있으므로 평면 ZPT는 평면 H에 수직이다. 따라서 동일평면 ZPT상에서 직선 ZP는 원뿔의 축과 평행하므로 $\angle ZPT$는 원뿔의 축과 평면 H가 이루는 각과 같고(즉 $\angle ZPT=\beta$), $\angle ZPR$은 원뿔의 축과 원뿔상의 꼭짓점 V와 한 점 $R(R \subset S \cap K=Q)$을 있는 직선(원뿔의 생성자) PR이 이루는 각이므로 $\angle ZPR=\alpha$이다.

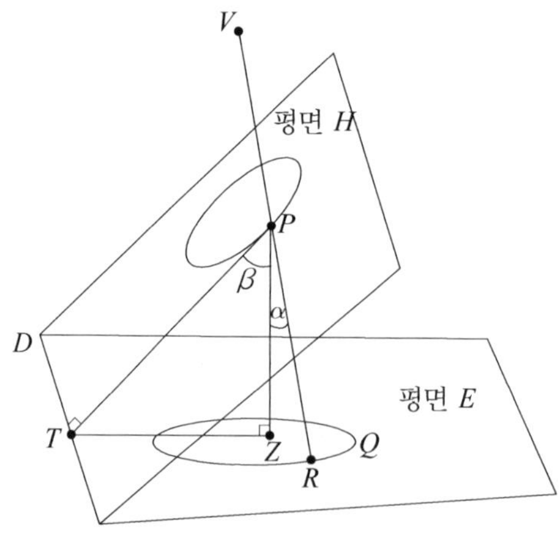

그림 2.8

따라서

$$\overline{PZ} = \overline{PR}\cos\alpha = \overline{PT}\cos\beta$$

이 성립한다. 그리고 C 상의 한점 P에서 S로 내린 접선의 접점이 R과 F이므로 $\overline{PR} = \overline{PF}$이고, 직선 PT는 점 P에서 준선 D까지의 거리이므로 $\overline{PT} = \overline{PD}$이다.

그러므로 $\overline{PF}\cos\alpha = \overline{PD}\cos\beta$가 성립하고, 양변을 $\cos\alpha$로 나누면

$$\overline{PF} = \frac{\cos\beta}{\cos\alpha}\overline{PD} = e \times \overline{PD}$$

를 얻을 수 있다. ■■■

참고

타원을 그리기 위한 장치로는 다음과 같은 것들이 있다.

장치 1) (그림 2.9 참조)

길이가 ℓ인 실을 두 점 F_1과 F_2사이의 거리 F_1F_2보다 크게 잡고, 실의 양끝을 못에 묶은 후 F_1과 F_2에 못을 박는다. 그리고 연필의 끝으로 실을 팽팽하게 유지한 채로 두 개의 못 주위로 회전시키면서 그리면, 그 곡선은 초점이 각각 F_1과 F_2인 타원이 될 것이다. 즉 곡선 상에 어떤 점 P를 잡아도

$$\overline{PF_1} + \overline{PF_2} = \ell$$

이므로 거리의 합이 일정함을 만족하므로 이 곡선은 타원이 된다.

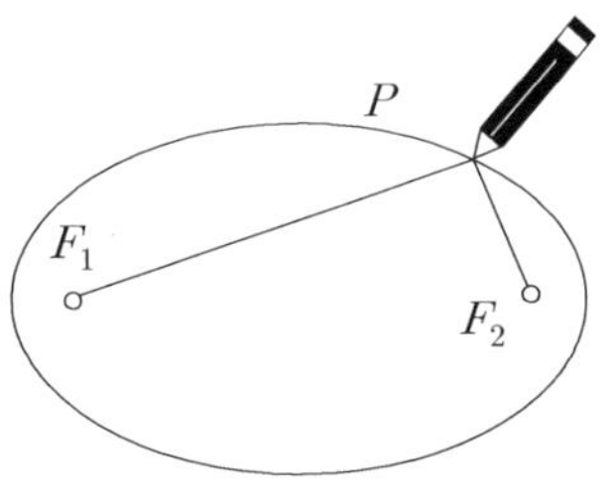

그림 2.9

장치 2) (그림 2.10 참조)

그림 2.10과 같이 막대 상에 A, B 및 적당한 거리에 점 P를 잡고, 점 A는 y축 상으로만 일정한 거리를 왕복운동하고, 점 B는 x축 상으로만 일정한 거리를 왕복운동 하도록 하여 점 P에 연필을 대고 회전시키면 타원이 만들어진다.[1)]

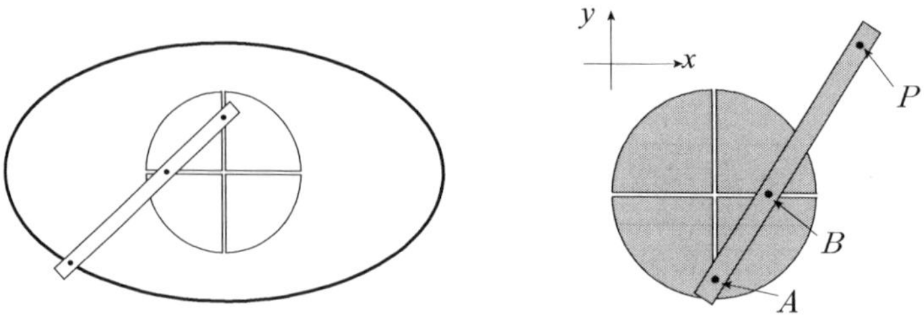

그림 2.10

정리 2.2.9

> 원뿔곡선 C가 쌍곡선일 때, C상의 임의의 점 $P \in C$에 대하여
>
> $$|\overline{PF_1} - \overline{PF_2}| = \text{상수}$$
>
> 가 성립한다.

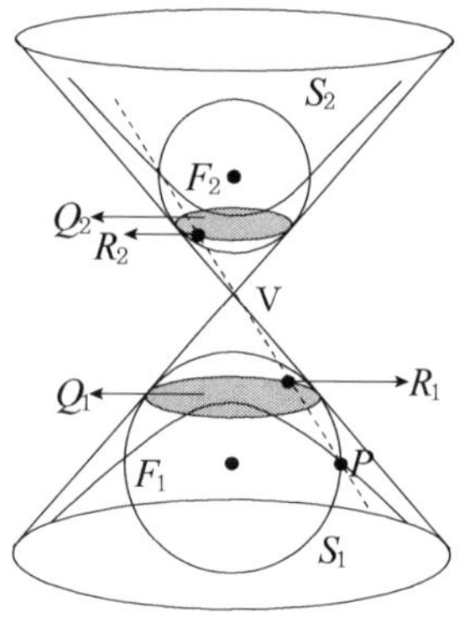

그림 2.11

증명 그림 2.11에서 원뿔의 주축과 평행한 평면 H로 원뿔을 자른 후 정면에서 본 입체를 생각하자. 이때 원뿔에 내접하고 평면 H에 접하는 Dandelin의 구는 양쪽에 하나 씩 S_1, S_2가 있다. 이때

$$S_1 \cap K = Q_1,\ S_2 \cap K = Q_2,\ S_1 \cap H = F_1,\ S_2 \cap H = F_2$$

1) http://www.ies.co.jp/math/java/conics/toy/toy.html

이다. 이제 쌍곡선 C상의 임의의 한 점 $P \in (C = K \cap H)$를 정하자. 점 P에서 원뿔의 꼭짓점 V를 잇는 직선 PV가 원 $Q_i(i=1,2)$와 만나는 점을 $R_i(C \cap Q_i)(i=1,2)$이라고 하면, 원뿔곡선 C 상의 점 P에서 F_i $(i=1,2)$에 내린 접선과 구 S_i에 내린 접선의 접점 $R_i(i=1,\ 2)$의 거리는 같다.

$$\overline{PF_i} = \overline{PR_i}$$

이다. 한편 R_1, R_2 사이의 거리는 두 원 $Q_1,\ Q_2$에 의하여 고정된 경계이므로 그 길이는 쌍곡선 C 상에 어떤 점 P를 선택하여도 변하지 않는다. 즉, R_1, R_2 사이의 거리는 타원 상의 점P의 위치에 관계없이 일정하다.

$$|\overline{PF_1} - \overline{PF_2}| = |\overline{PR_1} - \overline{PR_2}| = \overline{R_1R_2} = \text{일정}$$ ■■■

예제 2.2.10 두 정점 $F(c,\ 0)$, $F'(-c,\ 0)$에서의 거리의 차가 $2a(c > a > 0)$인 점 $P(x,\ y)$의 자취는 쌍곡선이 된다. 이 쌍곡선의 방정식을 구하여라.

풀이 쌍곡선 위의 임의의 점을 $P(x,\ y)$라고 하면 쌍곡선의 정의

$$|\overline{PF} - \overline{PF'}| = 2a$$

에 의하여

$$\sqrt{(x-c)^2 + y^2} - \sqrt{(x+c)^2 + y^2} = \pm 2a$$

이다. 이 식을 적당히 이항한 후, 양변을 제곱하여 정리하면

$$(c^2 - a^2)x^2 - a^2y^2 = a^2(c^2 - a^2).$$

여기서 $c > a > 0$이므로 $c^2 - a^2 = b^2$로 두고 양변을 a^2b^2으로 나누면 쌍곡선의 방정식

$$\frac{x^2}{a^2} - \frac{y^2}{b^2} = 1 \ (\text{단, } c^2 = a^2 + b^2)$$

을 얻는다. ■■■

예제 2.2.11 두 정점 $F(c,\ 0)$, $F'(-c,\ 0)$에서의 거리의 차가 $2b(c>b>0)$인 점 $P(x,\ y)$의 자취는 쌍곡선이 된다. 이 쌍곡선의 방정식을 구하여라.

풀이 쌍곡선 위의 임의의 점을 $P(x,\ y)$라고 하면 쌍곡선의 정의에 의해 $|\overline{PF}-\overline{PF'}|=2b$이므로

$$\sqrt{x^2+(y-c)^2}-\sqrt{x^2+(y+c)^2}=\pm 2b$$

이다. 이 식을 적당히 이항한 후, 양변을 제곱하여 정리하면

$$b^2x^2-(c^2-b^2)y^2=-b^2(c^2-b^2).$$

여기서 $c>b>0$이므로 $c^2-b^2=a^2$으로 두고 양변을 a^2b^2으로 나누면 쌍곡선의 방정식

$$\frac{x^2}{a^2}-\frac{y^2}{b^2}=-1\ (\text{단, } c^2=a^2+b^2)$$

을 얻는다. ■■■

참고

쌍곡선을 그리기 위한 장치로는 다음과 같은 것이 있다[2](그림 2.12 참조).

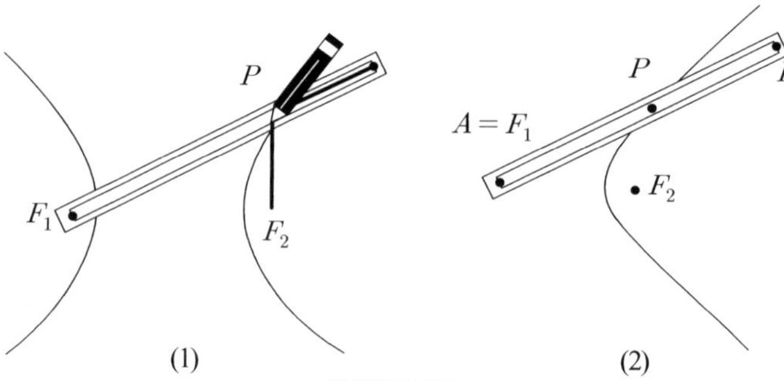

그림 2.12

2) http://www.ies.co.jp/math/java/conics/draw_hyper/draw_hyper.html

막대의 양 끝 중에 한 쪽은 F_1에서 회전 할 수 있도록 고정하고 다른 쪽은 자유스럽게 움직일 수 있도록 놔둔다.
막대의 길이보다 작게 길이가 ℓ인 실을 준비하여

$$0 < \text{ 막대의 길이 - 실의 길이 } < F_1F_2$$

되도록 한다. 실의 한 끝은 F_2에 묶고 다른 한 끝은 막대의 다른 한쪽 끝에 묶는다. 그림 2.12의 (1)과 같이 연필의 끝으로 실을 팽팽하게 하면서 막대의 두 끝을 잇는 직선 상에서 연필이 막대에 붙어있도록 유지한 상태로 연필을 F_2 주위로 회전시키면 쌍곡선의 일부를 얻을 수 있다. 이 곡선 상에 임의의 점 P를 잡을 때 막대의 양 끝을 A, B라고 하면

$$\left(\overline{F_1P}+\overline{PB}\right)-\left(\overline{F_2P}+\overline{PB}\right)=|\overline{PF_1}-\overline{PF_2}|$$

이므로 쌍곡선 상의 모든 점 P에 대하여

$$|\overline{PF_1}-\overline{PF_2}| = \text{상수}$$

임이 성립한다. 따라서 점 P의 자취는 쌍곡선이다.

정리 2.2.12

초점이 F이고 준선이 D인 원뿔곡선 C가 포물선일 때, 원뿔곡선 C 상의 모든 점 P에 대하여 $\overline{PF}=\overline{PD}$이다.

증명 정리 2.2.8로부터 자명하다. ■ ■ ■

예제 2.2.13 정점 $F(p,\ 0)$까지의 거리와 준선 $x=-p$까지의 거리가 같은 점 $P(x,\ y)$들의 자취는 포물선이 된다. 이 포물선의 방정식을 구하여라.

풀이 포물선 위의 임의의 점을 $P(x,\ y)$라고 점 P에서 준선 $x=-p$에 내린 수선의 발을 H라고 하면 포물선의 정의 $\overline{PF}=\overline{PH}$에 의하여

$$\sqrt{(x-p)^2+y^2} = |\ x+p\ |$$

이다. 이 식의 양변을 제곱하여 정리하면 $y^2=4px$를 얻는다.

■ ■ ■

문제 2.2.14 정점 $F(0,\ p)$까지의 거리와 준선 $y=-p$까지의 거리가 같은 점 $P(x,\ y)$들의 자취는 포물선이 되는데, 이 포물선의 방정식을 구하여라.

참고

포물선을 그리기 위한 장치로는 다음과 같은 경우가 있다(그림 2.13 참조)

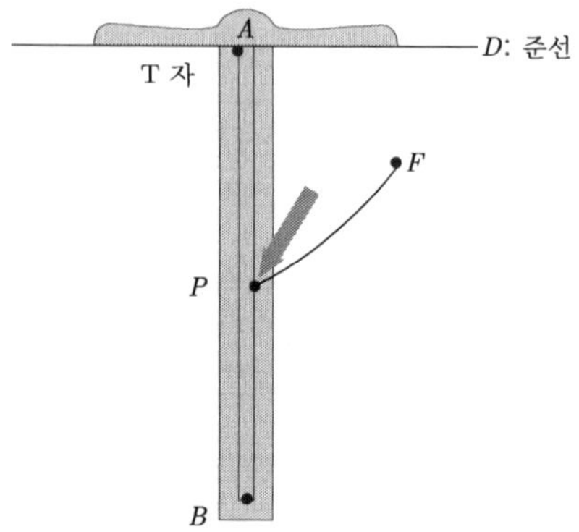

그림 2.13

위 그림 2.13과 같이 가운데 연필이 움직일 수 있도록 홈이 패여있는 T자형 자와 AB의 길이만큼 실을 잘라서 실의 한쪽은 한점 F에 고정하고 T자의 헤드는 준선 D에서 움직일 수 있도록 하여 연필로 실을 팽팽하게 유지하며 헤드를 준선 상에서 움직이면 연필이 그리는 자취는 초점이 F이고 준선이 D인 포물선이 된다. 왜냐하면 실의 길이는 $\overline{AB}$이니까 $\overline{AB}=\overline{PB}+\overline{PF}$이다. 따라서 $\overline{AP}=\overline{AB}-\overline{PB}=\overline{PF}$이다.

나의 노트

2.3 종이로 원뿔곡선 그리기

2.3.1 종이로 타원 그리기

정리 2.3.1

중심이 F인 원주 위에서 임의로 움직이는 점 T와 원 안에 있는 고정점 F'을 잡자. 선분 TF'의 수직이등분선 PH를 많이 그리면 수직이등분선 PH의 포락선(접선들의 외곽신)은 타원이 되고, 이때 직선 PH는 타원 상의 점 P에서의 접선에 해당한다. 이때 두 점 F와 F'은 타원의 초점이다(그림 2.14 참조).

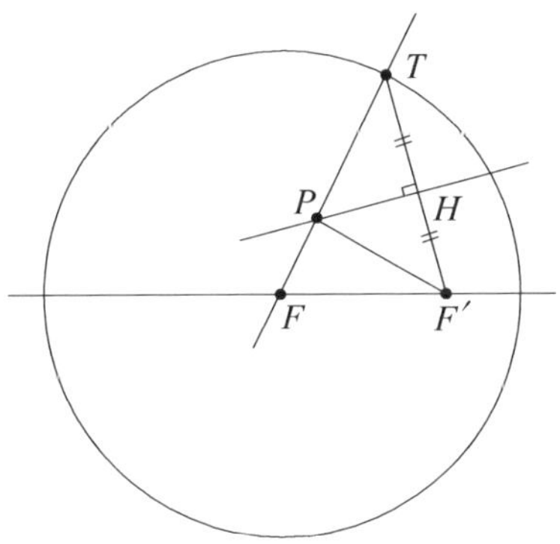

그림 2.14

증명 점 T를 원주 상의 어떤 점으로 잡든지 직선 PH가 선분 TF'의 수직 이등분선이므로

$$\overline{PT} = \overline{PF'} \text{ 이고 선분 } PF\text{는 공통}$$

이므로

$$\overline{PF} + \overline{PF'} = \overline{PF} + \overline{PT} = \overline{FT} \text{ (반지름)=일정}$$

이다. 따라서 점 P의 자취는 두 점 F와 F'을 초점으로 하는 타원이다. ■■■

문제 2.3.2 점 T에서 직선 TF' 에 수직인 직선들의 포락선도 타원임을 설명하여라.

따름정리 2.3.3

위 정리 2.3.1에 의하여 원 모양의 종이를 그림 2.15의 (1)과 같이 고정된 초점 F'와 원주상의 움직이는 점 T(점 F'와 겹쳐진 원주상의 점)에 대하여 일치되도록 접을 때, 접힌 선이 곧 선분 TF' 의 수직이등분선(위 정리 2.3.1에서 직선 PH)에 해당하며 이 직선들의 포락선이 그림 2.15의 (2)와 같이 타원이 된다.

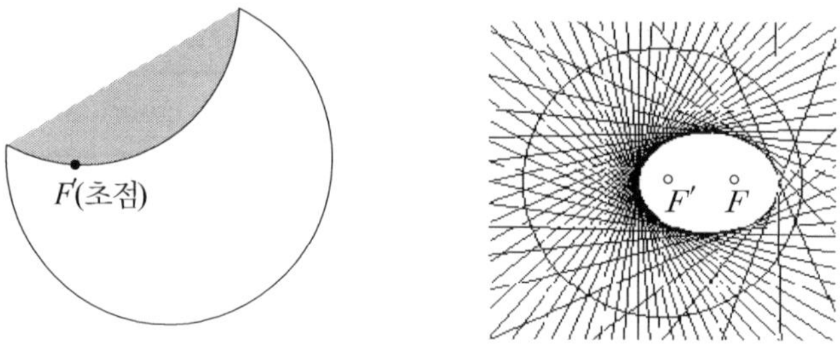

(1) (2)

그림 2.15

따름정리 2.3.4

원주 상에서 직각자를 이용하여 그림 2.16과 같은 방법으로 타원을 그릴 수 있음을 보여라.

증명 그림 2.16과 같이 직각자를 이용하여 다음과 같은 방법으로 타원을 그릴 수 있다. 먼저 한 축과 축 위의 한 초점 F'을 정하고 초점 F'이 원안에 포함되도록 반지름의 길이가 $\overline{FF'}$ 보다 큰 중심이 F인 원을 그린다. 직각자의 한 변은 초점 F'에 대고 직각자의 직각 점은 원주상의 임의의 점 T에 일치시킬 때, 직각자의 나머지 변을 따라서 T를 원주 상에서 움직이면서 많은 선을 긋는다. 이 선을 이용하여 선분 $\overline{F'T} = 2\overline{F'T'}$ 에 해당하는 선분 $F'T$의 수직이등분선 l을 긋는다. 직각자의 직각 점 T를 원주 위에서 움직이면서 이 과정을 되풀이하면 직선 l들의 포락선으로부터 타원이 얻어진다. ■■■

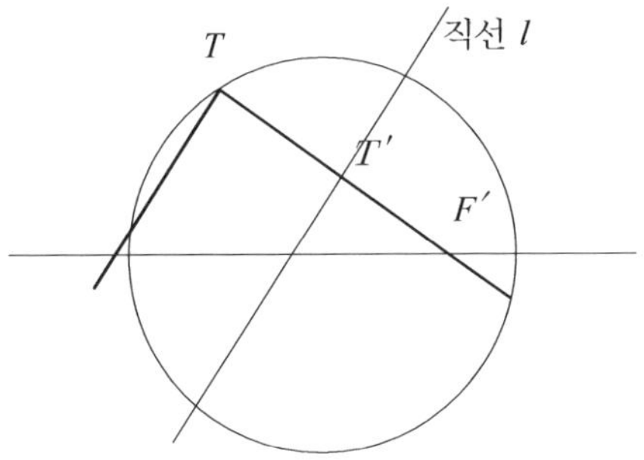

그림 2.16

예제 2.3.5 다양한 크기의 직각자를 이용하여 여러 가지 타원을 그릴 수 있는지 생각해보아라.

풀이 그림 2.17의 (1)에서 선분 TF'의 수직이등분선 l에 의하여 만들어지는 포락선은 타원임을 앞에서 보였다. 즉 직선 l의 자취로 이루어지는 포락선은 타원임을 알 수 있다.

더욱이, 선분 TF'의 연장선 위에 $\overline{F'T'}=2\overline{F'T}$를 만족하는 점 T'에 대해서도 선분 $F'T'$의 수직이등분선에 해당하는 직선 m의 자취로 이루어지는 포락선도 그림 2.17의 (2)와 같이 역시 타원이 된다.

■■■

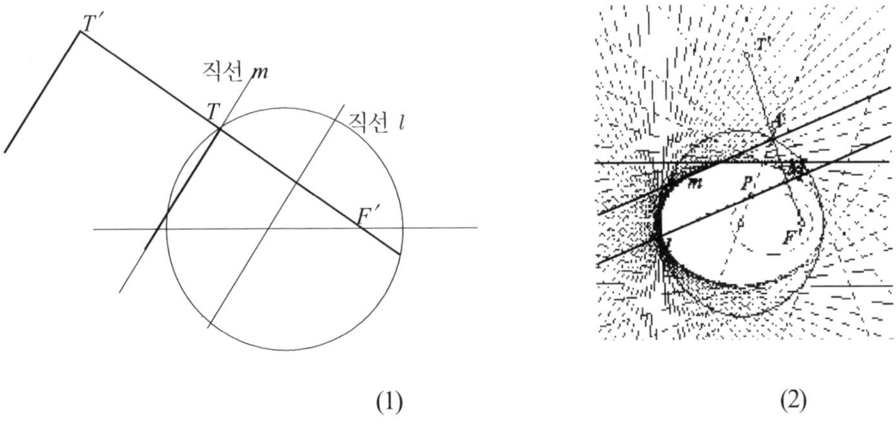

그림 2.17

2.3.2 종이로 쌍곡선 그리기

정리 2.3.6

중심이 F인 원주 위의 임의의 동점 T와 원 밖에 있는 고정점 F'에 대하여, 선분 TF'의 수직이등분선 PH를 많이 그리면 그 직선들의 포락선(접선들의 외곽선)은 쌍곡선을 이루고, 두 점 F와 F'은 쌍곡선의 초점이다. 또 점 P에서의 쌍곡선의 접선은 직선 PH이다. 따라서 점 P의 자취는 두 점 F와 F'을 초점으로 하는 쌍곡선이다(그림 2.18 참조).

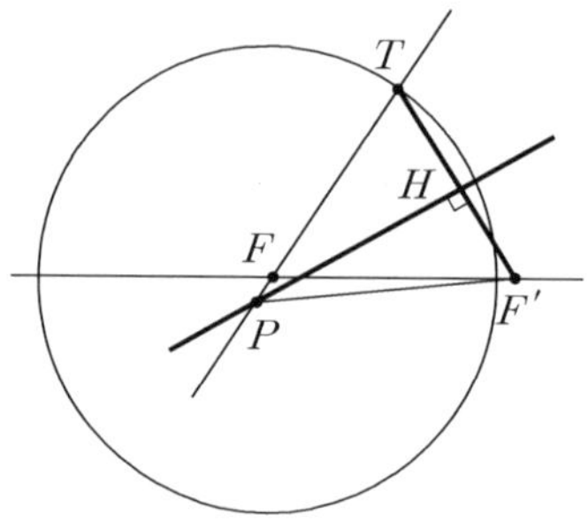

그림 2.18

증명 위 그림 2.18에서 $\overline{TP}=\overline{PF'}$ 이므로,

$$|\overline{PF'}-\overline{PF}|=|\overline{PT}-\overline{PF}|=\overline{FT}$$ =일정(원의 반지름의 길이)

이다. 따라서 "거리의 차가 일정한 점들의 자취는 쌍곡선이다." 라는 쌍곡선의 정의에 의하여 점 P의 자취는 두 점 F와 F'을 초점으로 하는 쌍곡선이다. ■■■

따름정리 2.3.7

위 정리 2.3.6에 의하면 종이를 그림 2.19의 (1)과 같이 원 밖의 초점 F'을 원주상의 임의의 동점 T와 일치되도록 접을 때, 접힌 선들이 위에서 선분 TF'의 수직이등분선인 직선 PH이고 직선 PH의 포락선이 그림 2.19의 (2)와 같이 쌍곡선이다.

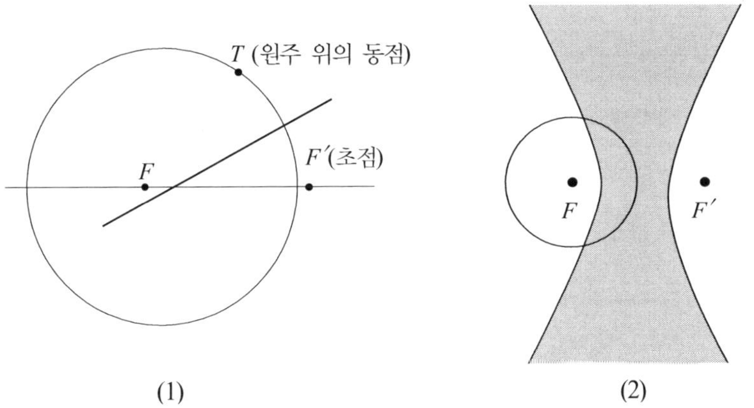

그림 2.19

따름정리 2.3.8

원 위에서 직각자를 이용하여 그림 2.20과 같은 방법으로 쌍곡선을 그릴 수 있음을 보여라.

증명 아래 그림 2.20과 같이 직각자를 이용하여 다음과 같은 방법으로 쌍곡선을 그릴 수 있다. 먼저 한 축과 그 축 위에 한 초점을 정하고 초점이 원 밖에 있도록 반지름의 길이가 $\overline{FF'}$보다 작고 중심이 F인 원을 그린다. 이때 직각자의 한 변은 초점에 닿도록 하고 직각자의 직각 점은 원 위에 놓이도록 한 후 초점에 닿지 않는 변을 따라 직선을 많이 긋는다. 직각 점을 원 위에서 계속 움직이면서 이 과정을 되풀이하면 정리 2.3.6에서와 같이 점 P의 자취(또는 TF'의 수직이등분선의 자취로 이루어지는 포락선)로부터 쌍곡선이 얻어진다. ■■■

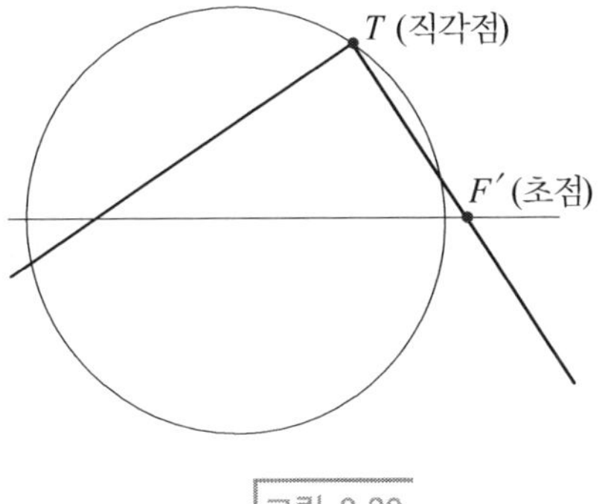

그림 2.20

예제 2.3.9 다양한 크기의 직각자를 이용하여 여러 가지 쌍곡선을 그릴 수 있는지 생각해 보아라.

풀이 그림 2.21에서 선분 TF'의 수직이등분선 l의 자취로 이루어지는 포락선은 쌍곡선임을 위에서 알고 있다. 이때 선분 TF'의 연장선 위에 $\overline{T'F'} = 2\overline{TF'}$인 점 T'이 있어도 선분 $T'F'$의 수직이등분선 m의 자취로 이루어지는 포락선도 역시 쌍곡선이 된다.

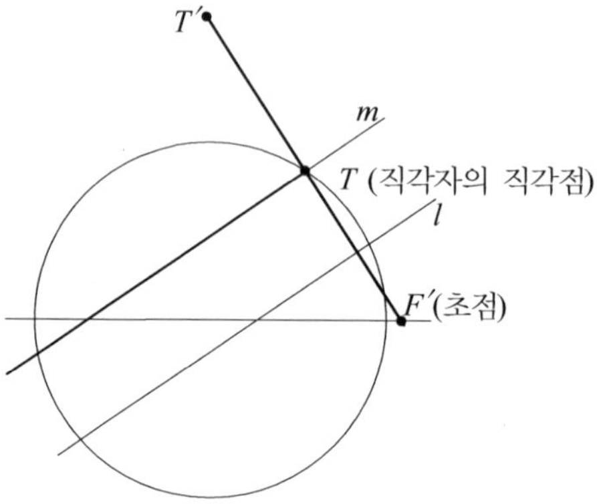

그림 2.21

■■■

참고

정리 2.3.1에 의해 F'이 원 안에 있을 때는 선분 TF' 또는 그 연장선과 수직인 모든 선의 자취로 이루어지는 포락선은 타원이 된다. 이들 타원은 모두 한 초점 F'을 공유하게 된다. GSP에서 반직선 TF'을 그리고 그 위에 임의의 점 T'을 잡아 이 점을 지나는 수선 l을 작도하여 이를 확인할 수 있다. 쌍곡선의 두 초점 F, F'에서 초점 F' 이외에 또 하나의 초점 F는 직선 l의 포락선으로 그려지는 타원의 또 하나의 초점이다. 원의 중심이 F'인 것과 마찬가지 방법으로 F'을 찾을 수 있다. 쌍곡선에도 이와 마찬가지 원리가 적용이 된다. 쌍곡선은 타원의 경우에서 한 초점을 원 밖으로 이동시키면 된다.

2.3.3 종이로 포물선 그리기

그림 2.22와 같이 좌표 평면 위에서 점 F는 y축 상에 고정되어 있고 점 T는 x축 상에서 움직이는 점일 때, x축과 점 T에서 수직인 직선과 선분 FT의 수직이등분선의 교점을 Q라 할 때, 그런 Q들의 자취는 포물선이 된다. 이때 점 F는 **초점**이 되며 x축은 포물선의 **준선**이 된다.

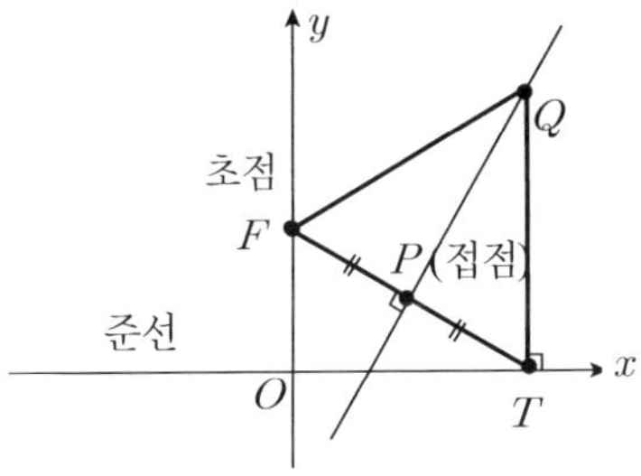

그림 2.22

정리 2.3.10

원점을 회전하는 고정점으로 두고 일정한 거리에서 원점을 잇는 직선과 수직인 직선들을 많이 그리면 그 직선의 포락선은 포물선이 된다.

증명 그림 2.23의 (1)에서와 같이 종이 가운데 초점 F를 잡고, 초점 F에 종이가 일치하도록 접으면 접힌 선이 위의 그림 2.22에서의 수직이등분선 PQ와 같으므로, 아래 그림 2.23의 (2)에서와 같이 접선들의 외곽선으로 이루어지는 포락선(envelope)이 곧 포물선이다.

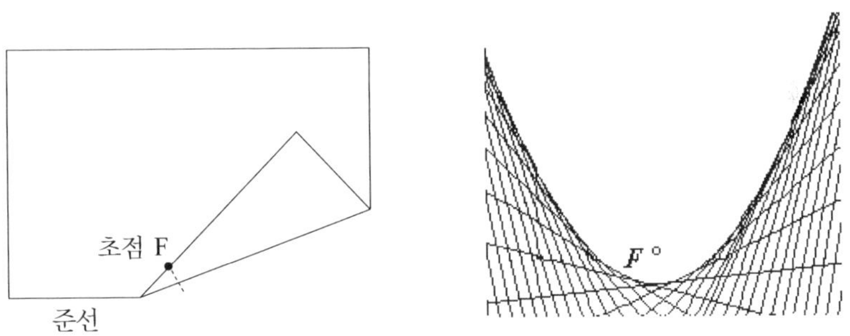

(1) (2)

그림 2.23

이때 접힌 선들은 포락선으로 이루어진 포물선 상의 한 점(초점과 그리고 준선 위의 한 점을 잇는 직선과 접힌 선의 교점)에서의 접선이 된다. ■■■

2.3.4 동심원을 이용한 원뿔곡선

예제 2.3.11 동심원을 이용하여 어떻게 타원을 그릴 수 있는가?

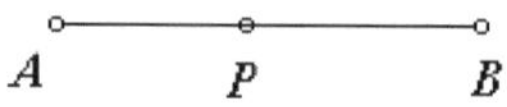

풀이 타원은 평면 위에서 초점이라고 불리는 주어진 두 고정점까지의 거리의 합이 일정한 점들의 자취이므로, 예제의 주어진 그림과 같이 선분 AB상에 움직이는 점 P를 잡고 AB보다 작은 거리의 두 점 F, F'을 잡아서 두 점 F, F'을 중심으로 하고 점 P를 옮기면서 반지름의 길이가 $\overline{PA}$, $\overline{PB}$인 원들을 그려 나갈 때, 각 점 P에 대한 두 원의 교점들을 모으면 장축의 길이가 AB이고 초점이 F, F'인 타원이 된다(그림 2.24의 (1) 참조).

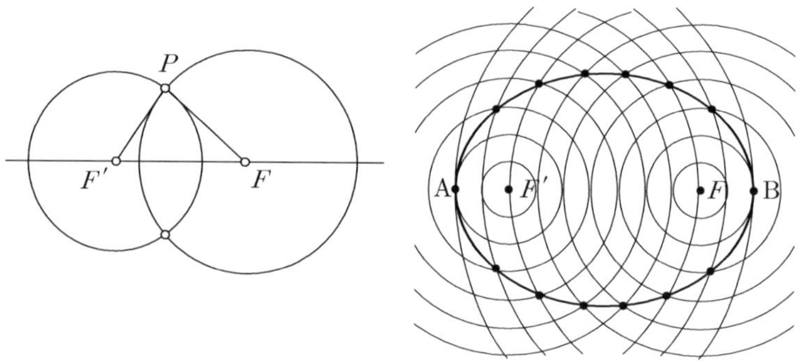

(1) (2)

그림 2.24

그림 2.24의 (2)는 위의 내분을 이용하여 타원을 그리는 방법인 예제 2.3.11을 확장한 것이다.

선분 AB 위에 간격이 같은 n개의 점 $P_1, P_2, P_3, \cdots P_n$을 잡아 두 초점 F, F'을 중심으로 반지름의 길이가 P_1A, P_1B인 원, 반지름의 길이가 P_2A, P_2B인 원, 반지름의 길이가 P_3A, P_3B인 원, …을 그린다. 이러한 $2n$개의 원들의 교점을 잡았을 때 생기는 교점들의 집합은 타원 위의 점이 된다. ■■■

예제 2.3.12 동심원을 이용하여 어떻게 쌍곡선을 그릴 수 있는가?

풀이 쌍곡선은 평면 위에서 초점인 두 고정 점까지의 거리의 차가 일정한 점들의 자취이므로 아래 그림 2.25에서와 같이 각 초점을 중심으로 하는 반지름의 길이가 같은 동심원을 그렸을 때, 두 동심원들이 만나는 곳을 점으로 찍고 그 점들을 연결하면 두 초점 사이에서 여러 개의 쌍곡선 무리를 볼 수 있다[3].

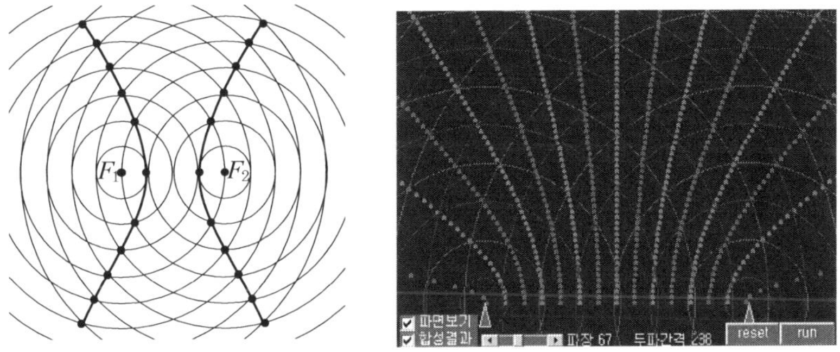

그림 2.25 ■■■

예제 2.3.13 동심원을 이용하여 어떻게 포물선을 그릴 수 있는가?

풀이 포물선은 평면상에서 초점인 고정점과 준선까지의 거리가 같은 점들의 자취이다. 따라서 아래 그림 2.26처럼 위의 두 예제 2.3.11, 2.3.12와 같은 원리로 동심원과 평행선 무리들이 있으면 포물선을 그릴 수 있다.

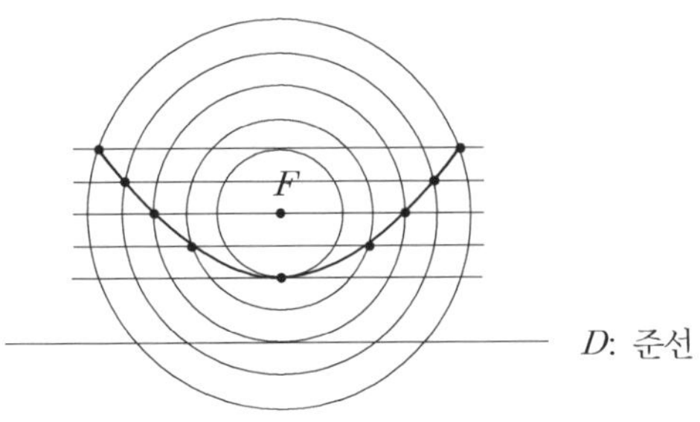

그림 2.26 ■■■

3) http://physica.gsnu.ac.kr/physedu/wavelight/twowave/twowave.html

2.4 원뿔곡선의 초점반사

정리 2.4.1 (그림 2.27 참조)

직선 AB 위에서 움직이는 점 P가 있고 직선 AB의 같은 쪽에 두 점 F, F'이 있다면, 거리 $\overline{FP}+\overline{PF'}$의 크기가 최소일 때는 두 각 $\angle FPA$와 $\angle F'PB$의 크기가 같을 때이다.

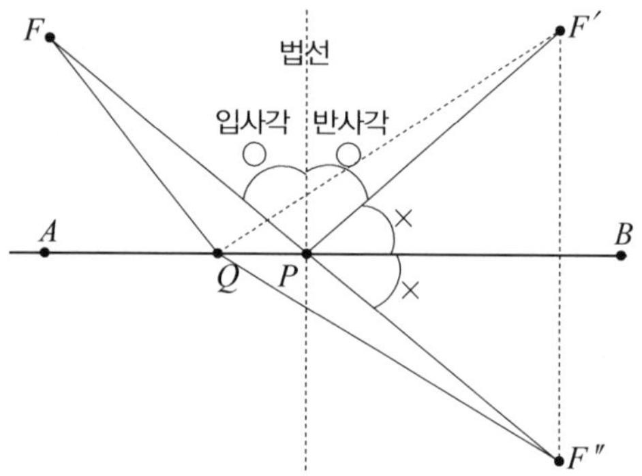

그림 2.27

증명 그림 2.27과 같이 직선 AB 상에 움직이는 임의의 점 P와는 다른 점 Q를 잡고, 점 F'을 직선 AB에 대하여 대칭이동한 점을 F''라고 두면 $\angle F'PB = \angle F''PB$이다. 한편 삼각형 $\triangle QFF''$에서 두 변의 합인 $\overline{FQ}+\overline{QF''}$의 크기는 당연히 다른 한 변인 $\overline{FP}+\overline{PF''}$보다는 크다. 즉, 선분 $\overline{FP}+\overline{PF'}$은 최소의 길이가 되고, $\angle FPA = \angle F'PB$는 엇각으로 같음이 성립하고, $\angle F'PB = \angle F''PB$는 대칭각으로 서로 같음이 성립하므로

$$\angle FPA = \angle F'PB = \angle F''PB$$

일 때

$$\overline{FP}+\overline{F'P} = \overline{FF''}$$

은 최소가 된다. ■■■

참고

정리 2.4.1에서 점 F를 빛, 직선 AB를 거울이라 할 때, 빛 F를 거울에 비추었을 때 입사각과 반사각은 같다.

정의 2.4.2

굽은 거울에 빛을 입사하였을 때, 입사각과 반사각은 입사되는 점에서의 접선에서의 입사각과 반사각이다(그림 2.28 참조).

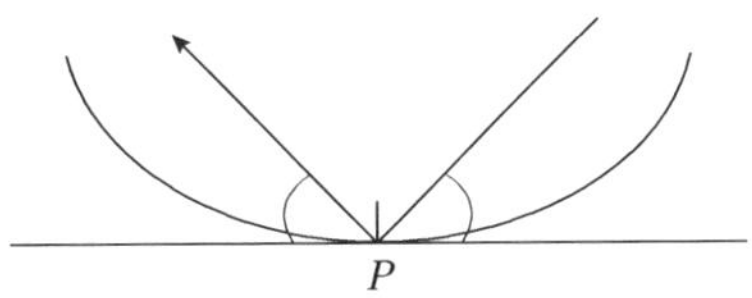

그림 2.28

정의 2.4.3

타원, 쌍곡선에서의 **접선**이란 타원, 쌍곡선과 한 점에서 만나는 직선을 말한다. 포물선에서의 **접선**은 포물선과 한 점에서 만나고 직선이 포물선의 한 쪽 영역에 존재할 때이다.

2.4.1 타원의 초점반사

타원에서 초점의 역할을 알아보자.

Q 문제 2.4.4 타원의 한 초점에서 타원상의 한 점으로 빛을 입사하면 그 빛은 어디로 향할까?

정리 2.4.5

타원 C의 초점을 F_1, F_2라 할 때, 타원 위의 임의의 한 점 P에서 두 벡터 $-\overrightarrow{PF_1}$과 $\overrightarrow{PF_2}$가 이루는 각을 이등분하는 직선은 점 P에서 타원 C의 접선이다(그림 2.29 참조).

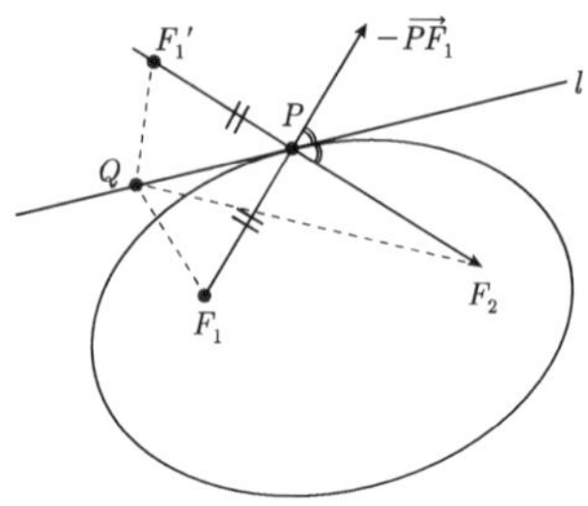

그림 2.29

증명 먼저 두 벡터의 이등분선을 l이라 하자. 이때 l이 접선임을 보이기 위해 $l \cap C = \{P\}$임을 보이면 된다. 이를 증명하기 위해 또 다른 점 $Q(\neq P)$가 존재한다고 하자. 즉, $l \cap C = \{Q\}$라 하자. 타원의 성질(정리 2.2.3)에 의해

$$\overline{QF_1} + \overline{QF_2} = a(\text{상수})$$

이다. 다음 직선 PF_2 위의 점 F_1'을 $\overline{PF_1} = \overline{PF_1}'$을 만족하도록 잡는다. 그러면 $\triangle PQF_1 \equiv \triangle PQF_1'$(합동)이다. 따라서 $\overline{QF_1} = \overline{QF_1}'$이다. 그러므로 $\triangle QF_2F_1'$으로부터

$$a = \overline{PF_1} + \overline{PF_2} = \overline{PF_1}' + \overline{PF_2} = \overline{F_1'F_2} < \overline{QF_1}' + \overline{QF_2} = \overline{QF_1} + \overline{QF_2}$$

이다. 이것은 모순이다. 따라서 $l \cap C = \{P\}$이다. ■■■

참고

정리 2.4.4로부터 타원의 한 초점 F_1에서 타원 위의 한 점 P로 빛을 입사하면 그 빛은 다른 초점 F_2로 반사된다.

문제 2.4.6 타원 당구대에 두 공 A, B가 초점에 놓여있을 때, 타원 당구대를 한 번 맞추고 공 A가 공 B를 맞추려고 한다. 점 중에 어떤 곳을 맞추어야 하는가? 단, 공에 회전을 주지는 않는다(그림 2.30 참조).

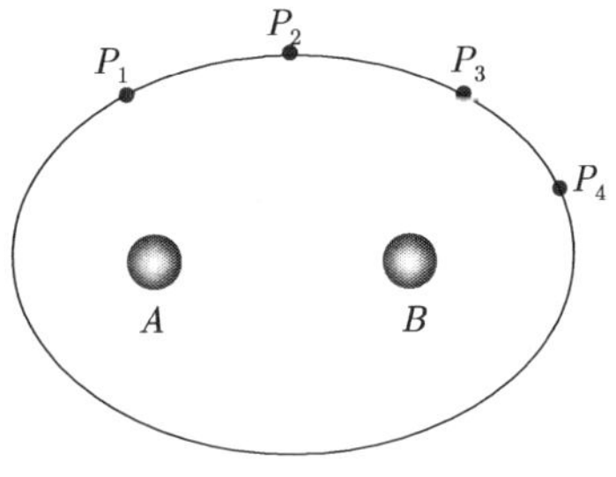

그림 2.30

2.4.2 쌍곡선의 초점반사

정리 2.4.7

쌍곡선 C 위의 임의의 한 점 P를 잡고 두 초점을 각각 F, F'이라고 할 때, 점 P에서 벡터 $\overrightarrow{PF}$와 벡터 $\overrightarrow{PF'}$이 이루는 각을 이등분하는 직선은 점 P에서 쌍곡선 C의 접선이다.

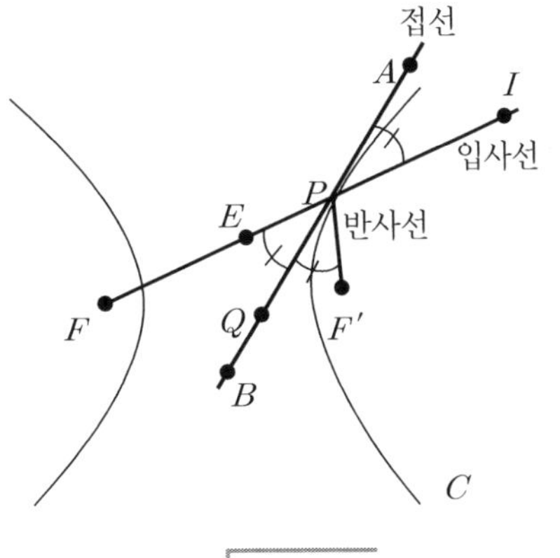

그림 2.31

증명 먼저 $\angle FPF'$의 이등분선이 접선임을 보이고 다음으로 그 접선상의 점 P가 쌍곡선상의 점임을 보일 것이다.

쌍곡선에 대한 정의로부터 점 P가 쌍곡선상의 한 점이라면 그 점 P에서 $|\overline{PF}-\overline{PF'}|=k$($k$는 상수)를 반드시 만족해야 한다.

위 그림 2.31과 같이 직선 PF상에서 $\overline{PF'}=\overline{PE}$를 만족하는 점 E를 잡으면 $\overline{EF}=|\overline{PF}-\overline{PF'}|=k$가 성립한다.

한편 점 I에서 초점 F를 향하여 입사한 직선이 점 P에서 반사하여 초점 F'으로 향한다면 앞에서 증명하였듯이 $\angle IPA=\angle F'PB$일 때가 최단거리이고, $\angle IPA$와 $\angle FPB$는 엇각으로 같으므로 직선 APB는 $\angle FPF'$를 이등분하는 직선이다. 이때 직선 AB 위의 점 P가 유일한 쌍곡선 상의 점임을 보이자. 직선 AB는 $\angle FPF'$를 이등분하므로 직선 AB는 이등변삼각형 $\triangle PEF'$의 밑변 EF'을 수직이등분한다. 이때 직선 AB 상에서 점 P이외의 다른 점 Q를 잡으면 $\triangle QEF'$도 이등변삼각형이고, $\overline{QE}=\overline{QF'}$를 만족한다. Q, E, F는 동일 직선상에 있지 않으므로 따라서

$$\overline{QE}<\overline{QF}+\overline{EF} \text{ 이고 } \overline{QF}<\overline{QE}+\overline{EF}$$

이다. 그러므로

$$\overline{QE}-\overline{EF}<\overline{QF}<\overline{QE+EF}$$

이다. 양변에서 $\overline{QE}$를 각각 빼면

$$-\overline{EF}<\overline{QF}-\overline{QE}<\overline{EF}$$

따라서 $|\overline{QF}-\overline{QE}|<EF=k$ 이다. 그리고 $\overline{QE}=\overline{QF'}$이므로

$$|\overline{QF}-\overline{QF'}|<\overline{EF}=k$$

이다. 이것의 의미는 직선 AB 상에서 점 P 이외의 어떤 점 Q를 잡아도 $|\overline{QF}-\overline{QF'}|=\overline{EF}=k$를 만족시키지 못한다는 것이다. 즉, 점 Q는 쌍곡선 상에 있지 않다.

즉 직선 AB에서는 오직 한 점 P에서만 $\overline{EF} = |\overline{PF} - \overline{PF'}| = k$를 만족하므로 P는 쌍곡선 위에 있으며 또한 쌍곡선에 접한다. ■■■

이것은 직선 AB가 쌍곡선 C에 접하는 것은 접선인 AB가 점근선에 평행하기 전까지 존재한다는 것을 보이고 있다.

왜냐하면 쌍곡선은 좌표 평면을 세 개의 연결된 오픈 영역으로 나눈다. 하나는 두 쌍곡선 사이의 중심을 포함하는 가운데 영역이고, 나머지 두 외부 영역으로는 하나는 초점 F를 포함하는 영역과 다른 하나는 조점 F'를 포함하는 영역이다.

평면 위의 임의의 점 Q에서 $f(Q) = \overline{QF} - \overline{QF'}$을 만족하는 함수 f를 정의하자. 그러면 쌍곡선 위의 점에서는 $f = \pm k$이 되고, 초점 F를 포함하는 영역에서는 $f < -k$이고, 가운데 영역에서는 $-k \le f \le k$이고, 초점 F'를 포함하는 영역에서는 $f > k$임을 쉽게 알 수 있다.

그러므로 부등식 $|\overline{QF} - \overline{QF'}| < k$는 $-k \le f \le k$을 나타내므로 직선 AB 위의 모든 점에서도 $-k \le f \le k$이었으므로, 그래서 직선 AB는 다른 어떤 외부 영역(초점 F, F'을 포함하는 영역)으로도 쌍곡선을 넘지 않는다. 즉 직선 AB가 쌍곡선에 접함을 보이고 있는 것이다.

참고

쌍곡선에서 반대편에 있는 초점 F'를 향하여 들어온 빛은 쌍곡선 위의 점 P에서 반사되면서 초점 F를 이은 선의 방향으로 진행한다(그림 2.32 참조).

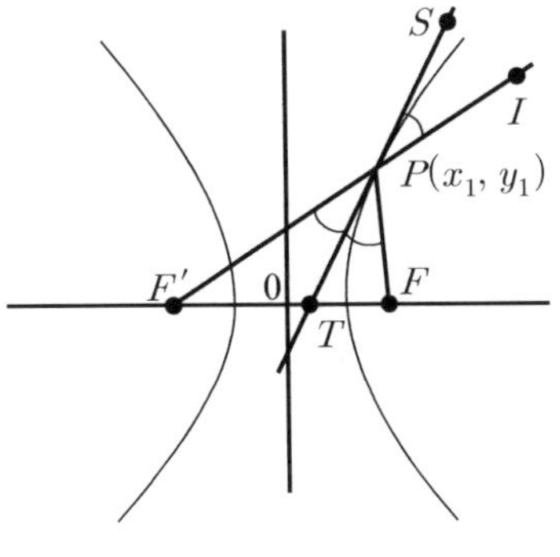

그림 2.32

2.4.3 포물선의 초점반사

정리 2.4.8

포물선 위의 임의의 한 점 P에서 준선 D에 내린 수선의 발을 R이라고 할 때, $\angle RPF$의 이등분선은 P에서 포물선 C의 접선이다(그림 2.33 참조).

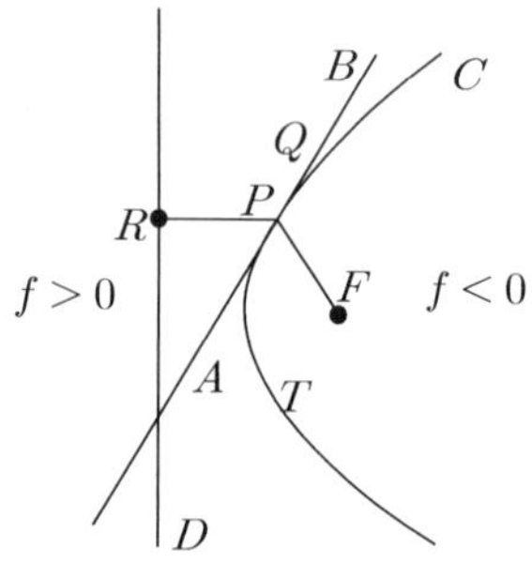

그림 2.33

증명 그림 2.33과 같이 만약 이차곡선 C가 포물선이라면 정의에 의하여 포물선상의 임의의 한 점 P에 대하여 $\overline{PF}=\overline{PR}$을 만족해야만 한다.

그리고 포물선은 평면을 두 개의 연결되고 열린 영역으로 나눈다. 하나는 초점 F를 포함하는 영역이고 다른 하나는 준선 D를 포함하는 영역이다. 이때 쌍곡선에서와 마찬가지로 좌표 평면상의 임의의 한 점 Q에서 $f(Q)=\overline{QF}-\overline{QD}$를 만족하는 함수 f를 정의하자.

그러면 초점 F를 포함하는 영역에서는 $f<0$이고, 준선 D를 포함하는 영역에서는 $f>0$이다. 이때 직선 AB상에서 점 P 이외의 다른 점 Q를 잡을 때 $\triangle RQF$도 또한 이등변삼각형이다. 그러므로 $\overline{QF}=\overline{QR}$이다. 만약 $Q\neq P$이면 선분 QR는 D에 수직이 아니고, 그래서 $\overline{QR}>\overline{QD}$이다. 그러므로 $f(Q)=\overline{QF}-\overline{QD}=\overline{QR}-\overline{QD}>0$이다. 이것은 직선 AB 상에서는 오직 한 점 P에서만 포물선 상에 있고 또한 포물선과 접하고 있음을 보여주는 것이다.

한편 직선 AB상의 모든 점에서는 $f\geq 0$이므로, 직선 AB는 포물

선을 가로질러 한 영역에서 다른 영역으로 건너갈 수 없다. 그러므로 직선 AB는 접선이다. ■■■

참고

초점 F에서 나온 광선은 포물선 상의 점 P에서 반사되어 축에 평행한 평행광선으로 나아간다(그림 2.34 참조).

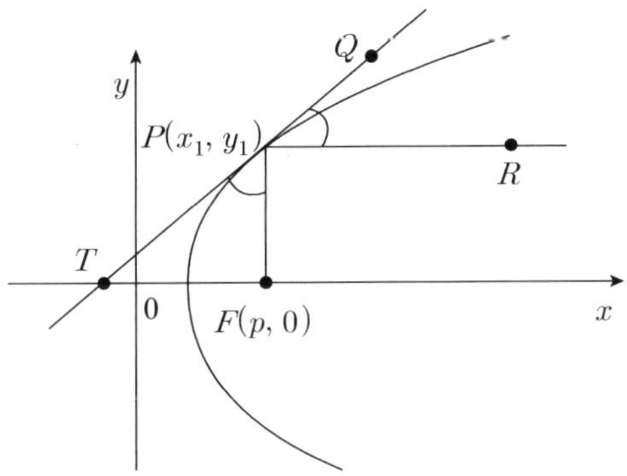

그림 2.34

문제 2.4.9 타원과 쌍곡선이 같은 초점을 가질 때, 교점에서의 각각의 접선은 서로 수직임을 보여라.

나의 노트

2.5 원뿔곡선의 방정식

(1) 포물선

정리 2.2.12로부터 포물선은 준선 D와 초점 F로부터의 거리가 같은 점의 집합, 즉

$$\overline{PF} = \overline{PD}$$

을 만족하는 점 P의 집합이다. 이제 포물선은 주축에 관해서 대칭임을 감안하여 주축을 x 축으로 하고 정점을 원점으로 하는 직교좌표계를 설정하여 초점을 원점의 오른쪽에 배치하면 $F(p, 0)$ $(p > 0)$ 로 나타낼 수 있다. 이 경우에 준선 D는 원점의 왼쪽에 있게 되며 방정식 $x = -p$ 로 나타내어진다. 따라서 조건 $\overline{PF} = \overline{PD}$ 을 만족하는 점 $P(x, y)$ 는 거리공식으로부터 다음을 만족한다.

$$\sqrt{(x-p)^2 + (y-0)^2} = \sqrt{(x+p)^2 + (y-y)^2}$$

이 양변을 제곱하여 정리하면 아래와 같은 간단한 방정식을 얻을 수 있다.

$$y^2 = 4px$$

이 방정식을 오른쪽으로 열려있는 (수평축을 갖는) 수평형 **포물선의 표준형**이라 한다.

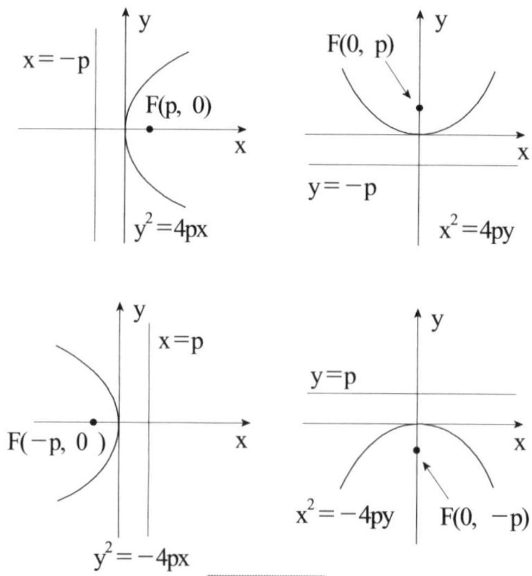

그림 2.35

주의 포물선의 표준형은 위에서 알아 본 것 이외에도 3가지가 더 있음을 알 수 있다. 보다 구체적으로 말해서 x 와 y 의 역할을 바꾸어 생각하여 얻은 방정식 $x^2 = 4py$ 가 그 중의 하나이다. 이는 초점이 $F(0, p)$ 이고 준선은 $y = -p$ 인 수직형 포물선의 표준형이다. 남은 2가지는 위의 각각의 경우에 부호를 반대로 택함으로써 반대 방향으로 열려있는 포물선을 말한다. 즉, $y^2 = -4px$ 와 $x^2 = -4py$ 를 말한다. 각각의 경우의 그림은 위의 그림 2.35를 참조하기 바란다.

문제 2.5.1 포물선 $y^2 = 12x$ 의 초점의 좌표와 준선의 방정식을 구하여라.

문제 2.5.2 초점은 원점이며, 점 $(-2, 4)$ 를 지나고 왼쪽으로 열려있는 포물선의 방정식을 구하여라.

문제 2.5.3 포물선의 초점에서 발사된 빛은 포물선에 부딪친 후에 축에 나란하게 나아감을 보여라(그림 2.36).

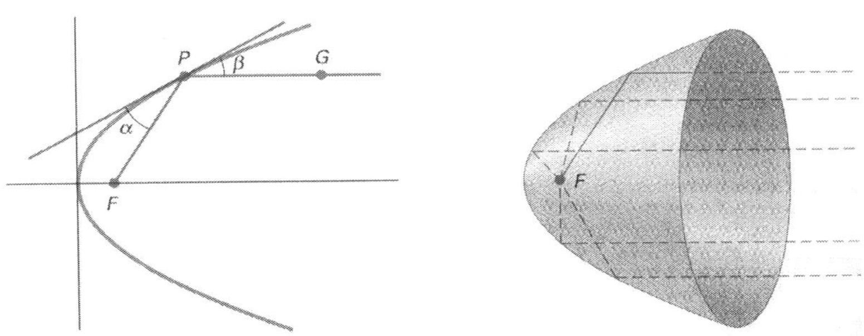

그림 2.36

(2) 타원·쌍곡선

앞에서 살펴보았듯이 타원과 쌍곡선은 2개의 정점 A', A 를 가지고 있다. A', A 의 중점을 타원과 쌍곡선의 **중심(center)**이라 부른다. 나중에 알 수 있겠지만 타원과 쌍곡선은 중심에 관해서 대칭이다. 그래서 특히 타원과 쌍곡선을 **중심원뿔곡선(central conic section)**이라 부르기도 한다.

중심원뿔곡선의 방정식을 유도하기 위하여 먼저 주축을 x 축으로 하고 중심을 원점으로 택한다. 이때 초점의 좌표는 $F(c, 0)$로, 준선의 방정식은 $x=k$로, 정점의 좌표는 $A'(-a, 0)$, $A(a, 0)$로 각각 나타낼 수 있다. 단, 여기서 c, k, a는 모두 양인 실수이다.

먼저 정점 $A(a, 0)$, $A'(-a, 0)$은 조건 $\overline{PF}=e\overline{PD}$ (정리 2.2.8)를 만족하는 점이므로

$$a-c=e(k-a)=ek-ea,$$
$$a+c=e(k+a)=ek+ea$$

가 성립한다. 따라서

$$c=ea, \quad k=\frac{a}{e}.$$

이제 타원(또는 쌍곡선) 위에 있는 임의의 점 $P(x, y)$에서 준선 위에 내린 수선의 발을 D이라 하면 점 D의 좌표는 $(\frac{a}{e}, y)$이다. 따라서 조건 $\overline{PF}=e\overline{PD}$로부터

$$\sqrt{(x-ae)^2+y^2}=e\sqrt{\left(x-\frac{a}{e}\right)^2}$$

을 얻는다. 이 양변을 제곱하면

$$x^2-2ax+a^2e^2+y^2=e^2\left(x^2-\frac{2a}{e}x+\frac{a^2}{e^2}\right).$$
$$\therefore \quad (1-e^2)x^2+y^2=a^2(1-e^2)$$

그러므로 중심원뿔곡선의 방정식은

$$\frac{x^2}{a^2}+\frac{y^2}{a^2(1-e^2)}=1$$

이다.

이 방정식으로부터 알 수 있듯이 중심원뿔곡선은 x 축, y 축 뿐만이 아니라 원점에 관해서도 대칭이다. 이와 같은 대칭성 때문에 중심원뿔곡선에는 제2의 초점과 제2의 준선이 있으며, 이들을 차례로 $(-ac,\ 0)$와 $x=-\dfrac{a}{e}$로 나타낼 수 있다. 2개의 정점 (또는 2개의 초점)을 지나는 축을 **장축**(major axis)이라 하고, 원점을 지나며 장축에 수직인 축을 **단축**(minor axis)이라 부르기도 한다.

가) 타원의 표준형

타원의 이심율은 $0 < e < 1$이므로 $(1-e^2) > 0$이다. 방정식의 표현을 간단히 하기 위해서 $b = a\sqrt{1-e^2}$ 로 두어

$$\frac{x^2}{a^2} + \frac{y^2}{b^2} = 1$$

로 나타내고 이를 **타원의 표준형**이라 한다. 이와 같은 표준형에서 $2a$를 **장축의 길이**(major diameter), $2b$를 **단축의 길이**(minor diameter)라 각각 부르기도 한다. 특히 유의할 사항은 $c = ae$ 이므로

$$a^2 = b^2 + c^2$$

이 성립한다는 사실이다(그림 2.37).

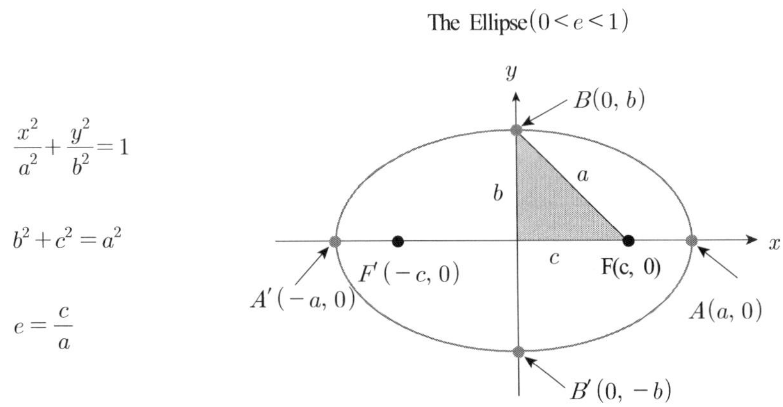

그림 2.37

문제 2.5.4 타원 $\frac{x^2}{36}+\frac{y^2}{4}=1$ 의 개형을 그리고 초점의 좌표와 이심율을 각각 구하여라.

참고

지금까지 살펴본 타원은 주축이 x 축이므로 수평적 타원이다. 그러나 포물선에서 처럼 x 와 y 의 역할을 바꾸어 생각함으로써 수직형 타원의 방정식

$$\frac{x^2}{b^2}+\frac{y^2}{a^2}=1$$

을 얻을 수 있다.

문제 2.5.5 타원 $\frac{x^2}{16}+\frac{y^2}{25}=1$ 의 개형을 그리고 초점의 좌표와 이심율을 각각 구하여라.

나) 쌍곡선의 표준형

쌍곡선의 이심율은 $e>1$ 이므로 $e^2-1>0$ 이다. 따라서 $b=a\sqrt{e^2-1}$ 로 둠으로써 중심원뿔곡선의 방정식 $\frac{x^2}{a^2}+\frac{y^2}{a^2(1-e^2)}=1$ 을

$$\frac{x^2}{a^2}-\frac{y^2}{b^2}=1$$

로 고쳐 나타낼 수 있다. 이것을 **쌍곡선의 표준형**이라 한다. 이 경우에는 $c=ae$ 이므로

$$c^2=a^2+b^2$$

이 성립한다.

참고

쌍곡선의 표준형을 y 에 관해서 풀면

$$y=\pm\frac{b}{a}\sqrt{x^2-a^2}$$

을 얻는다. x 의 값이 한없이 커질 때 $\sqrt{x^2-a^2}$ 의 값도 한없이 커진다. 다시 말해서

$$x \to \infty \text{ 일 때 } \sqrt{x^2 - a^2} - x \to 0$$

이다. 따라서 y 는 거의

$$y = \pm \frac{b}{a}x$$

처럼 행동한다(그림 2.38 참조). 바꾸어 말해서 주어진 포물선은 2개의 **점근선**(asymptotic lines)을 갖는다.

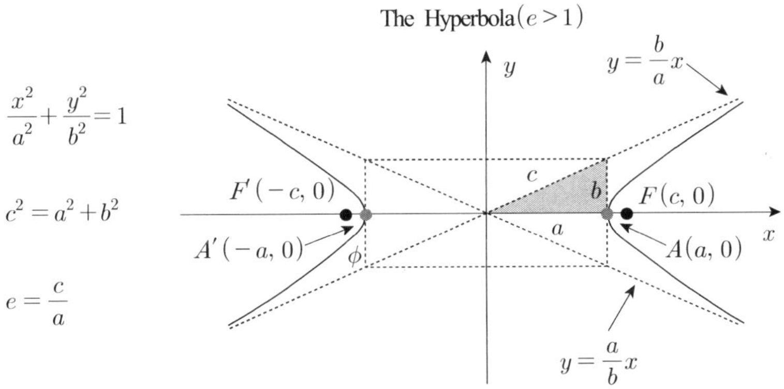

그림 2.38

문제 2.5.6 쌍곡선 $\frac{x^2}{9} - \frac{y^2}{16} = 1$ 의 개형을 그리고 초점의 좌표와 점근선의 방정식을 각각 구하여라.

참고

쌍곡선인 경우에도 x 와 y 의 역할을 바꾸어 생각함으로써 수직형 쌍곡선의 방정식

$$\frac{y^2}{a^2} - \frac{x^2}{b^2} = 1$$

을 얻을 수 있다. 이 경우에 정점의 좌표는 $(0, \pm a)$ 이며, 초점의 좌표는 $(0, \pm c)$ 이다.
타원과 쌍곡선에서 a 는 항상 중심에서 정점에 이르는 거리를 뜻하며, 특히 타원인 경우에는 $a > b$ 이지만 쌍곡선인 경우에는 이와 같은 요구가 필요하지 않다.

문제 2.5.7 쌍곡선 $-\frac{x^2}{4}+\frac{y^2}{9}=1$ 의 개형을 그리고 초점의 좌표를 구하여라.

문제 2.5.8 점 $(-3, 0)$ 와 $(3, 0)$ 으로부터 거리의 합이 10 인 점들의 집합을 구하여라.

문제 2.5.9 점 $(0, 6)$ 과 $(0, -6)$ 으로부터 거리의 차가 4 인 점들의 집합을 구하여라.

(4) 응용

Johannes Kepler에 의하면 태양 둘레의 모든 행성은 태양을 한 초점으로 하는 타원형 궤도를 따라 돌고 있다고 한다. 이외에도 지구를 돌고 있는 인공위성의 궤도 역시 타원형이다.

문제 2.5.10 지구가 태양으로부터 제일 멀어지는 거리는 94.56 이고, 제일 짧은 거리는 91.45 라고 한다(단, 단위는 백만 마일이다). 지구 궤도의 이심율을 구하고 장축의 길이와 단축의 길이를 각각 구하여라.

문제 2.5.11 그림 2.39의 (1)은 타원의 한 초점에서 나온 빛은 타원에 부딪친 후 반사되어 반대쪽의 초점을 향해서 나아감을 말하고 있다. 왜일까?

문제 2.5.12 그림 2.39의 (2)는 쌍곡선의 한 초점에서 나온 빛은 반대편 쌍곡선에 부딪친 후 반사되어 반대쪽 초점의 역방향을 향해서 나아감을 말하고 있다. 왜일까?

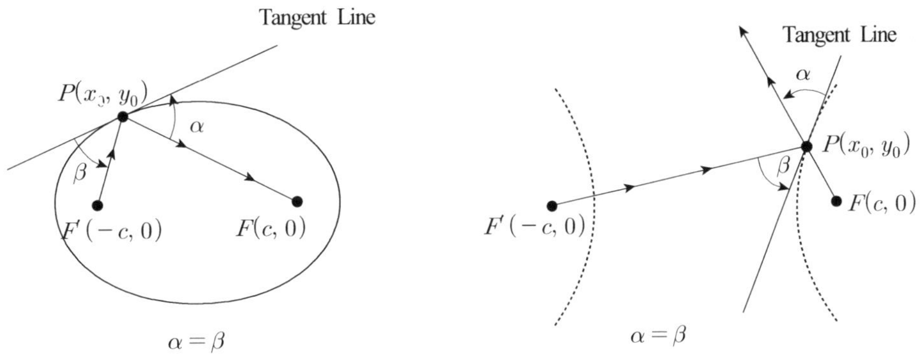

(1) (2)

그림 2.39

참고

	타원	쌍곡선
방정식	$\frac{x^2}{a^2} + \frac{y^2}{b^2} = 1$	$\frac{x^2}{a^2} - \frac{y^2}{b^2} = 1$
점 (x_0, y_0)에서의 접선의 기울기	$m = -\frac{b^2 x_0}{a^2 y_0}$	$m = \frac{b^2 x_0}{a^2 y_0}$
점 (x_0, y_0)에서의 접선의 방정식	$x_0 \frac{x}{a^2} + y_0 \frac{y}{b^2} = 1$	$x_0 \frac{x}{a^2} - y_0 \frac{y}{b^2} = 1$

문제 2.5.13 다음의 그림 2.40은 무엇을 말하고 있는지 설명하여라.

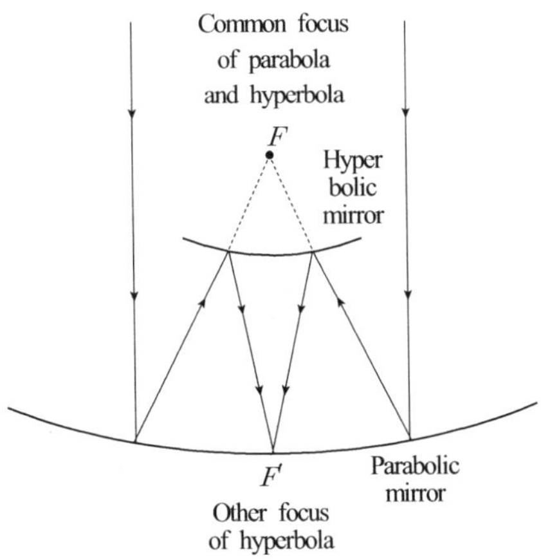

Reflecting telescope

그림 2.40

2.6 원뿔곡선의 응용

2.6.1 포물선의 응용

1. 패라볼라 안테나

그림 2.41

패라볼라(parabola)는 우리 주변에서 늘 볼 수 있다. 자동차의 헤드라이트는 패라볼라를 축을 중심으로 회전하여 얻어지는 포물면이다(그림 2.41 참조). 초점에 위치한 전구로부터 발사되는 모든 빛은 패라볼라의 축에 평행하게 반사된다. 즉, 지면과 평행이 된다. 패라볼라 반사기는 통신기기, 전자 탐지 시스템, 레이다 시스템과 망원경에서도 볼 수 있다. 레이다에서는 전자파 빔이 목표물을 맞고 되돌아 오면, 이것을 신호처리 하기 위해 패라볼라 반사기는 반사된 빔을 모아서 집중시킨다. 이것은 패라볼라 반사기가 되돌아 오는 신호들을 촛점으로 반사시키기 때문에 가능하다. 패라볼라의 이러한 성질을 이용하여 미약한 전파를 잘 탐지하는 안테나를 제작할 수 있다. 가정용으로 제작된 이 작은 안테나는 흔히 접시 안테나라 불리는 것으로 제대로 된 명칭은 '패라볼라 안테나'이다. 이 패라볼라 안테나만으로도 먼 나라의 방송을 생생하게 수신할 수 있는 위력을 가지고 있다. 그런데 "패라볼라(parabola)"는 수학에서 "포물선"을 의미한다. 전파를 탐지하는 안테나와 수학의 포물선 사이에는 어떤 관계가 있을까?

2. 현수교

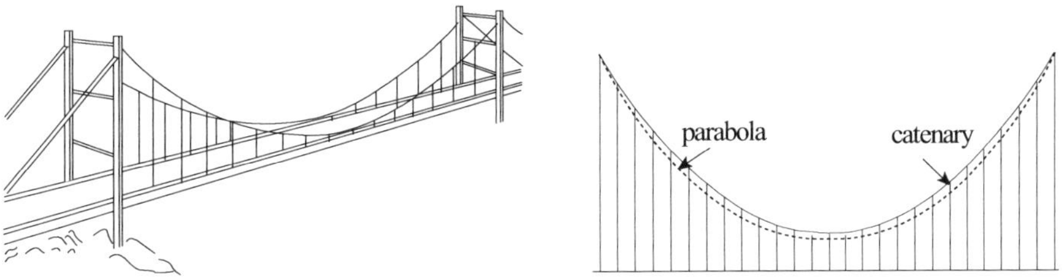

그림 2.42

다리 중에는 양쪽에 거대한 주 탑을 세운 후 케이블을 이용해 연결한 현수교가 있다. 우리나라의 남해대교, 미국의 금문교 등이 그 예이다. 재질이 균일한 줄의 양끝을 같은 높이의 두 위치에 고정시켰을 때, 그 사이에서 줄이 처진 모양과 같은 곡선을 **현수선**(Catenary)이라고 한다. 이 말에서 현수교라는 이름이 나왔을 것이다.

현수선 $y = a\cosh\left(\frac{x}{a}\right) = \frac{a}{2}\left\{e\left(\frac{x}{a}\right) + e\left(\frac{-x}{a}\right)\right\}$은 포물선과 그 모양이 매우 비슷하다. 공중으로 비스듬히 던져 올린 물체가 그리는 경로가 포물선이라는 사실을 밝혔던 수학자이자 과학자였던 갈릴레이도 현수선을 포물선이라고 믿었을 정도이다.

그런데 현수선 모양으로 처진 줄에 일정한 간격으로 하중을 주면, 포물선 모양으로 바뀐다. 현수교의 경우에도 주 케이블에 일정한 간격으로 로프를 설치한 상태에서 하중을 주고 있으므로, 주케이블은 포물선인 셈이다(그림 2.42 참조). 그렇다면 현수교는 “포물교”라고 불러야 정확하지 않을까?

3. 빛을 모으는 거울

포물선의 특징은 축과 평행인 직선이 포물선과 만나는 점에서 입사각과 반사각이 서로 같도록 꺾이면 초점을 지난다는 사실이다. 따라서 포물선을 거울로 생각하면 축과 평행하게 들어온 모든 빛은 거울에 반사되어 초점에 모인다.

축을 중심으로 포물선을 회전시켜 얻은 면을 포물면이라 하고, 반사면이 포물면인 오목 거울을 포물면 거울이라고 한다. 포물면도 포물선의 특징을 가지므로, 포물면 거울의 축에 평행하게 들어온 모든 빛은 초점에 모인다. 아르키

메데스가 이를 이용해 로마와의 전쟁에서 포물면 거울로 태양 광선을 집중시켜 가까이 접근한 배에 불을 질렀다는 이야기가 있다.

아르키메데스가 이용한 위의 원리와는 반대로, 포물면 거울의 초점에 광원을 놓으면 불빛은 포물면에 반사되어 축과 평행인 방향으로 직진한다. 이런 원리가 먼 곳에 있는 목표물을 비추기 위한 조명 기구인 서치라이트(탐조등)와 자동차의 헤드라이트에 이용된다.

위에서 이야기한 헤드라이트의 반사경은 포물면 거울이다. 전구를 초점의 위치에 놓으면 빛은 축과 평행인 방향으로 먼 곳까지 비춘다. 이를 원등(상향등, high beam)이라고 한다. 그런데 평소에 자동차에서는 마주 오는 차에 눈부심을 주지 않기 위해서는 근등(하향등, low beam)을 이용한다. 이것은 단순히 전구를 초점으로부터 벗어난 위치로 옮기면 된다. 이렇게 하면 빛은 위와 아래로 향한다. 이때 위로 향하는 빛을 차단해 아래쪽으로 진행하는 빛만 보내므로 짧은 거리만을 비춘다.

4. 반사망원경

이차곡선을 이용한 거울을 사용한 것이 반사망원경이고 렌즈를 사용한 것이 굴절망원경이다.

반사망원경의 장점

① 가격이 저렴하다. 이유는 굴절식과 다르게 한쪽 면만을 가공하면 되므로 제조비가 절감되고 빛이 거울을 통과하지 않고 반사가 되므로 거울의 소자를 굴절망원경처럼 고급을 사용하지 않아도 된다. 그러므로 구경이 큰 망원경들은 모두 다 기본적으로 반사 거울을 사용하고 있다.(구경비 가격이 저렴하다.)

② 짧은 초점의 망원경을 제작하기 쉽다. 그러므로 성운, 성단, 천체 사진에 매우 적합하다.

반사망원경의 단점

① 구면수차, 코마수차가 있다. 이 두 수차는 전형적인 반사망원경의 경우 아무리 거울을 정밀하게 제작을 해도 어느정도 남아있게 된다.

② 사경으로 인하여 빛의 양이 감소하여 컨트라스트가 낮아지고 성상이 불안정하고 고배율관측에 불리하다.
③ 미러 코팅의 질이 영구적이지 못해서 오랜 기간이 지나면 다시 코팅을 해줘야 한다.
④ 경통이 개방되어 있으므로 온도차 등으로 인한 대류가 발생하여 이것 역시 상을 불안정하게 만드는 요인이 된다.
⑤ 이동용 반사망원경의 경우엔 광축을 자주 맞추어 주어야 한다.

굴절망원경의 장점

① 경통이 막혀있으므로 공기의 흐름으로 인한 상의 불안정이 없다.
② 콘트라스트(성상의 명암)가 매우 뚜렷하다. 이는 행성, 은하, 성운의 관측에 있어 매우 중요하다.
③ 같은 구경의 굴절, 반사 및 반사굴절 망원경이 있다면 가장 뛰어난 상을 제공하는 것은 굴절식(아포크로매틱) 망원경이다.

뉴유턴식 반사망원경

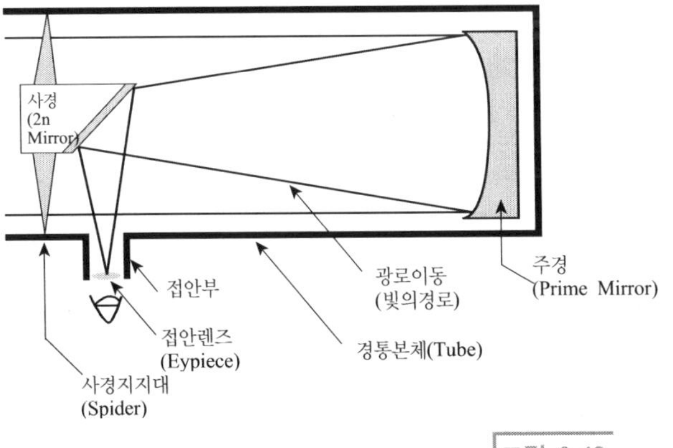

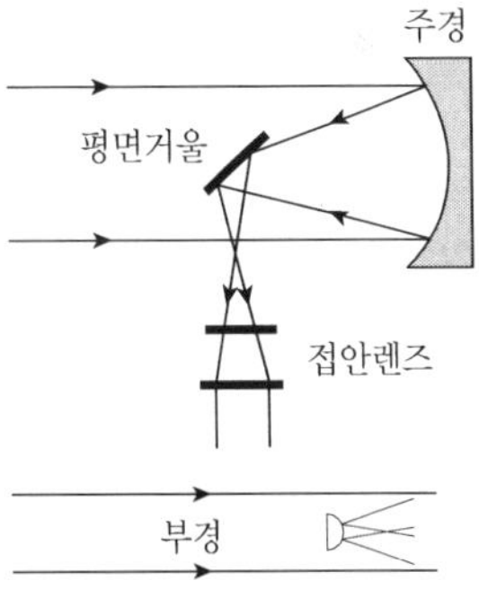

그림 2.43

반사망원경의 구조와 세부명칭은 위 그림 43과 같다. 일단 경통 입구에서 들어온 빛은 주경에서 반사되고 광축과 45˚ 각도를 이루는 사경에서 접안부 쪽으로 90˚ 꺽이게 되어 접안부를 통해서 나온다. 이 경우 관측자는 굴절망원경,

쌍안경이나 슈미트카세그레인 방식과는 다르게 별이 위치하는 방향과 90° 다른 방향에서 관측을 하게 되어 약간 불편을 느낄지도 모른다.

주경은 주로 포물면경을 사용하는데 이는 구면수차를 제거하고 상면을 평탄하게 하기 위함이다. 주경의 두께는 유리의 재질, 초점거리 등에 따라 다르고, 요즘은 주로 파이렉스 소재를 많이 쓰는데 파이렉스 소재는 열 변화에 따른 변형이 적고, 충격에 강한 특성을 가지고 있다. (요즘은 열팽창계수가 더 작은 고급재료가 반사경에 사용되기도 한다.) 사경(부경)은 평면경을 사용한다.

이러한 구조에서의 문제점으로 집광력의 저하를 들 수 있다. 일단 경통 입구에서 들어오는 빛은 사경에 의해 가려지게 되는데, 이 때문에 반사망원경은 동일 구경의 굴절망원경에 비하여 빛 손실이 크고, 콘트라스트의 저하를 가져오게 된다.

다음은 주경과 사경의 반사율이 문제인데, 보통 반사경의 경우는 반사율이 95% 정도로서 굴절망원경의 빛 투과율 99%에 비하여 빛의 손실율이 크다. 그러나 최소 8인치(inch) 이상의 워낙 큰 구경으로 승부를 거는 터라 이 둘을 비교하기는 그리 단순한 문제는 아니다.

접안부는 아이피스의 촛점을 맞출 수 있도록 하기 위하여 사경방향으로 이동 가능한데, 이 이동하는 방식에 따라 랙엔피니언(Rack and Pinion) 및 헬리컬(Helical) 방식으로 나뉜다. 랙엔피니언 방식은 우리가 망원경의 접안부 형태 중 가장 일반적인 형태로서 손잡이를 돌려 촛점을 맞추는 방식이고 헬리컬 방식은 카메라의 렌즈처럼 접안부 자체 혹은 접안부를 둘러싸고 있는 초점 조절링을 돌려서 초점을 맞추는 방식이다.

사경을 지지해 주는 것이 사경지지대(Spider)인데 반사망원경으로 사진을 촬영하거나 밝은 별을 보게 되면 이 사경지지대에 의하여 회절 효과가 생긴다. 스파이더가 십자형이면 십자형태의 회절이 나타나는데 이것이 사진 촬영시 멋이 될 수도 있고, 방해가 될 수도 있다. 사경지지대는 3점식, 4점식이 가장 많으나 특이한 경우, 사경이 광축을 따라 움직이면서 촛점을 맞추는 형태 - 하나의 지지대로 사경을 고정하는 경우도 있다. 사경지지대에 의한 회절 무늬가 십자가가 되는가 삼각이 되는가는 이 사경지지대의 형식에 따라 결정된다.

카세그레인식 반사망원경의 원리

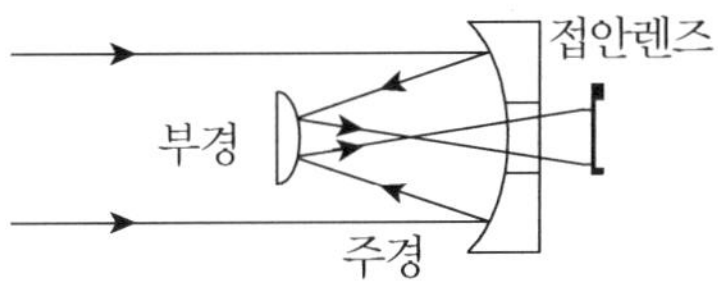

그림 2.44

허셜식 반사망원경의 원리

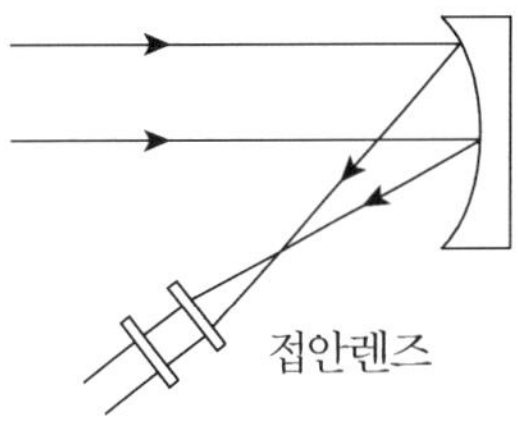

그림 2.45

그레고리식 반사망원경

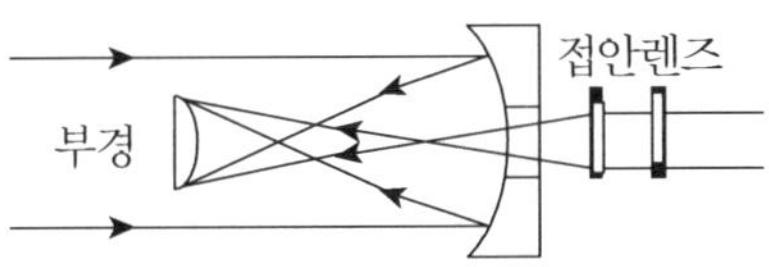

그림 2.46

5. 도청장치 벽면

음성파는 두 개의 패라볼라 반사기를 이용하면 효과적으로 전달할 수 있다. 이것을 잘 이용한 것 중의 하나를 샌프란시스코의 Exploratorium(탐험관)에서 볼 수 있다. 이 모델에서는 반사기는 각각 반지름이 2.4m이고 15m 떨어진 곳에서 서로 마주보고 있다. 어떤 사람이 하나의 반사기의 촛점에서 속삭이면 다른 반사기의 촛점에 서있는 사람은 그 소리를 분명하게 들을 수 있다. 이러한 현상이 나타나는 건물이 하나 있는데 미국의 국회의사당이다. 이 건물에는 한때 하원의 회의 장소로 쓰였던 조각 홀(Statuary Hall)이 있다. 이 방에서 매우 신기한 사실이 발견됐다. 이 방의 어떤 특정한 위치에 있으면, 방 반대편의 어떤 특정한 지점에서 이뤄지는 대화를 바로 옆에서 듣듯이 매우 또렷하게 들을 수 있다. 중간에 있는 사람들의 대화는 들을 수 없으며 그들의 대화가 아무리 크더라도 반대편에서 이뤄지는 대화의 전달을 방해하지 않는다. 특정한 위치들은 바로 포물선의 초점에 해당하는 두 지점이었다. 이 방의 특별한 구조는 양편이 포물선의 형태이고, 한쪽의 초점 부근에 있으면, 반대편 초점에서 이뤄지는 대화를 또렷하게 들을 수 있었던 것이다. 이 구조는 우연히 만들어졌을 것이고, 그들은 그것을 의식하지 않았을 수도 있지만 비밀이 누설되어 불행한 일이 벌어졌던 때가 있었을 수도 있었으리라.

패라볼라 안테나는 전파의 수신만이 아니라 송신에도 쓰이는 장치인데, 이것도 포물면 거울의 형태를 띠고 있다. 포물면의 초점에서 방출된 전파는 축과 평행인 방향으로 진행하고, 포물면의 축과 평행하게 접근한 전파는 포물면에 반사돼 초점에 모인다. 따라서 파라볼라 안테나는 전파를 일정한 방향으로 집중시켜 송수신할 수 있으며, 마이크로파 중계나 위성 방송의 수신 등에 쓰인다.

2.6.2 타원의 응용

1. 해시계

초기에는 수직으로 세운 막대나 기둥이 지면에 드리우는 그림자의 이동을 살펴서 시각을 측정했다. 이들의 원형은 그노몬(gnomon)으로, BC 6세기의 아낙시만드로스가 발명한 것이다. 메소포타미아에는 폴로스라고 하는 해시계가 있었는데, 이것은 연직(鉛直)으로 세운 막대 바로 아래에 막대길이와 같은 반지름의 반구(半球)를 놓아 만든 것으로, 반구 안쪽에 새긴 가로 · 세로의 눈금으로 막대의 그림자를 재도록 되어 있었다.

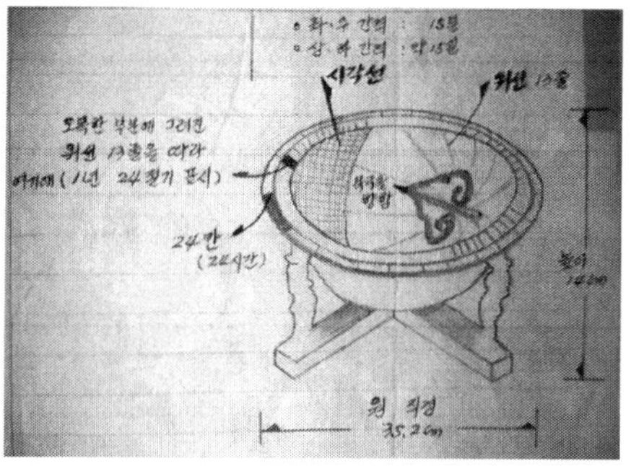

그림 2.47

일반적인 해시계는 수평면과 바늘의 역할을 하는 수직 지침대로 구성되어져 있다. 태양이 하늘을 가로질러 운동을 하므로 하여, 수평면을 가로질러 운동하는 지침대의 그림자가 생기게 된다. 이때 지침대의 그림자의 위치는 그 날의 시간을 나타내고, 움직이는 지침대의 그림자의 끝은 곡선의 궤적을 나타내며 다음 두 가지의 모양을 나타낸다. 하나는 해시계와 지구 회전축 사이의 각을 나타냄으로서 해시계가 놓여있는 장소의 위도를 나타내고, 다른 하나는 태양주위를 공전하는 지구의 위치를 나타낸다. 즉 지구의 축과 태양으로부터 오는 태양광선 사잇각, 즉 지구공전궤도가 이루는 평면의 방향벡터와 지구 축이 이루는 각을 나타냄으로써 계절을 나타낸다(그림 2.48 참조).

생각해봅시다.

각 문제 (1)~(6)에 대해 다음 세 가지 물음을 각각 생각하여 보고 답을 구하여 보아라.

(1) 여름에 하루 중 태양이 가장 높은 고도에 있을 때
(2) 겨울에 하루 중 태양이 가장 낮은 고도에 있을 때
(3) 하루 중 태양이 적도 선 위를 지날 때일 경우에
(4) 북극에 있을 때
(5) 북위 45° 지점에 있을 때
(6) 적도상에 있을 때

♠ 해시계의 바늘의 끝의 그림자는 어떤 곡선을 그리는가?
♠ 계절에 따라 나타나는 그림자의 모양은 위도와 어떤 관계에 있는가?
♠ 해시계가 다음과 같은 위치에 있을 때의 그림자의 모양은?

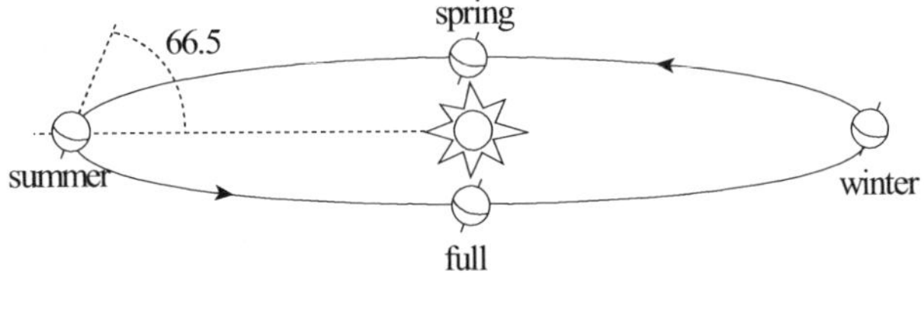

그림 2.48

자전축 주위를 회전하는 지구를 생각하는 대신에 하늘에서 거대한 원의 주위를 따라 일정하게 운동하는 것으로 생각하고, 지구의 크기와 반지름은 거대

회전 반경에 비하여 무시하여도 좋다. 지구축과 태양주위를 공전하는 공전 궤도평면이 이루는 각은 66.5° 이다.

태양은 해시계를 중심으로 한 바퀴 도는 것이 아니다. 동쪽에서 떠서 남쪽 하늘 높이 올랐다가 서쪽으로 진다. 지구에서 볼 때 태양 회전의 중심은 지구가 자전하는 축이다. 따라서 해시계의 막대는 수직으로 세워져서는 안 되고 지구의 자전축, 즉 하늘의 북극 방향으로 맞춰져야 한다. 이는 밤에 보면 북극성의 방향이고 낮에는 현재 지점의 위도에 해당하는 각도만큼 지면에서 올렸을 때 북쪽 방향이다(남반구에서는 막대를 남쪽으로 향하게 한다).

해시계에는 24절기를 알 수 있는 눈금이 표시돼 있다. 1년 동안 계절에 따라 태양의 고도가 바뀌면서 해시계의 그림자 길이는 변한다. 그림자는 동지 때 가장 길어지고 하지 때는 가장 짧게 보이며 춘분과 추분 때는 중간에 나타난다. 해시계에는 그림자 길이별로 24절기가 표시된 눈금이 있다.

2. 케플러의 법칙(Kepler's laws)

J.케플러가 T.브라헤의 행성관측 결과로부터 경험적으로 얻은 행성운동에 관한 세 가지 법칙을 말한다.

■ 제1법칙: 궤도의 법칙(The Law of Orbits)

"행성은 태양을 하나의 초점으로 하는 타원궤도를 그리며 공전한다."는 법칙이다.

이때 태양계에 존재하는 행성들의 궤도의 이심률은 다음의 표와 같다. 이 표에서 보면은 이상하게도 대부분의 행성 궤도의 이심률이 0.1 이하인데 수성과 명왕성(2006년 태양계의 행성에서 제외됨)만 0.2 이상인 것을 알 수 있다.

■ 행성의 궤도 반지름과 이심률

행성	수성	금성	지구	화성	소행성	목성	토성	천왕성	해왕성
평균반지름 ($\times 10^8$㎞)	0.58	1.08	1.50	2.28	4.14	7.78	14.3	28.7	45
이심률	0.206	0.007	0.017	0.093	0.077	0.048	0.056	0.047	0.008

생각해봅시다.

그러면 왜 행성이 타원운동을 할까?

최대한 수식을 사용하지 않고 설명하도록 한다. 케플러의 법칙을 최초로 수학적으로 증명한 사람이 뉴턴이다.

뉴턴은 행성의 운동을 원 운동으로 설명하지 않고 타원 운동으로 설명하고 있다. 뉴턴에 의하면 "행성의 모든 공전은 타원 궤도상에서 일어난다."고 하고 있다.

원 궤도의 공전도 타원 궤도에서 두 초점이 일치하는 특수한 형태의 타원 궤도의 공전의 일부분이라고 생각할 수 있다. 만약 공전 운동의 궤도가 정확한 원을 그린다면, 행성이 태양을 중심으로 하는 원의 접선 방향으로 움직일 때 공전 운동 중 구심력인 두 물체사이의 만유인력과 원심력의 크기가 변하지 않고 구심력과 원심력이 완전한 평형을 이룬다. 하지만 확률적으로 그런 완전한 평형은 거의(정확히는 아예) 일어나지 않는다.

행성의 운동이 아무리 정확한 원을 그리는 것 같아도 매우 정확한 측정을 하면 결국 원심력과 구심력의 평형이 깨지게 되고, 이심률(일그러짐)이 아주 작은 타원이 된다.

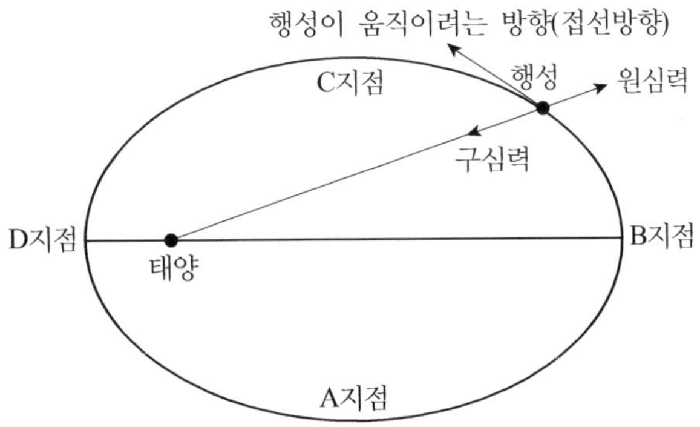

그림 2.49

이때 위 그림 2.49와 같이 타원 궤도를 그리는 행성의 운동은

① 그림의 A지점에서와 같이 원심력이 구심력보다 크다면 행성은 태양에서 멀어지는 방향으로 움직이면서 속도가 느려지고,

② 그림의 B지점에서와 같이 속도가 계속 느려지다 보면 가속도의 크기도 작아져서, 결국 원심력이 구심력보다 작아지게 되고,

③ 그림의 C지점에서와 같이 원심력이 구심력보다 작다면 행성은 태양에 가까워지는 방향으로 움직이면서 속도가 빨라지고,

④ 그림의 D지점에서와 같이 속도가 계속 빨라지다 보면 가속도의 크기도 커져서, 결국 원심력이 구심력보다 커지게 된다.

이때 최저 속도는 지구의 경우 7.9km/s에 해당하는 제1우주속도보다 작으면 안되고, 만약 작으면 행성이 태양에 추락해 버리고, 또 최고 속도는 지구의 경우 11.2km/s에 해당하는 제2우주속도보다 크면 안된다. 크면 태양계에서 행성이 아예 멀어져 달아나 버린다.

태양계에서도 비교적 원 운동에 가까운 타원 운동을 하고 있으며 지구의 경우도 이심률은 0.174로 알려져 있다.

■ 제2법칙: 면적 속도 일정의 법칙(The Law of Areas)

행성과 태양을 연결하는 동경이 같은 시간에 쓸고 지나가는 면적은 같다. 즉, 행성의 속도와 그 동경이 그리는 넓이의 곱은 항상 일정하다. 다시 말하면, 행성의 공전 속도는 태양에 가까워지면 빨라지고, 멀어지면 느려진다. 이를 다른 말로 면적 속도 일정의 법칙이라도 한다.

행성들의 궤도가 타원이 아니라 원이라고 생각할 때는 태양을 중심으로 공전하는 행성들이 하루에 움직여 간거리가 일정하다. 그러나 자세히 관측해 보면 지구도 그 운동이 일정하지 않다는 것을 알게 되었다. 즉 1년 중 빨리 움직일 때가 있는가 하면, 반대로 그 운동이 느릴 때도 있다.

케플러에 의해서 행성의 공전 운동이 빠르고 늦어지는 이유가 곧 제2법칙인 면적 속도 일정의 법칙이라는 것이 밝혀짐으로써, 지구를 포함해서 모든 행성이 근일점에서는 가장 빠른 속도로 움직이는 반면 원일점에서 가장 느린 속도로 공전 운동을 한다는 사실을 쉽게 알게 되었다.

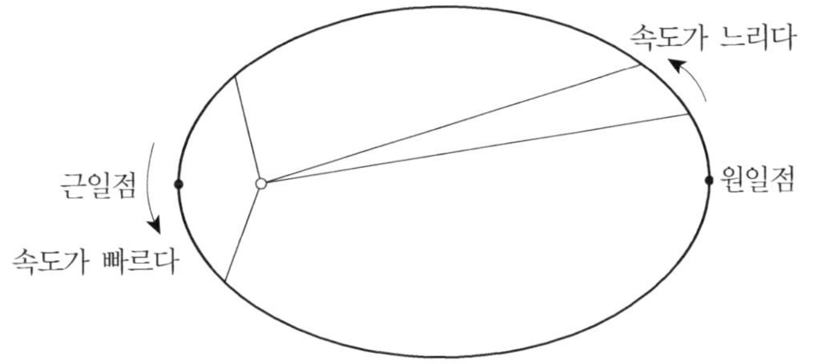

그림 2.50

■ 제3법칙: 주기의 법칙(The Law of Periods)

행성의 공전주기의 제곱은 공전궤도의 장반경의 세제곱에 비례한다는 법칙이다. 이것은 하늘에 도는 천체들이 멋대로 도는 것이 아니라 이러한 조화 속에서 돈나는 법칙이다.

그래서 3법칙을 조화의 법칙이라고도 한다.

구체적인 내용은 두 물체 사이에 작용하는 힘인 뉴턴의 만유인력의 법칙

$$F = G\frac{Mm}{R^2}$$

(M: 태양의 질량, m: 행성의 질량, R: 공전 반지름, G: 만유인력 상수)

의 만유인력을 받아 공전궤도 반지름 R 인 원 궤도를 따라 등속원운동하는 행성의 운동방정식은 회전 각속도가 $w = \frac{v}{R} = \frac{2\pi}{T}$ 일 때,

$$\frac{GMm}{R^2} = ma = mw^2R$$

이다. 따라서 (T : 공전주기)

$$T^2 = \left(\frac{4\pi^2}{GM}\right)R^3$$

이다. 이것은 태양계의 어떤 행성에서나

$$\frac{R^3}{T^2} = \left(\frac{4\pi^2}{GM}\right) = C = \text{ 일정}$$

이 성립한다는 것이다. 엄밀하게 말하면 행성의 질량은 서로 다르기 때문에 C의 값이 다를 것 같으나, 태양의 질량에 비하여 가장 큰 목성의 질량도 거의 무시될 수 있으므로 C는 일정하다고 볼 수 있는 것이다.

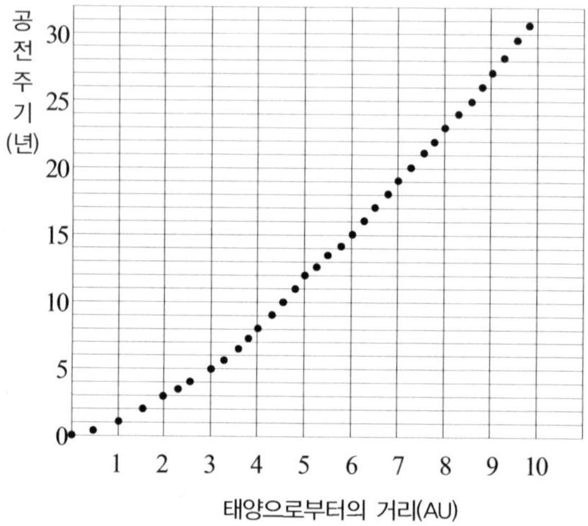

그림 2.51

제1법칙과 제2법칙은 주로 화성을 관측하여 얻은 것으로, 1609년에 발표되었고, 제3법칙은 이보다 10년 후에 발표되었다. 케플러의 시대는 그 때까지 사람들이 믿어온 천동설에 대해 지동설이 도전하던 시기로, 브라헤는 원래 천동설을 옹호하려고 행성의 위치를 측정하기 시작했다고 한다.

이에 대해 케플러는 비록 브라헤의 제자였지만, 지동설의 입장에서 지구의 공전궤도를 원이라 가정하고 화성의 공전궤도를 기하학적으로 작도해 본 결과, 그 궤도가 태양을 초점으로 하는 타원이라는 것을 알게 되었다. 케플러 이전에는 지동설의 주장자들도 행성의 궤도가 원이라고 믿고 있었다. 케플러의 법칙은 후에 뉴턴이 만유인력을 발견하는 데 핵심적인 수학적 기초를 제공해 주었다.

3. 치과의사의 구강램프

치과의사들이 사용하는 구강램프는 타원거울을 이용하고 있다. 타원거울의 한 초점에 전구를 놓으면 빛은 타원 거울면에서 반사하여 흩어지지 않고 모아져서 다른 초점으로 향하게 된다. 이때 환자의 구강내의 환부를 다른 초점에 두면 보다 밝은 환경하에서 진찰을 할 수 있다.

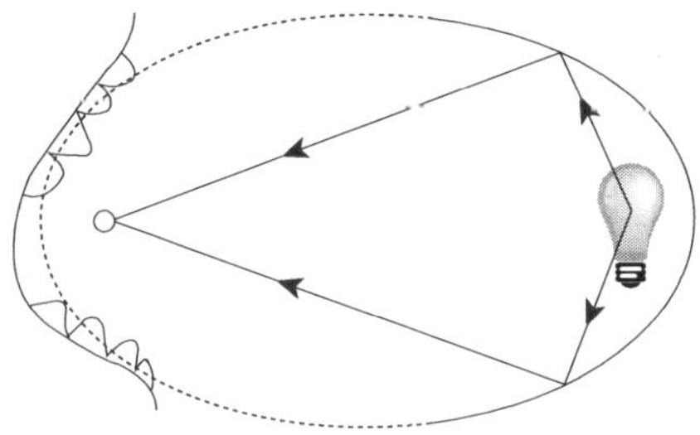

그림 2.52

4. 체외 충격파 쇄석기 (lithotripter)

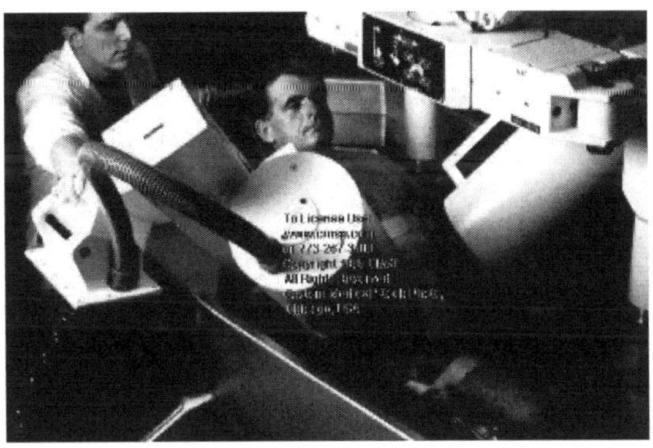

그림 2.53

구강램프와 같이 타원의 한 초점에 초음파의 파원을 놓고 타원의 다른 초점에 환부를 맞추어서 타원의 반사성질을 이용하여 신장의 돌 등을 외과 수술 없이 충격파로 깨뜨릴 수 있다.

5. 타원 기어

그림 2.54

타원기어는 회전 속도가 자동으로 변하는 이점이 있어 인쇄기계와 섬유기계 등 자동화 기계에 많이 사용된다.

6. 그 외 타원의 초점 반사의 예

① 타원을 그 주축을 회전축으로 하여 회전시키면 타원면이 생긴다. 이 타원면의 내부에 있는 한 초점에서 나온 빛이나 음파 등은 타원면에서 반사하여 다른 초점으로 향하여 간다. 실제로 서양 건축물 중에는 천정이 타원면으로 되어 있는 것이 있는데 이런 건축물에서는 한 초점 밑에서 소근거리면 다른 초점 밑에서도 그 소근거림이 선명하게 들리게 된다.

② 만약 타원 모양의 당구대를 만들면, 이 특징으로 인해 초점의 자리에 놓고 치는 당구공은 타원면에 반사되어 언제나 다른 초점으로 간다.

2.6.3 쌍곡선의 응용

1. 쌍곡거울은 반사망원경의 부반사기

모하비 사막 안테나의 경우 거대한 반사기는 포물면이고 부반사기로는 쌍곡면을 이용한다. 쌍곡면은 쌍곡선을 축을 중심으로 회전시켜 얻은 곡면이다. 이때 포물면의 초점과 쌍곡면의 한 초점을 일치시키고, 짧은 수신용 봉의 끝을 쌍곡면의 또 다른 초점에 위치시킨다. 그러면 포물면의 축과 평행하게 들어온 전파는 포물면에 반사돼 포물면의 초점과 일치하는 쌍곡선의 한 초점을 향하다가 쌍곡면에서 다시 반사되고 수신용 봉의 끝에 해당하는 쌍곡면의 다른 초점에 모인다. 이런 원리로 작동하는 안테나가 카스그랭 안테나(Cassegrain antenna)다. 부반사기로 쌍곡면이 아닌 타원면을 이용하기도 한다. 타원면은 타원을 축을 중심으로 회전시켜 얻은 곡면이다. 이런 안테나를 그레고리안 안테나(Gregorian antenna)라고 한다.

2. 로란 네비게이터

LORAN-Navigator는 장거리 무선항법 시스템의 일종으로 Long Range Navigation에서 유래되어 LORAN이라 하며 항해하는 선박이나 항공기에 위치정보를 제공하는 시설로서 특정 지점에서 전파의 도착 시간차가 같은 점들을 연결하면 쌍곡선이 되는 원리를 이용하고 있다.

송신국에서 전파를 발사하면 선박에서 자동적으로 위치를 측정할 수 있는 장거리 무선항법 시스템으로 보통 하나의 주국과 2~4개의 종국으로 구성된다. 주·종국간 정확한 펄스전파 도달 시간차로 자신의 공간위치를 결정한다. 주국과 종국에서 발사된 전파가 배안에 설치된 로란 수신기까지 몇 마이크로초(uS)후에 도착하는지 시간을 측정해서 거리로 환산한 후 삼각측정법에 의하여 위도와 경도로 표시를 해주는 장치이다.

즉 전파는 1초에 30만 km 진행하므로 미리 컴퓨터에 계산기능을 담아두고 서로 다른 세 곳 이상의 주,종국 전파의 도달시간 차이를 가지고 위치를 알려주는데 화면에는 위도와 경도, 그리고 현재 배의 진행방향을 각도로(0°~360°까지) 표시하고, 미리 입력된 목적지의 위도경도를 가지고 남은 거리, 예상 도착시간 등도 표시하며 일정항로를 벗어나면 경보가 울리고, 또 벗어났던 항로에서 다시 원위치로 오게 되면 역시 경보가 울린다.

예를 들어, 두 송신국 F_1, F_2에서 동시에 전파를 보내면 시간차 t_2-t_1이 생긴다. 이때 시간차는 F_1, F_2 사이의 거리의 차를 나타내므로 거리의 차가 일정한 점들의 자취인 쌍곡선1 상의 임의의 점에 선박이 있음을 알 수 있고, 같은 방법으로 두 송신국 F_1, F_3에서 동시에 전파를 보내면 시간차 t_3-t_1이 생기고 F_1, F_3까지의 거리의 차를 이용하여 자신의 위치가 쌍곡선2 상에 있음을 알고 나서 두 쌍곡선의 처음 교점 P가 현재 자신의 위치임을 알 수 있다.

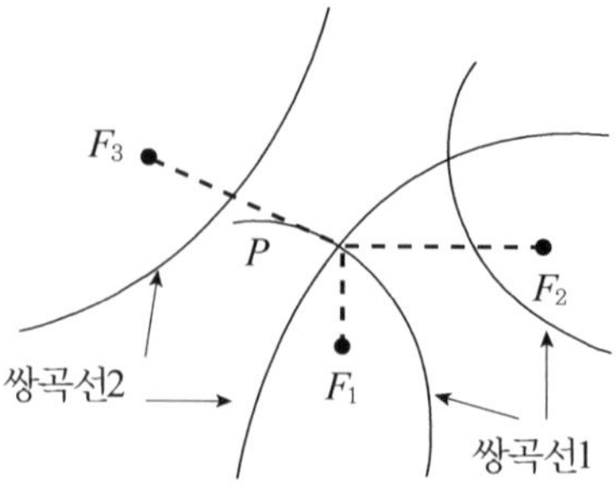

그림 2.55

아래 그림 2.56에서 A, B, C 각 점은 2번기지국과 3번기지국, 4번기지국에서 송신된 전파의 시간차가 없는 점들이고 점 P는 2번기지국과 3번기지국 사이의 거리의 차가 300인 점들의 자취인 쌍곡선상의 점이고 또한 2번기지국과 4번기지국 사이의 거리의 차가 300인 상곡선 상의 점이다.

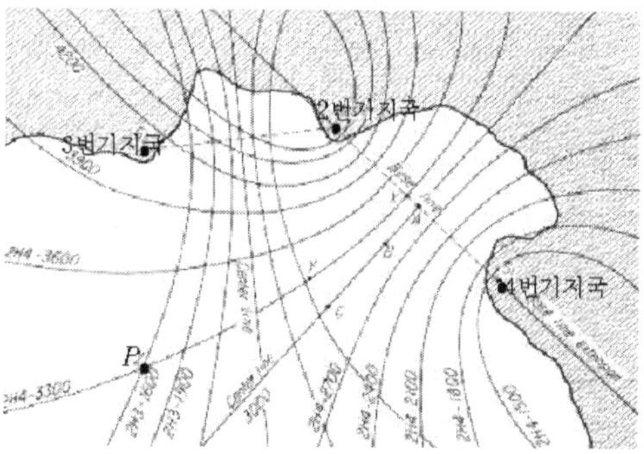

그림 2.56

일반적으로 이용가능 범위는 약 1천 2백마일(2천 2백 km)로, 이용 범위 내에서 LORAN-C 수신기를 설치한 선박은 경위도로 표시되는 선박의 위치(좌표) 등 제반 항해정보를 쉽게 파악할 수 있으므로 선박항행안전에 중요한 역할을 한다. 또한 이 시스템은 해상에서 뿐만 아니라, 항공기와 육상교통에서의 위치측정과 정밀산업의 시간표준으로도 사용된다. LORAN은 장거리 무선항법 장비로 1942년부터 오늘날까지 항해용 장비로 이용되고 있으며 LORAN-A부터 LORAN-D에 이르기까지 장비발전을 보았다. 현재 LORAN의 대표적인 장비인 LORAN-C는 전세계 28개 체인, 82개 송신국을 통해 3대양 주요항로에서 이용되고 있다. 장거리 선박 항행을 위한 항법 장비로 각국에서 개발 운영하고 있는 전파표지는 수십 종류가 있어서 원양항해를 하는 각종 대형 선박은 여러 가지 전파 항법장비용 수신기를 장착해야 하는 경제적 부담과 불편을 겪어왔다. 이에 따라 IALA(국제항로표지협회)는 국제해사기구(IMO) 등 해사 관련 국제기구와 협력, 항해장비의 통일화 방안을 모색하게 됐으며 1990년 제12차 국제항로표지 총회에서 LORAN-C를 선박항해용 기본 장비로 통일화하도록 권고하는 한편 기존의 유사 항법장비는 점진적으로 사용치 않기로 했다.

그러나 최근에는 로란 수신기를 고층기상관측용 라디오존데(Radiosonde)와 함께 사용하여 기구의 공간위치 변화를 추적함으로써 상층바람을 측정하거나 뇌전활동에 의한 전자파의 도달시간을 로란신호의 위상차에서 산출하여 뇌전활동의 위치를 추적하는 등 기상관측에도 널리 이용되고 있다.

3. 쌍곡면 기어

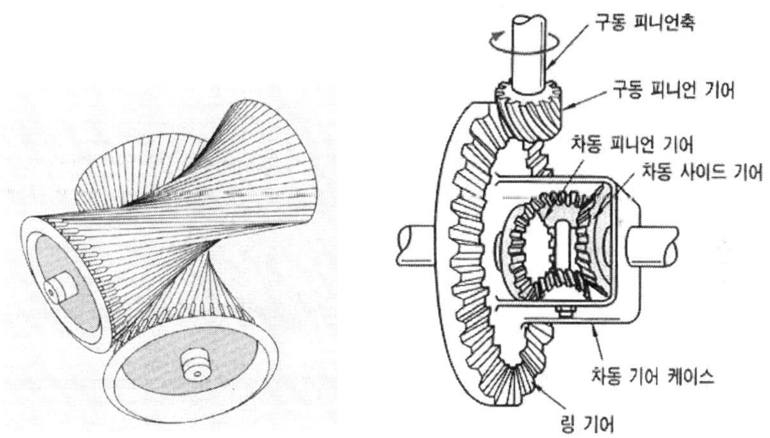

그림 2.57

쌍곡면 기어는 비스듬히 엇물린 축으로 동력을 전달하는데 다른 기어에 비해 강도가 높고 소음이 적으며 전도효율이 좋으나 제작이 어려운 단점이 있다.

하나의 예가 차동기어장치의 구동피니언 기어는 쌍곡기어를 이용하고 있다. 굽은 길에서 자동차는 바깥쪽 바퀴가 안쪽 바퀴보다 더 큰 원을 그리며 더 빨리 돌아야만 차량이 미끄러지지 않고 원활하게 회전할 수 있다. 이와 같이 굽은 길을 돌 때 좌우 구동 바퀴가 회전하는 속도에 차이를 만들어 내는 장치가 차동 기어 장치이다.

4. 쌍곡면을 이용한 냉각탑

그림 2.58

핵발전소의 표면은 냉각 효율을 고려하여 쌍곡면으로 만들어진다(그림 2.58 참조).

5. 인공위성에의 응용

지구표면에서 물체를 던졌을 때, 즉 공을 수평으로 던질 때 빠르게 던질수록 공은 점점 더 멀리 날아간다. 그러다가 공이 그리는 궤적이 둥근 지구 표면과 나란해지면 공은 지구 주위를 같은 속도로 돈다.

이와 같이 공이 지구 주위를 원운동하기 위하여 필요한 물체의 초기 속도를 원 궤도의 속도(제1우주속도)라 하고, 지구 중력권을 탈출하기 위하여 필요한 최소의 속도를 탈출속도(제2우주속도)라고 한다. 지구의 자전과 공기 저항 등을 무시할 때, 지구에서의 원궤도 속도는 7.9㎞/sec이고 탈출속도는 11.2㎞/sec이다. 참고로 태양의 탈출속도는 617.6㎞/sec이다. 태양보다 큰 항성이 자체 에너지를 모두 소모하고 나면 점점 부풀다가 폭발을 한 다음 자체 중력에 의하여 수축하게 된다. 질량이 태양보다 몇 배 클 정도라면 백색왜성이나 중성자 별로 되겠지만, 수십 배 큰 항성의 경우는 끝없이 수축을 하게 된다. 그러다가 천체의 탈출속도가 광속인 초속 30만㎞/sec를 넘어서게 되면, 빛조차도 그 항성을 탈출할 수 없게 되어 그 항성이 우리 육안에 안보이게 된다. 이것이 바로 블랙홀인 것이다. 이와 같이 탈출속도가 광속이 되도록 하는 천체 반경을 중력반경이라고 한다. 지구의 중력반경은 8.9㎜이고 태양의 중력 반경은 2.95㎞이다.

그러면 탈출속도를 계산하여 보자.

지구표면에서 물체를 던졌을 때, 물체가 지구 주위를 돌게 하려면 물체의 속도가 충분히 커져서 지구의 중력인 만유인력과 물체의 원운동에 의한 원심력이 균형을 이루도록 해야 한다. 그렇지 않으면 지구 중심으로 향하는 구심력에 의하여 물체는 지구로 떨어지게 된다. 즉 원심력 $F=\dfrac{mv^2}{r}$과 만유인력 $F=G\dfrac{Mm}{r^2}$이 같아야 한다.

(단 m: 물체의 질량, v: 물체의 속도 , $G=6.676\times 10^{-11}$: 만유인력 상수, $M=5.976\times 10^{24}$: 지구(항성)의 질량, r: 지구와 물체사이의 거리)

$\dfrac{mv^2}{r}=G\dfrac{Mm}{r^2}$의 양변에서 r을 소거하고 속도 v에 관한 식으로 나타내고 지구표면에서의 반지름의 길이(지구 반지름의 길이 $R=6.371\times 10^6$m)를 대입하면 지구표면에서의 제1우주속도가 $v=7.91$㎞/sec로 주어진다.
즉 최소한 물체의 속도 $v=7.91$㎞/sec로 던져야 물체가 지구 주위를 돈다는 결론이 나온다.

탈출속도

물체를 지구 중력권 밖으로 내보내기 위해서는 지구 표면에 있는 물체에 에너지를 가하여 지구 중력이 미치지 않는 곳, 즉 무한히 먼 곳까지 물체를 보내야 한다. 공간상의 기준점 P_0에 대한 임의의 점 P에서의 중력 위치에너지는 $U=FR=G\dfrac{Mm}{R}$이다. 이때 역학적 에너지 E는 운동에너지 $K=\dfrac{1}{2}mv^2$와 위치에너지의 합과 같고 다음과 같이 정의된다. 즉

$$E=K+U=\frac{1}{2}mv^2-G\frac{Mm}{R}=\text{일정}$$

이다. 이것은 물체의 위치에 관계없이 항상 일정하므로 지구 표면에서의 역학적 에너지 E_1와 무한 원점에서의 역학적 에너지 E_∞도 같다.

$$E_1 = K_1 + U_1 = \frac{1}{2}mv^2 + G\frac{Mm}{R}$$

이고 무한원점에서의 에너지는 지구 인력에 의한 운동에너지가 0이므로 $K_\infty = 0$이고 위치에너지는 기준점인 무한원점에서의 위치에너지를 0으로 잡았으므로 $U_\infty = 0$이다. 따라서 무한 원점에서의 역학적 에너지 $E_\infty = K_\infty + U_\infty = 0$이다.

따라서 역학적 에너지 보존법칙에 의하여 $0 = \frac{1}{2}mv^2 - G\frac{Mm}{R}$이고

$$\frac{1}{2}mv^2 = G\frac{Mm}{R}$$

이다. 따라서 탈출속도는

$$v^2 = 2\frac{GM}{R}$$

이다. 여기서, GM = 9.8m/s² R = 6370000m 이므로 위 식에 대입해 보면 v = 11.2km/s 가 나오게 된다.
다시 말하면 궤도 운동을 할 때 위성의 위치에너지와 운동에너지의 크기에 따라 나뉜다.

지구의 중력권에서 위치에너지와 운동에너지 합인 역학적 에너지, 즉 궤도 에너지가 0보다 작게 되면 지구의 중력 안에 구속되어 머물게 되기 때문에 계속적으로 지구둘레를 돌지만 위치에너지와 운동에너지의 합이 0과 같거나 더 크면 지구를 탈출하게 된다.

역학적으로 보면 포물선은 초점이 하나이며 그 초점을 중심으로 위성이 돌게 되는데 즉, 한번 지나가면 다시는 그 위치에 다시 오지 않고, 쌍곡선은 타원과 같이 초점이 2개이고 그 중의 하나를 돌게 되면 역시 한번 지나가면 다시는 오지 않는다.
타원은 2개의 초점 중 하나를 돌게 되며 에너지에 의해 계속적으로 돌게 된다.
타원, 포물선, 쌍곡선의 탈출속도는 다음과 같다.

타원의 탈출속도 : $V^2 = GM(\frac{2}{r} - \frac{1}{a})$

포물선의 탈출속도 : $V^2 = 2\frac{GM}{r}$

쌍곡선의 탈출속도 : $V^2 = GM(\frac{2}{r} + \frac{1}{a})$

(GM: 중심력, V: 속도, r: 초점에서 위성까지의 거리, a: 장반지름의 길이)
각각의 궤도 운동이 위의 탈출속도보다 크게 되면 궤도를 이탈한다.

나의 노트

나의 노트

Chapter 03

구면기하

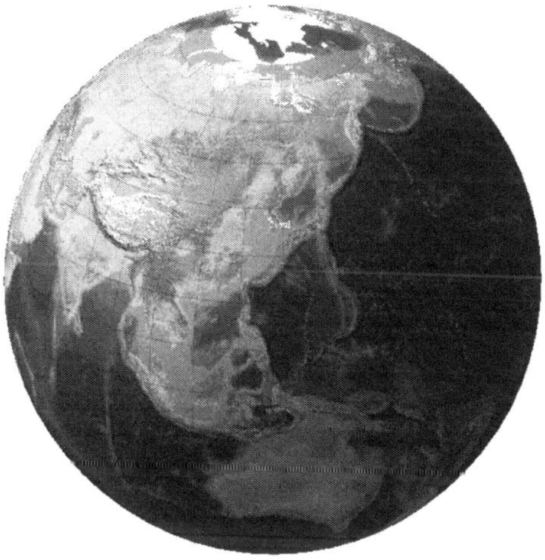

By the permission of Johnny Hart and News America Syndicate

기본적인 평면기하학이 점, 선, 그리고 점과 선 사이의 상호작용과 관련된 반면에 바빌론, 아랍, 그리스인들의 초기 기하학은 지구에 대한 연구를 구로 개념화시킨 구면기하학이었다. 이러한 초기 과학은 천문학이었고 태양에 의해서 정확하게 시간을 측정할 필요가 있었다. 따라서 구면기하학이 필요하였다.

3.1 구

정의 3.1.1

한 정점으로부터 같은 거리에 있는 3차원 공간 내에 있는 점들의 집합을 **구**(sphere) 또는 **구면**이라고 한다. 즉, 구면은 3차원 유클리드(Euclid) 공간인 $\boldsymbol{E}^3=\{(x, y, z)|x, y, z\in\mathbb{R}\}$의 한 정점 $\mathrm{P}(a, b, c)$로부터 일정한 거리(R)에 있는 점들의 집합 $S_{\mathrm{P}}(R)$로 다음과 같이 나타낸다(그림 3.1).

$$S_{\mathrm{P}}(R)=\{(x, y, z)|\sqrt{(x-a)^2+(y-b)^2+(z-c)^2}=R,\ R\in\mathbb{R}\}.$$

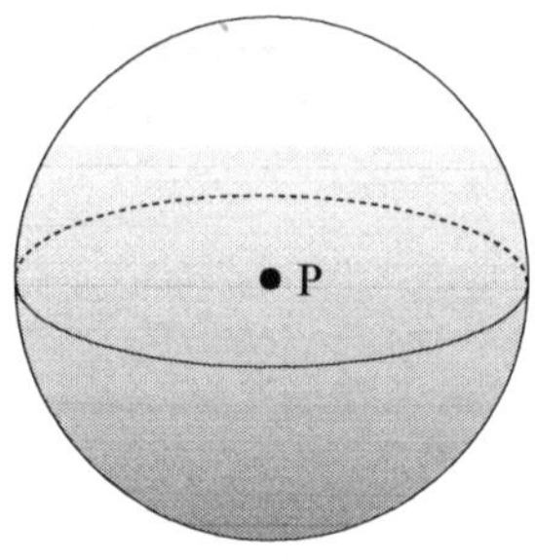

그림 3.1 중심이 P인 구

이때 한 점 P를 **구의 중심**, 구의 중심과 구면 위에 있는 점들까지의 거리 R을 **구의 반지름**의 길이라고 한다.

구의 중심을 지나는 직선이 구와 만나는 교점을 각각 P와 P′이라고 할 때, P와 P′을 서로에 대하여 **대심점**(antipodal point)이라고 한다(그림 3.2 참조). 예를 들어, 지구의 북극점과 남극점은 서로 대심점이다.

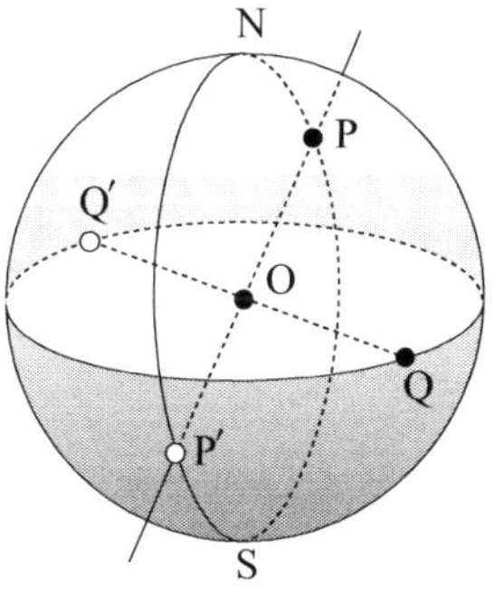

그림 3.2 대심점

P↔P′, Q↔Q′, N↔S

구와 한 평면이 주어지면 구와 평면이 만나지 않는 경우와 만나는 경우를 생각할 수 있다. 특히, 구와 한 평면이 만날 때에는 한 점에서 만나는 경우와 그렇지 않은 경우가 있을 수 있다. 한 점에서 만나는 경우, 평면은 구에 접한다고 한다. 그렇지 않은 경우에는 어떻게 되는지에 대하여 생각해 보자.

정리 3.1.2

구와 한 평면이 만날 때, 한 점에서 만나지 않는 경우 그 교선은 원이다.

증명 아래 그림 3.3과 같이 중심이 O이고 반지름의 길이가 R인 구와 평면 π와 만나는 임의의 점을 P, 구의 중심 O에서 평면 π에 내린 수선의 발을 H라고 하자.

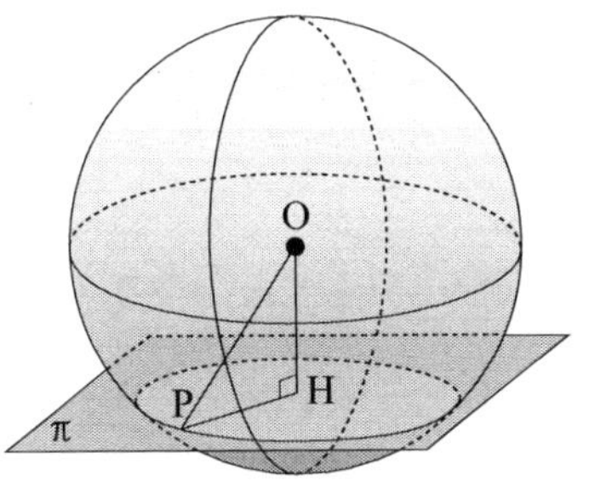

그림 3.3

$\overline{OH} = h$라 하면 $\angle OHP = 90^\circ$이므로 피타고라스의 정리에 의해서

$$\overline{PH} = \sqrt{\overline{OP}^2 - \overline{OH}^2} = \sqrt{R^2 - h^2} \text{ (일정)}$$

이 되어 점 P의 자취는 중심이 H이고 반지름의 길이가 $\sqrt{R^2-h^2}$인 원이 된다. 따라서, 구와 평면이 만나는 교선은 원이 된다. ■■■

참고

구와 한 평면이 만날 때, 그 평면이 구의 중심을 지날 때 구와 평면이 만나서 생기는 원이 가장 크다는 것은 쉽게 알 수 있다.

정의 3.1.3

구와 한 평면이 만날 때, 구의 중심을 지나는 평면과 구와의 교점들의 집합을 **대원**(great circle)이라 하고, 구의 중심을 지나지 않는 평면과 구와의 교점들의 집합을 **소원**(small circle)이라고 한다(그림 3.4 참조).

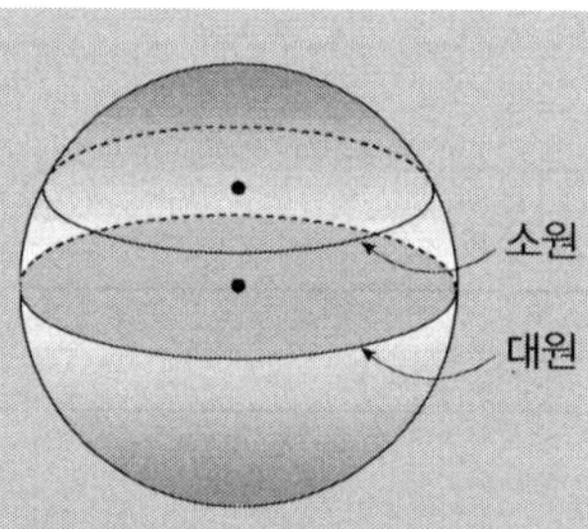

그림 3.4

예제 3.1.4 구 모양의 수박을 정확히 반으로 자르면 잘린 단면은 대원이 되고, 수박을 자를 때 실수하여 중심을 놓치게 되면 서로 다른 두 부분으로 나누어지게 되는데 이때 잘린 단면이 소원이 된다. 그림 3.5와 그림 3.6은 대원과 소원의 개념을 잘 나타내고 있다.

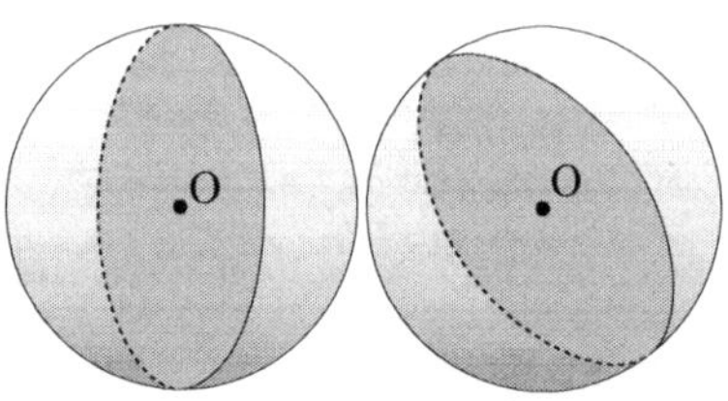

그림 3.5 대원(great circle)

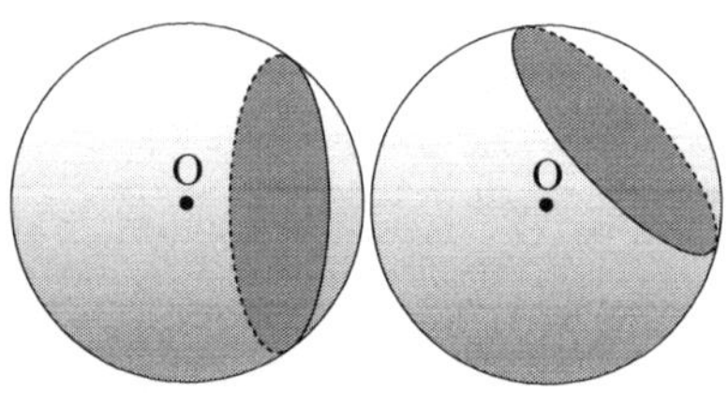

그림 3.6 소원(small circle)

예제 3.1.5 지구에서 대원은 양극(북극과 남극)을 지나는 원, 위도(latitude) 0°인 원으로 생각되는 적도 등이다. 대원의 일부분이면서 양극을 지나는 반원을 자오선(meridian)이라고 한다. 배가 해상의 두 점 사이를 달릴 때의 최단 항로는 유클리드 기하학에서의 직선이 아니라, 구 위의 해면을 지나는 대원의 호에 해당된다.

참고

두 점을 잇는 곡선 중 최단거리인 곡선을 **측지선**(geodesic)이라 한다. 위의 예제 3.1.5에 의해 구 위의 측지선은 대원임을 알 수 있다. 측지선에 관한 내용은 다음의 3.2절에서 다시 다룰 것이다.

연습문제 3.1

1. 구면 위에 있는 두 점이 대심점일 때, 이 두 점을 지나는 대원은 몇 개나 존재할까? 그 이유를 설명하여라.

2. 구면 위에 있는 두 점이 대심점이 아닐 때, 이 두 점을 지나는 대원은 몇 개나 존재할까? 그 이유를 설명하여라.

3. 한 구에서 두 대원은 항상 두 점에서 만나고, 이 두 점은 서로 대심점임을 설명하여라.

3.2 구면 위의 측지선

구면 위에서 선분 즉, 대원의 호의 길이는 어떻게 잴까?

중심이 O이고 반지름의 길이가 R인 구면 위의 임의의 두 점을 A, B라고 할 때, 그림 3.7과 같이 호 $\widehat{\mathrm{AB}}$에 대한 중심각 $\angle \mathrm{AOB}$의 크기를 θ(rad)라 하면 호 $\widehat{\mathrm{AB}}$의 길이는

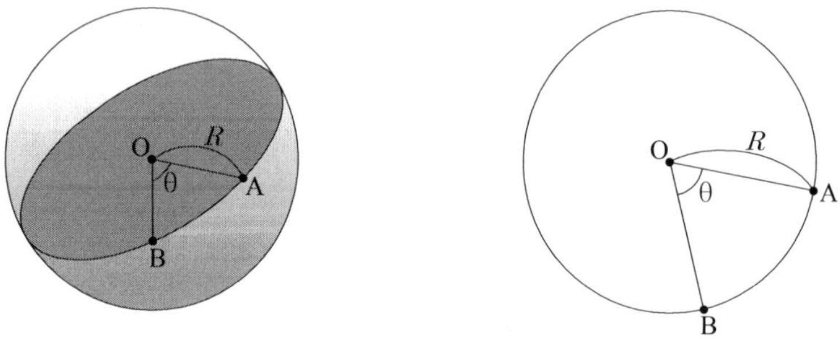

그림 3.7

$$\frac{\theta}{2\pi} \times 2\pi R = R\theta, \text{ 즉 } \widehat{\mathrm{AB}} = R\theta$$

이다. 따라서 구면 위에서 대원의 호의 길이는 구의 중심각으로 나타낼 수 있다.

정의 3.2.1

$a, b \in \mathbb{R}$ 일 때, 임의의 $t \in (a, b)$에 대하여

$$\alpha(t) = (x(t), y(t), z(t)) \in \boldsymbol{E}^3$$

로 정의되는 미분가능인 함수

$$\alpha : (a, b) \to \boldsymbol{E}^3$$

를 $\boldsymbol{E}^3$의 **매개곡선**(parametrized curve)이라고 한다(그림 3.8). 여기서, α가 미분가능이라는 것은 각각의 실변수 함수 $x(t)$, $y(t)$, $z(t)$가 미분가능임을 의미한다.

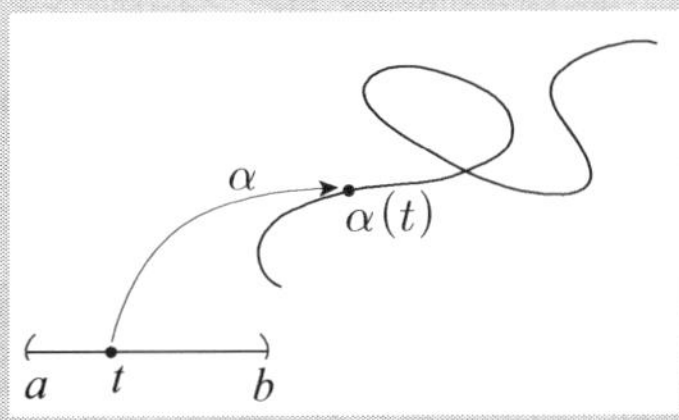

그림 3.8

특히, 이 함수가 모든 $t \in (a, b)$에 대하여 $\frac{d\alpha}{dt} = \left(\frac{dx}{dt}, \frac{dy}{dt}, \frac{dz}{dt}\right) \neq 0$일 때, 곡선 α를 **정칙곡선(regular curve)**이라고 한다.

정의 3.2.2

만일 $\alpha : [a, b] \rightarrow \boldsymbol{E}^3$가 정칙곡선이고, $\alpha(a) = p$, $\alpha(b) = q$라고 하면

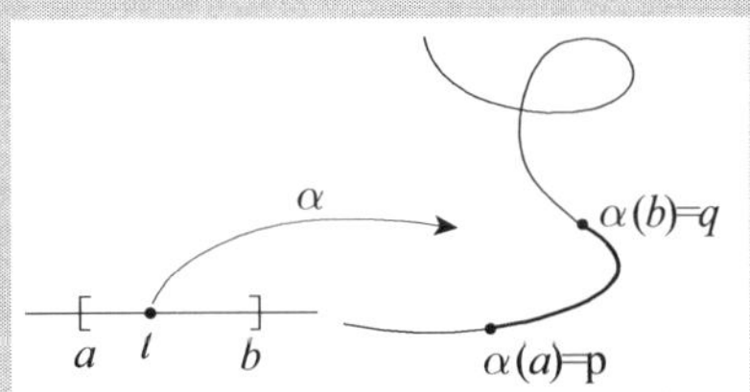

그림 3.9

$\boldsymbol{E}^3$ 안의 두 점 p, q를 지나는 **곡선의 길이(length of curve)** $l(\alpha)$는

$$l(\alpha) = \int_a^b \left| \frac{d\alpha}{dt} \right| dt$$

$$= \int_a^b \sqrt{\left(\frac{dx}{dt}\right)^2 + \left(\frac{dy}{dt}\right)^2 + \left(\frac{dz}{dt}\right)^2}\, dt$$

로 정의한다.

구에서 곡선의 길이를 구할 때 **구면좌표**(spherical coordinate)를 이용하면 편리할 때가 많다. 그림 3.10과 같이 반지름의 길이가 R인 구의 중심을 3차원 공간의 직교좌표(rectangular coordinate)의 원점에 맞추어 구를 두었을때, 구면 위의 임의의 한 점 P에서 xy-평면에 내린 수선의 발을 H라고 하자.

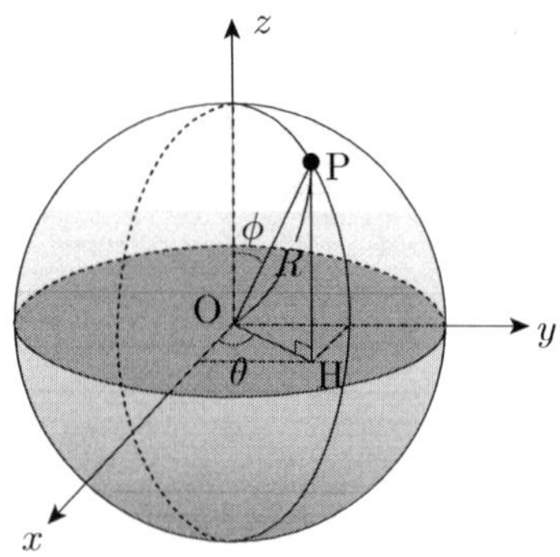

그림 3.10

z축과 벡터 $\overrightarrow{\mathrm{OP}}$가 이루는 각을 ϕ, x축과 벡터 $\overrightarrow{\mathrm{OH}}$가 이루는 각을 θ라고 하면 점 P의 구면좌표를 (R, θ, ϕ)로 나타낸다.

정리 3.2.3

구면좌표 $\mathrm{P}(R, \theta, \phi)$를 직교좌표로 나타내면

$$(R\sin\phi\cos\theta,\ R\sin\phi\sin\theta,\ R\cos\phi)$$

임을 증명하여라.$(0 \leq \theta \leq 2\pi, \quad 0 \leq \phi \leq \pi)$

증명 아래 그림 3.11과 같이 구면좌표 $\mathrm{P}(R, \theta, \phi)=$직교좌표 $\mathrm{P}(x, y, z)$라 두면

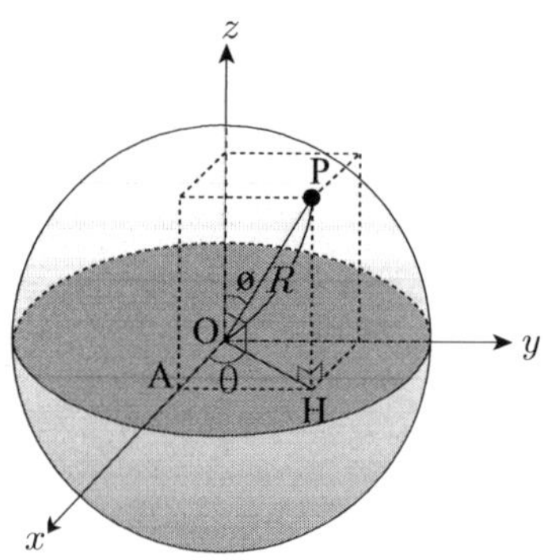

그림 3.11

$\overline{\mathrm{OP}} = \sqrt{x^2+y^2+z^2} = R$이므로 $\triangle\mathrm{POH}$에서

$$\overline{\mathrm{OH}} = R\cos\left(\frac{\pi}{2} - \phi\right) = R\sin\phi,$$

$\overline{\mathrm{PH}} = R\sin\left(\frac{\pi}{2} - \phi\right) = R\cos\phi$ 이다. 따라서, $\triangle\mathrm{OAH}$에서

$\overline{\mathrm{OA}} = \overline{\mathrm{OH}}\cos\theta = R\sin\phi\cos\theta$, $\overline{\mathrm{AH}} = \overline{\mathrm{OH}}\sin\theta = R\sin\phi\sin\theta$

이다. 그러므로 점 P의 직교좌표는

$$(R\sin\phi\cos\theta,\ R\sin\phi\sin\theta,\ R\cos\phi)$$

이다. ■■■

참고

구면좌표 $(\boldsymbol{R}, \boldsymbol{\theta}, \boldsymbol{\phi})$와 직교좌표 $(\boldsymbol{x}, \boldsymbol{y}, \boldsymbol{z})$ 사이의 관계:

$$x = R\sin\phi\cos\theta \qquad R = \sqrt{x^2 + y^2 + z^2}$$

$$y = R\sin\phi\sin\theta \qquad \theta = \tan^{-1}\left(\frac{y}{x}\right)$$

$$z = R\cos\phi \qquad \phi = \cos^{-1}\left(\frac{z}{R}\right)$$

문제 3.2.4

(1) 구면 $S_{\mathrm{P}}(R)$에서 임의의 대심점 사이의 거리를 구하여라.

(2) $R > 0$인 실수에 대하여 곡선 $\alpha : [0, 2\pi] \to S_{\mathrm{O}}(R)$가

$$\alpha(t) = (R\cos t,\ R\sin t,\ 0)$$

일 때, 다음 물음에 답하여라.

① 곡선 α가 정칙곡선임을 증명하여라.

② 곡선 α는 구 $S_{\mathrm{O}}(R)$의 대원임을 증명하여라.

③ $t \in [0, \theta] \subset [0, 2\pi]$이고 $\alpha(0) = \mathrm{A}$, $\alpha(\theta) = \mathrm{B}$일 때, 호 $\widehat{\mathrm{AB}}$의 길이를 구하여라.

정의 3.2.5

공간 S 위에 곡선 $\alpha : [a, b] \to S$가 있어서 α 위의 충분히 가까운 임의의 두 점 p, q에 대하여 두 점 p, q를 지나고 그 길이가 가장 짧은 곡선이 α의 부분일 때, 곡선 α를 이 공간 S의 **측지선(geodesic curve)**이라고 한다.

예제 3.2.6 평면 위의 직선, 직원기둥면의 나선 등은 각각 면 위에서의 측지선이다. 그러나, 측지선이라고 해서 두 점 사이의 거리를 가장 작게 하는 곡선은 아니다.

정리 3.2.7

구면 위의 임의의 두 점을 연결하는 가장 짧은 곡선은 대원의 한 호이다.

증명 $\alpha : [a, b] \to S_{\mathrm{P}}(R)$을 $\alpha(a) = \mathrm{A}$, $\alpha(b) = \mathrm{B}$인 매개곡선이라 하자. 임의의 $t \in [a, b]$에 대하여 $\alpha(t)$의 구면좌표를 (R, θ, ϕ)라 하면 정리 3.2.3으로부터 곡선 $\alpha(t)$의 직교좌표 $(x(t), y(t), z(t))$는 다음 등식을 만족한다.

$$x(t) = R\sin\phi(t)\cos\theta(t),$$
$$y(t) = R\sin\phi(t)\sin\theta(t),$$
$$z(t) = R\cos\phi(t).$$

위의 식을 t에 관해 미분하여 정리하면

$$\frac{dx}{dt}(t) = R[\cos\phi(t)\cos\theta(t)\phi'(t) - \sin\phi(t)\sin\theta(t)\theta'(t)],$$

$$\frac{dy}{dt}(t) = R[\cos\phi(t)\sin\theta(t)\phi'(t) + \sin\phi(t)\cos\theta(t)\theta'(t)],$$

$$\frac{dz}{dt}(t) = -R\sin\phi(t)\phi'(t)$$

이다. 따라서, 정의 3.2.2에 의해서 호 $\widehat{\mathrm{AB}}$의 길이를 구하면

$$l(\alpha) = \int_a^b \sqrt{\left(\frac{dx}{dt}\right)^2 + \left(\frac{dy}{dt}\right)^2 + \left(\frac{dz}{dt}\right)^2}\, dt$$
$$= \int_a^b R\sqrt{[\phi'(t)]^2 + \sin^2\phi(t)[\theta'(t)]^2}\, dt$$

$$\geq \int_a^b R\phi'(t)\,dt = R[\phi(b) - \phi(a)]$$
$$= R(\angle \mathrm{APB})$$
$$= \widehat{\mathrm{AB}} \text{의 길이}$$

이다(단, P는 구의 중심이다).

여기서, 등호는 $\theta'(t) = 0$ 또는 $\sin^2\phi(t) = 0$일 때 성립한다. ■■■

위의 정리 3.2.6에서 알 수 있듯이 평면에서는 직선이, 구면 위에서는 대원의 호가 측지선이다. 평면기하학에서는 기본적인 개념이 점과 직선이다. 구면 위에서는 점은 있지만 평면기하학에서와 같은 직선은 없다. 예를 들면 두 대원은 구의 중심에 대하여 대칭인 두 대심점에서 항상 만나기 때문에 구면기하학에서는 평행한 측지선은 없다. 그러나 구면 위에서는 대원이 측지선이므로 평면에서의 직선처럼 대원을 직선으로 생각한다. 따라서 유클리드 기하에서는 존재하는 평행한 두 직선이 구면기하에서는 존재하지 않음을 알 수 있다.

연습문제 3.2

1. 다음 직교좌표를 구면좌표로 나타내어라.

(1) $(1, 0, 0)$ (2) $(0, 1, 0)$

(3) $(0, 0, 1)$ (4) $(1, 2, 3)$

2. 다음 구면좌표를 직교좌표로 나타내어라.

(1) $\left(5, \dfrac{\pi}{3}, \dfrac{\pi}{4}\right)$

(2) $\left(\sqrt{3}, \dfrac{\pi}{3}, \dfrac{\pi}{2}\right)$

3.3 구면삼각형

평면 위에 있는 간단한 도형 중에 하나는 삼각형이다. 구면 위에서는 서로 다른 대원의 두 호를 늘이면 그 두 호가 만나 닫혀진 도형이 생긴다(그림 3.12 참조). 이와 같은 도형을 **이각형**(biangle) 또는 **달꼴**(lune)이라고 한다.

다시 말하면, 서로 다른 두 대원은 항상 두 점에서 만난다. 이때 두 점은 서로에 대하여 대심점이 된다. 그래서 서로 다른 두 대원은 항상 구를 네 개의 영역으로 나누는데 이때 나누어진 구의 한 영역을 이각형 또는 달꼴이라고 한다.

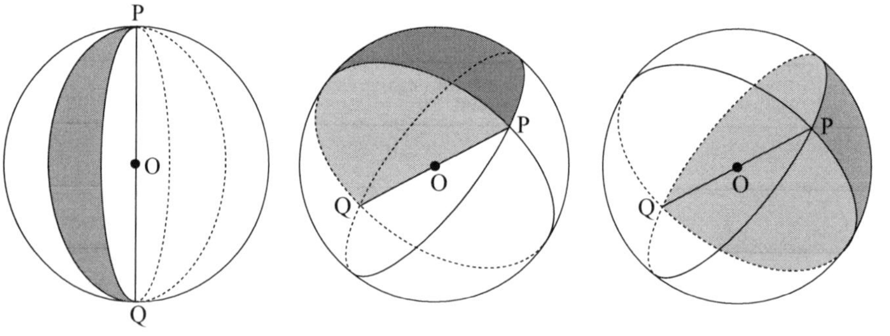

P는 Q의 대심점, Q는 P의 대심점

그림 3.12 이각형(biangle) 또는 달꼴(lune)

정의 3.3.1

서로 다른 두 대원이 두 점 P, Q에서 만날 때, 그림 3.13과 같이 점 P에 접하는 두 직선을 l, m이라 하면 두 접선 l, m은 $\overline{QOP}$와 수직이다. 이때 두 접선 l, m이 이루는 각을 점 P에서의 **꼭짓각**(vertex angle)이라고 하고 $\angle P$와 같이 나타낸다. 이것은 점 P를 지나는 두 대원이 이루는 각으로 평면 π_1과 π_2가 이루는 각과 같다.

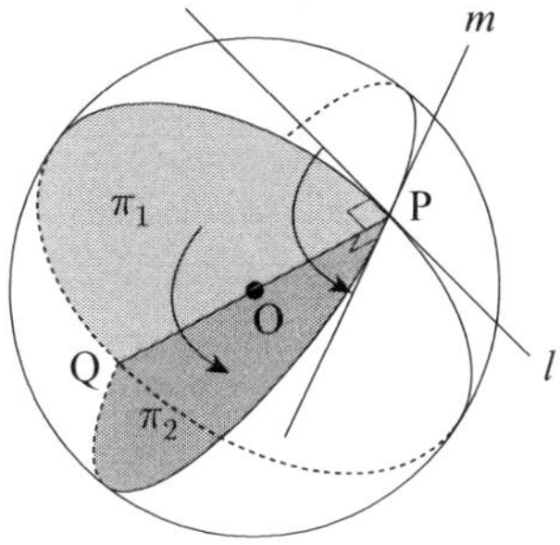

그림 3.13 꼭짓각 ∠P

정리 3.3.2

반지름의 길이가 R인 구면 위에서 꼭짓각의 크기가 θ인 이각형의 넓이를 S라고 하면 $S=2R^2\theta$이다.

증명 아래 그림 3.14와 그림 3.15는 구의 겉넓이와 꼭짓각의 크기가 θ인 이각형의 넓이의 비가 원에 대한 중심각(2π)과 두 대원으로 이루어진 꼭짓각(θ)의 비가 같음을 보여준다. 즉,

$$\frac{(\text{이각형의 넓이})}{(\text{구의 겉넓이})}=\frac{\theta}{2\pi}.$$

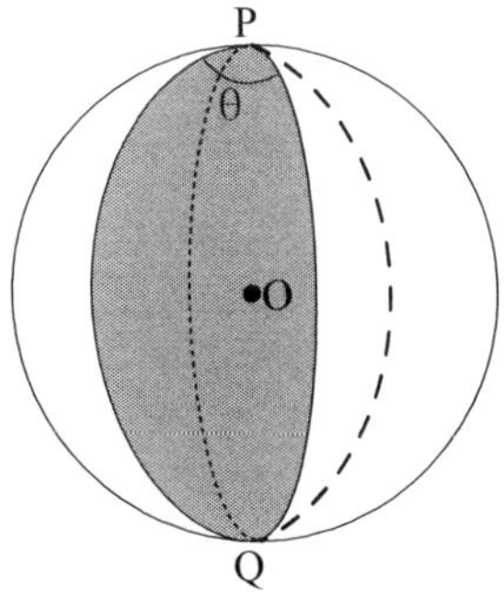

그림 3.14 옆에서 바라본 구

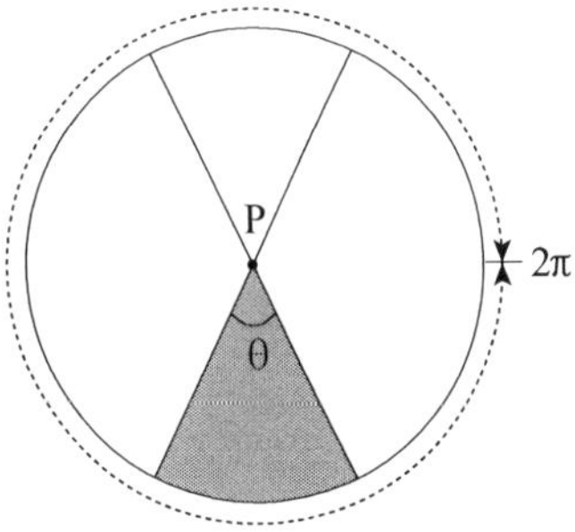

그림 3.15 위에서 바라본 구

반지름의 길이가 R인 구의 겉넓이는 $4\pi R^2$이므로 꼭짓각의 크기가 θ인 이각형의 넓이 S는 $\dfrac{S}{4\pi R^2}=\dfrac{\theta}{2\pi}$이므로 $S=2R^2\theta$이다. ■■■

문제 3.3.3

(1) 이각형(biangle)은 구면 위에 있는 두 변을 갖는 다각형이다. 이각형의 두 꼭짓각은 서로 같은가? 또, 두 변의 길이는 서로 같은가? 그 이유를 설명하여라.
(2) 합동인 이각형으로 구를 모두 채울 수 있는가? 채울 수 있다면 합동이어야 하는 이각형은 몇 개 필요한가?
(3) 두 대원이 만날 때 이각형은 몇 개 생기는가? 또, 이때의 이각형들은 합동인가?
(4) 반지름의 길이가 R인 구의 두 대원이 수직으로 만날 때, 이각형의 넓이를 구하여라.
(5) 한 평면 위에 있는 세 직선은 그 평면을 몇 개의 영역으로 나눌 수 있는가? 그 영역을 그려 보아라.
(6) 구면 위에 있는 서로 다른 세 개의 대원은 그 구를 몇 개의 영역으로 나눌 수 있는가? 그 영역을 그려 보아라.

정의 3.3.4

구면 위에 있는 **측지삼각형**(geodesic triangle)을 **구면삼각형**(spherical triangle)이라고 한다.

평면기하학에서 우리가 잘 알고 있는 개념 중의 하나는 삼각형이다. 가장 짧은 경로로 평면 위에 있는 세 점을 연결하여 삼각형을 만들려면 그 세 점을 직선으로 연결하여야 한다. 마찬가지로 구면 위에 있는 세 점을 연결하는 가장 짧은 경로인 대원의 호를 그려 구면삼각형을 만들 수 있다. 예를 들어, 그림 3.16에서 호 $\overset{\frown}{CD}$는 대원의 호이므로 $\triangle PCD$는 구면삼각형이다. 그러나 호 $\overset{\frown}{AB}$는 소원의 호이므로 $\triangle PAB$는 구면삼각형이 아니다.

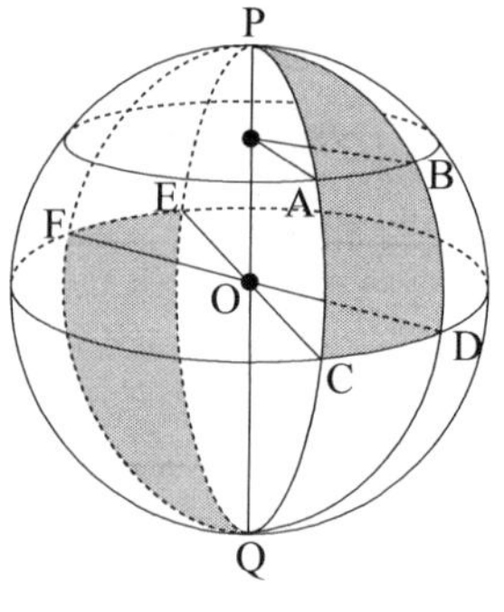

그림 3.16 구면삼각형 $\triangle PCD$

정의 3.3.5

임의의 점 P의 대심점을 P′으로 나타낼 때, 구면삼각형 △ABC에 대하여 구면삼각형 △A′B′C′을 △ABC의 **대심삼각형**이라고 한다.

이와 같은 대심삼각형은 본래의 구면삼각형과 원점에 대하여 대칭인 도형이므로 이 두 구면삼각형은 합동이 된다. 그림 3.16에서 점 Q, E, F는 각각 P, C, D의 대심점이므로 △QEF는 △PCD의 대심삼각형이고, △PCD ≅ △QEF 이다.

정리 3.3.6

구면 $S_P(R)$ 위의 구면삼각형 △ABC의 넓이 $S_\triangle$는

$$S_\triangle = (\angle A + \angle B + \angle C - \pi)R^2$$

이다.

증명 구면삼각형 △ABC의 세 변 $\widehat{AB}$, $\widehat{BC}$, $\widehat{AC}$를 연장하면 아래 그림 3.17과 같이 세 쌍의 대원은 각각 세 꼭짓점 A, B, C의 대심점 A′, B′, C′에서 만나므로 △A′B′C′은 △ABC의 대심삼각형이다. 따라서, △ABC ≅ △A′B′C′이므로 △ABC의 넓이 = △A′B′C′의 넓이 이다.

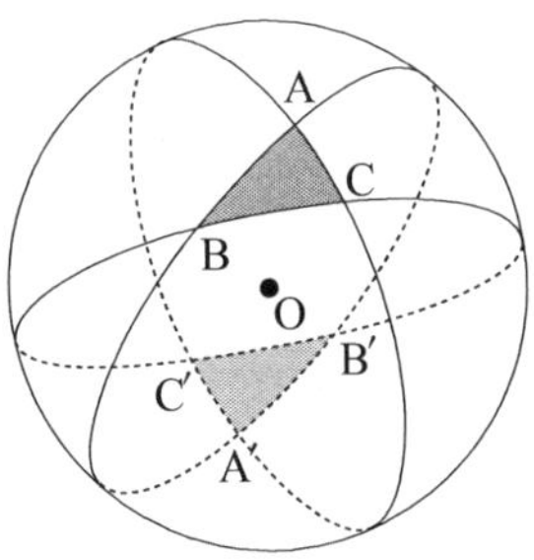

그림 3.17

또, 아래 그림 3.18과 같이 두 꼭짓점 A, A′에서 만나는 이각형의 넓이를 L_A, 두 꼭짓점 B, B′에서 만나는 이각형의 넓이를 L_B, 두 꼭짓점

C, C′에서 만나는 이각형의 넓이를 L_{C}라고 하면 정리 3.3.2에 의해

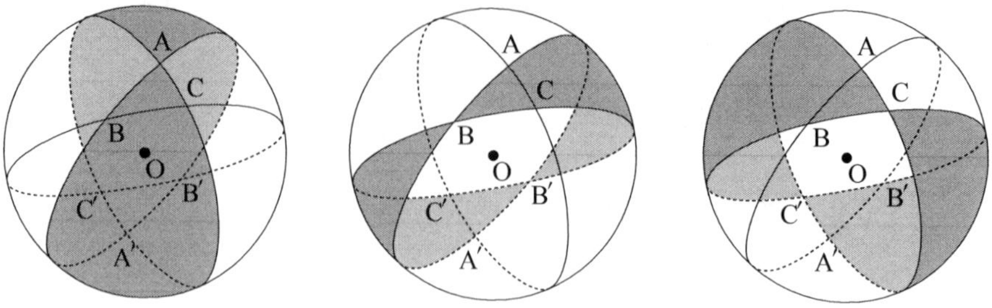

그림 3.18

$$L_{\mathrm{A}} = 2R^2 \angle \mathrm{A},$$
$$L_{\mathrm{B}} = 2R^2 \angle \mathrm{B},$$
$$L_{\mathrm{C}} = 2R^2 \angle \mathrm{C}$$

이므로 구 전체의 넓이 $S_{구}$는 $S_{구} = 2L_{\mathrm{A}} + 2L_{\mathrm{B}} + 2L_{\mathrm{C}} - 4S_{\triangle}$ 이다. $S_{구} = 4\pi R^2$이므로 $4\pi R^2 = 4R^2 \angle \mathrm{A} + 4R^2 \angle \mathrm{B} + 4R^2 \angle \mathrm{C} - 4S_{\triangle}$ 이다. 따라서

$$S_{\triangle} = (\angle \mathrm{A} + \angle \mathrm{B} + \angle \mathrm{C} - \pi)R^2$$

이다. ■■■

정리 3.3.7

평면과 구면 사이에는 등장사상이 존재하지 않는다.

증명 평면과 구면 사이에 등장사상 $f : \mathbb{R}^2 \to S_{\mathrm{P}}(R)$이 존재한다고 가정하자. $\triangle \mathrm{ABC}$와 $\triangle f(\mathrm{A})f(\mathrm{B})f(\mathrm{C})$를 각각 $\mathbb{R}^2$, $S_{\mathrm{P}}(R)$ 위의 삼각형이라고 하면 f가 등장사상이므로 각이 보존된다. 따라서,

$$\angle \mathrm{A} = f(\angle \mathrm{A}) = \angle f(\mathrm{A}),$$
$$\angle \mathrm{B} = f(\angle \mathrm{B}) = \angle f(\mathrm{B}),$$
$$\angle \mathrm{C} = f(\angle \mathrm{C}) = \angle f(\mathrm{C})$$

가 된다. 정리 3.3.6에 의해서

$$\angle A + \angle B + \angle C = \angle f(A) + \angle f(B) + \angle f(C) = \pi + \frac{S_\triangle}{R^2} > \pi$$

이 되어 모순이 된다. 왜냐하면 평면 $\mathbb{R}^2$ 위의 $\triangle ABC$의 내각의 합은 π이기 때문이다. 따라서, 평면과 구면 사이에는 등장사상이 존재하지 않는다. ■■■

연습문제 3.3

1. 평면삼각형의 세 내각의 크기의 합은 $\pi(=180^\circ)$이다. 그렇다면 구면 $S_P(R)$ 위의 구면삼각형 $\triangle ABC$의 세 꼭짓각의 크기의 합은 얼마인가?

2. 구면 $S_P(R)$ 위의 구면삼각형 $\triangle ABC$의 세 내각의 크기의 합은 $\pi(=180^\circ)$ 보다 크고 $3\pi(=540^\circ)$ 보다 작음을 설명하여라.

나의 노트

3.4 구면각

중심이 O인 구 위의 구면삼각형 △ABC에는 그림 3.1.9와 같이 세 개의 호각 $\angle a, \angle b, \angle c$와 세 개의 꼭짓각 $\angle A, \angle B, \angle C$ 즉, 여섯 개의 구면각 (Angles of a spherical triangle)이 있다. 이에 대해 살펴보기로 하자.

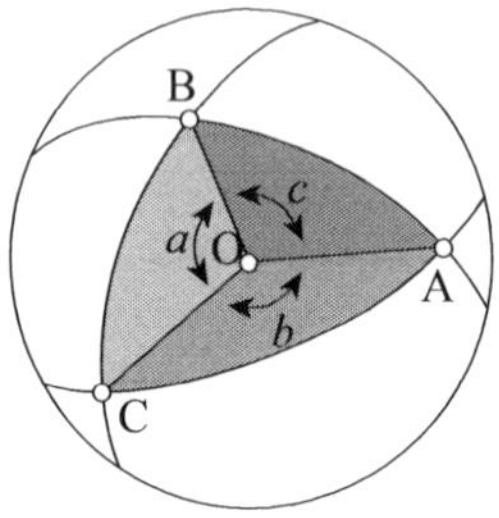

그림 3.19 호각

$\angle a$, $\angle b$, $\angle c$

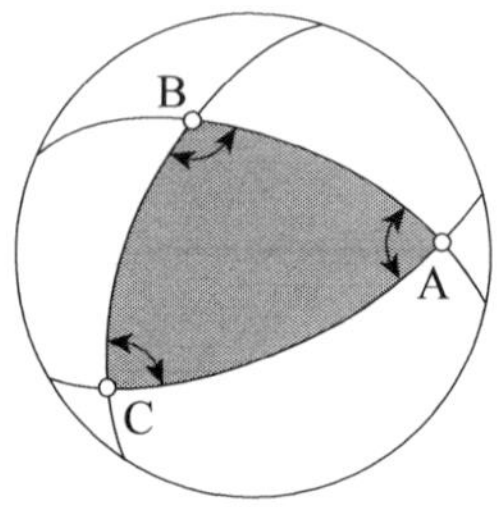

그림 3.20 꼭짓각

$\angle A$, $\angle B$, $\angle C$

정의 3.4.1

구면 $S_P(R)$ 위의 구면삼각형 △ABC에서

$$\angle a = \angle BOC,\ \angle b = \angle COA,\ \angle c = \angle AOB$$

를 △ABC의 **호각**(arc angle)이라고 한다.

또, △ABC에서 두 변 $\widehat{AB}$와 $\widehat{AC}$ 사이의 각, 즉 점 A에서 $\widehat{AB}$와 $\widehat{AC}$에 각각 접하는 접선 l과 m 사이의 각을 **꼭짓각**(vertex angle) A라 하고 $\angle A$와 같이 나타낸다. 이것은 두 접선 l과 m은 평면 $\overline{ABO}$와 $\overline{ACO}$의 교선 $\overleftrightarrow{AO}$와 수직이기 때문에 두 평면 $\overline{ABO}$와 $\overline{ACO}$ 사이의 각으로 이루어진다.

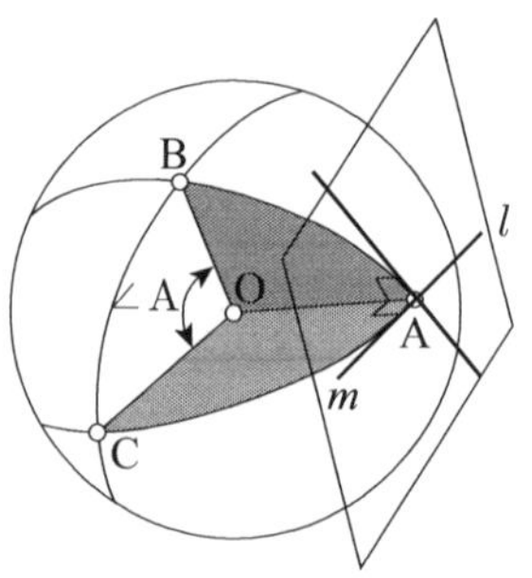

그림 3.21 꼭짓각 $\angle A$

참고

$\boldsymbol{E}^3$의 두 벡터 $\vec{A}=(x_1, x_2, x_3)$와 $\vec{B}=(y_1, y_2, y_3)$에 대하여

$$\vec{A}\times\vec{B}=|\vec{A}||\vec{B}|\sin\theta$$

를 $\vec{A}$와 $\vec{B}$의 **외적**(cross product)이라고 한다. 여기서, θ는 $\vec{A}=\overrightarrow{OA}$와 $\vec{B}=\overrightarrow{OB}$가 이루는 각 $(0\leq\theta\leq\pi)$이고, $|\vec{A}|=\sqrt{x_1^2+x_2^2+x_3^2}$, $|\vec{B}|=\sqrt{y_1^2+y_2^2+y_3^2}$이다.

정리 3.4.2

구면 $S_O(R)$ 위의 구면삼각형 $\triangle ABC$에서 세 꼭짓각 $\angle A$, $\angle B$, $\angle C$ 대한 호각을 각각 $\angle a$, $\angle b$, $\angle c$라 하고, 두 벡터(vector) $\overrightarrow{OA}$, $\overrightarrow{OB}$의 사잇각을 $\angle(\vec{A}, \vec{B})$로 나타내면 호각과 꼭짓각은 다음과 같다.

(1) 호각(arc angle):

$$\angle a=\angle(\vec{B}, \vec{C}),$$
$$\angle b=\angle(\vec{C}, \vec{A}),$$
$$\angle c=\angle(\vec{A}, \vec{B}).$$

(2) 꼭짓각(vertex angle):

$$\angle A=\angle(\vec{A}\times\vec{B}, \vec{A}\times\vec{C}),$$
$$\angle B=\angle(\vec{B}\times\vec{C}, \vec{B}\times\vec{A}),$$
$$\angle C=\angle(\vec{C}\times\vec{A}, \vec{C}\times\vec{B}).$$

증명 (1) 호각의 정의에 의해서 자명하다.

(2) 두 벡터 $\vec{V}$, $\vec{W}$를 각각 점 A에서 $\widehat{AB}$와 $\widehat{AC}$와 접하는 벡터라고 하면

$$\angle A=\angle(\vec{V}, \vec{W})$$

이다. 그런데, $\vec{V}\perp\vec{A}$이고 $\vec{W}\perp\vec{A}$ 이므로 $\vec{A}\times\vec{V}$와 $\vec{A}\times\vec{W}$는 각각 $\vec{V}$, $\vec{W}$ 를 $\vec{A}$ 중심으로 반시계방향으로 90° 회전한 방향에 있다. 따라서

$$\angle(\vec{V}, \vec{W})=\angle(\vec{A}\times\vec{V}, \vec{A}\times\vec{W})$$

이다.

한편 $\overrightarrow{A}\times\overrightarrow{V}$는 $\overrightarrow{A}\times\overrightarrow{B}$와, $\overrightarrow{A}\times\overrightarrow{W}$는 $\overrightarrow{A}\times\overrightarrow{C}$와 같은 방향에 있으므로

$$\angle(\overrightarrow{A}\times\overrightarrow{V}, \overrightarrow{A}\times\overrightarrow{W}) = \angle(\overrightarrow{A}\times\overrightarrow{B}, \overrightarrow{A}\times\overrightarrow{C})$$

이다. 따라서

$$\angle A = \angle(\overrightarrow{V}, \overrightarrow{W}) = \angle(\overrightarrow{A}\times\overrightarrow{V}, \overrightarrow{A}\times\overrightarrow{W}) = \angle(\overrightarrow{A}\times\overrightarrow{B}, \overrightarrow{A}\times\overrightarrow{C})$$

이다.

같은 방법으로 하면

$$\angle B = \angle(\overrightarrow{B}\times\overrightarrow{C}, \overrightarrow{B}\times\overrightarrow{A}),$$
$$\angle C = \angle(\overrightarrow{C}\times\overrightarrow{A}, \overrightarrow{C}\times\overrightarrow{B})$$

이다. ■■■

나의 노트

3.5 구면코사인정리

정리 3.5.1 구면코사인정리(Spherical Cosine Theorem)

구면 $S_O(R)$ 위의 구면삼각형 $\triangle ABC$에서 다음 등식이 성립한다.

$$\cos\angle a = \cos\angle b\cos\angle c + \sin\angle b\sin\angle c\cos\angle A,$$

$$\cos\angle b = \cos\angle c\cos\angle a + \sin\angle c\sin\angle a\cos\angle B,$$

$$\cos\angle c = \cos\angle a\cos\angle b + \sin\angle a\sin\angle b\cos\angle C.$$

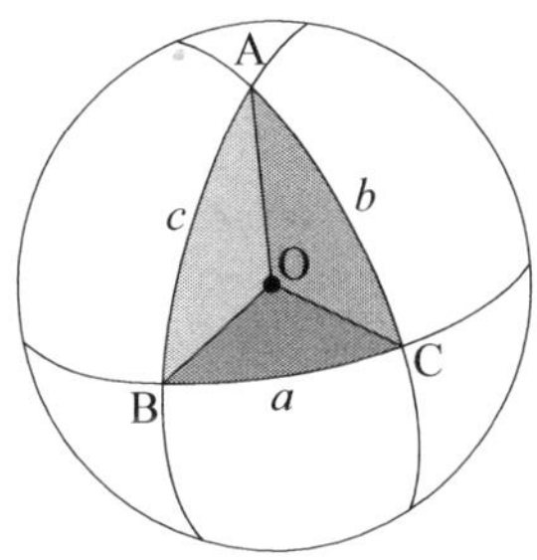

그림 3.22

증명 여기에서는 첫 번째 식을 증명한다.

아래 그림 3.23과 같이 반지름의 길이가 R인 구면 위의 삼각형 $\triangle ABC$의 꼭짓점 A를 지나고 $\widehat{AB}$, $\widehat{AC}$ 에 접하는 접선을 그어 $\overleftrightarrow{OB}$, $\overleftrightarrow{OC}$와의 교점을 각각 B′, C′이라고 하자.

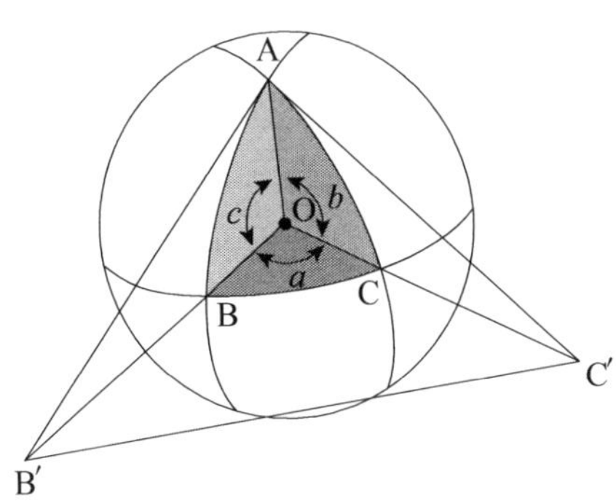

그림 3.23

평면삼각형 $\triangle AB'C'$에서 코사인법칙에 의하여

$$\overline{B'C'}^2 = \overline{AB'}^2 + \overline{AC'}^2 - 2\,\overline{AB'}\,\overline{AC'}\cos\angle A$$

이다. 또한, 평면삼각형 $\triangle OB'C'$에서 코사인법칙에 의하여

$$\overline{B'C'}^2 = \overline{OB'}^2 + \overline{OC'}^2 - 2\,\overline{OB'}\,\overline{OC'}\cos\angle B'OC'$$

이다. 따라서, $\cos\angle B'OC' = \angle a$이기 때문에

$$\begin{aligned}&\overline{AB'}^2 + \overline{AC'}^2 - 2\,\overline{AB'}\,\overline{AC'}\cos\angle A\\ &= \overline{OB'}^2 + \overline{OC'}^2 - 2\,\overline{OB'}\,\overline{OC'}\cos\angle a \quad \cdots\cdots \text{①}\end{aligned}$$

이 성립한다. 또, $\overleftrightarrow{AB'}$, $\overleftrightarrow{AC'}$은 점 A에서 그 점을 지나는 대원의 접선이므로

$$\overleftrightarrow{AB'} \perp \overline{AO},\ \overleftrightarrow{AC'} \perp \overline{AO}$$

이다. 따라서, $\triangle AB'O$와 $\triangle AC'O$는 직각삼각형이다.
$\triangle AB'O$에서 피타고라스의 정리를 이용하면

$$\overline{OB'}^2 = \overline{AB'}^2 + \overline{AO}^2 \quad \cdots\cdots \text{②}$$

이고, $\triangle AC'O$에서 피타고라스의 정리를 이용하면

$$\overline{OC'}^2 = \overline{AC'}^2 + \overline{AO}^2 \quad \cdots\cdots \text{③}$$

이다. 식 ②와 ③을 식 ①에 대입하여 정리하면

$$\overline{AO}^2 + \overline{AB'}\,\overline{AC'}\cos\angle A = \overline{OB'}\,\overline{OC'}\cos\angle a$$

이다. 따라서,

$$\begin{aligned}\cos\angle a &= \frac{\overline{AO}^2}{\overline{OB'}\,\overline{OC'}} + \frac{\overline{AB'}\,\overline{AC'}}{\overline{OB'}\,\overline{OC'}}\cos\angle A\\ &= \frac{\overline{AO}}{\overline{OB'}}\,\frac{\overline{AO}}{\overline{OC'}} + \frac{\overline{AB'}}{\overline{OB'}}\,\frac{\overline{AC'}}{\overline{OC'}}\cos\angle A\\ &= \cos\angle c\cos\angle b + \sin\angle c\sin\angle b\cos\angle A\end{aligned}$$

이다. ■■■

참고

E^3의 두 벡터 $\vec{A}=(x_1, x_2, x_3)$와 $\vec{B}=(y_1, y_2, y_3)$에 대하여

$$\vec{A}\cdot\vec{B}=|\vec{A}||\vec{B}|\cos\theta$$

를 $\vec{A}$와 $\vec{B}$의 **내적**(inner product)이라고 한다. 여기서, θ는 $\vec{A}=\overrightarrow{OA}$와 $\vec{B}=\overrightarrow{OB}$가 이루는 각 $(0\leq\theta\leq\pi)$이고, $|\vec{A}|=\sqrt{x_1^2+x_2^2+x_3^2}$, $|\vec{B}|=\sqrt{y_1^2+y_2^2+y_3^2}$이다.

예제 3.5.2 위의 내적의 정의와 정리 3.4.2를 이용하여

$$\cos\angle b=\cos\angle c\cos\angle a+\sin\angle c\sin\angle a\cos\angle B$$

임을 증명하여라.

증명 정리 3.4.2에 의해서 $\angle B=\angle(\vec{B}\times\vec{C}, \vec{B}\times\vec{A})$이므로

$$(\vec{B}\times\vec{C})\cdot(\vec{B}\times\vec{A})=|\vec{B}\times\vec{C}||\vec{B}\times\vec{A}|\cos\angle B.$$

또, $\angle(\vec{B}, \vec{C})=\angle a$, $\angle(\vec{B}, \vec{A})=\angle c$이므로

$$|\vec{B}\times\vec{C}|=|\vec{B}||\vec{C}|\sin\angle a,$$
$$|\vec{B}\times\vec{A}|=|\vec{B}||\vec{A}|\sin\angle c.$$

따라서, $|\vec{A}|=|\vec{B}|=|\vec{C}|=R$이므로

$$\begin{aligned}(\vec{B}\times\vec{C})\cdot(\vec{B}\times\vec{A})&=(|\vec{B}||\vec{C}|\sin\angle a)(|\vec{B}||\vec{A}|\sin\angle c)\cos\angle B\\&=R^4\sin\angle a\sin\angle c\cos\angle B.\end{aligned}$$

한편, 외적의 성질에 의하여

$$\begin{aligned}&(\vec{B}\times\vec{C})\cdot(\vec{B}\times\vec{A})\\&=(\vec{B}\cdot\vec{B})(\vec{C}\cdot\vec{A})-(\vec{B}\cdot\vec{A})(\vec{C}\cdot\vec{B})\\&=|\vec{B}||\vec{B}|\cos\angle(\vec{B}, \vec{B})|\vec{C}||\vec{A}|\cos\cos\angle(\vec{C}, \vec{A})\\&-|\vec{B}||\vec{A}|\cos\angle(\vec{B}, \vec{A})|\vec{C}||\vec{B}|\cos\angle(\vec{C}, \vec{B})\\&=|\vec{B}||\vec{B}||\vec{C}||\vec{A}|\cos\angle b-|\vec{B}||\vec{A}|\cos\angle c|\vec{C}||\vec{B}|\cos\angle a\\&=R^4\cos\angle b-R^4\cos\angle c\cos\angle a.\end{aligned}$$

따라서

$$R^4 \sin\angle a \sin\angle c \cos\angle \mathrm{B} = \mathrm{R}^4 \cos\angle b - R^4 \cos\angle c \cos\angle a$$

이고, 이 식의 양변을 R^4으로 나누면

$$\sin\angle a \sin\angle c \cos\angle \mathrm{B} = \cos\angle b - \cos\angle c \cos\angle a$$

이다. 따라서

$$\cos\angle b = \cos\angle c \cos\angle a + \sin\angle a \sin\angle c \cos\angle \mathrm{B}$$

이다. ■■■

따름정리 3.5.3 구면 피타고라스의 정리

구면 $S_0(R)$에서 $\angle \mathrm{C} = 90^{\circ}$인 구면삼각형 $\triangle \mathrm{ABC}$에서

$$\cos\angle c = \cos\angle a \cos\angle b$$

이다.

증명 $\angle \mathrm{C} = 90^{\circ}$이므로 $\cos\angle \mathrm{C} = 0$이다. 따라서, 구면코사인정리로부터

$$\begin{aligned}\cos\angle c &= \cos\angle a \cos\angle b + \sin\angle a \sin\angle b \cos\angle \mathrm{C} \\ &= \cos\angle a \cos\angle b.\end{aligned}$$

■■■

참고

$\cos x$를 무한급수로 나타내면

$$\cos x = 1 - \frac{x^2}{2!} + \frac{x^4}{4!} - \frac{x^6}{6!} + \cdots\cdots$$

이다. 위 식에 위 따름정리 3.5.3(구면 피타고라스)을 적용해보자. 먼저

$$\begin{aligned}\cos\angle c &= \cos\frac{\widehat{\mathrm{AB}}}{R} \\ &= 1 - \frac{1}{2!}\left(\frac{\widehat{\mathrm{AB}}}{R}\right)^2 + \frac{1}{4!}\left(\frac{\widehat{\mathrm{AB}}}{R}\right)^4 - \frac{1}{6!}\left(\frac{\widehat{\mathrm{AB}}}{R}\right)^6 + \cdots\cdots\end{aligned}$$

$$=1-\frac{\overset{\frown}{\mathrm{AB}}^2}{2R^2}+\frac{\overset{\frown}{\mathrm{AB}}^4}{24R^4}-\frac{\overset{\frown}{\mathrm{AB}}^6}{720R^6}+\cdots\cdots$$

이다. 같은 방법으로 하면

$$\begin{aligned}\cos\angle a&=\cos\frac{\overset{\frown}{\mathrm{BC}}}{R}\\&=1-\frac{\overset{\frown}{\mathrm{BC}}^2}{2R^2}+\frac{\overset{\frown}{\mathrm{BC}}^4}{24R^4}-\frac{\overset{\frown}{\mathrm{BC}}^6}{720R^6}+\cdots\cdots\end{aligned}$$

이고,

$$\begin{aligned}\cos\angle b&=\cos\frac{\overset{\frown}{\mathrm{AC}}}{R}\\&=1-\frac{\overset{\frown}{\mathrm{AC}}^2}{2R^2}+\frac{\overset{\frown}{\mathrm{AC}}^4}{24R^4}-\frac{\overset{\frown}{\mathrm{AC}}^6}{720R^6}+\cdots\cdots\end{aligned}$$

이다. 그러므로 따름정리 3.5.3에 의해

$$\begin{aligned}&1-\frac{\overset{\frown}{\mathrm{AB}}^2}{2R^2}+\frac{\overset{\frown}{\mathrm{AB}}^4}{24R^4}-\frac{\overset{\frown}{\mathrm{AB}}^6}{720R^6}+\cdots\cdots\\&=\left(1-\frac{\overset{\frown}{\mathrm{BC}}^2}{2R^2}+\frac{\overset{\frown}{\mathrm{BC}}^4}{24R^4}-\frac{\overset{\frown}{\mathrm{BC}}^6}{720R^6}+\cdots\cdots\right)\left(1-\frac{\overset{\frown}{\mathrm{AC}}^2}{2R^2}+\frac{\overset{\frown}{\mathrm{AC}}^4}{24R^4}-\frac{\overset{\frown}{\mathrm{AC}}^6}{720R^6}+\cdots\cdots\right)\\&=1-\frac{\overset{\frown}{\mathrm{BC}}^2}{2R^2}-\frac{\overset{\frown}{\mathrm{AC}}^2}{2R^2}+\frac{\overset{\frown}{\mathrm{BC}}^2\overset{\frown}{\mathrm{AC}}^2}{4R^4}+\frac{\overset{\frown}{\mathrm{BC}}^4}{24R^4}+\frac{\overset{\frown}{\mathrm{AC}}^4}{24R^4}+\cdots\cdots\end{aligned}$$

이다. 따라서,

$$\frac{\overset{\frown}{\mathrm{AB}}^2}{2R^2}-\frac{\overset{\frown}{\mathrm{AB}}^4}{24R^4}+\frac{\overset{\frown}{\mathrm{AB}}^6}{720R^6}-\cdots\cdots=\frac{\overset{\frown}{\mathrm{BC}}^2}{2R^2}+\frac{\overset{\frown}{\mathrm{AC}}^2}{2R^2}-\frac{\overset{\frown}{\mathrm{BC}}^2\overset{\frown}{\mathrm{AC}}^2}{4R^4}-\frac{\overset{\frown}{\mathrm{BC}}^4}{24R^4}-\frac{\overset{\frown}{\mathrm{AC}}^4}{24R^4}-\cdots\cdots;$$

$$\overset{\frown}{\mathrm{AB}}^2-\frac{\overset{\frown}{\mathrm{AB}}^4}{12R^2}+\frac{\overset{\frown}{\mathrm{AB}}^6}{360R^4}-\cdots\cdots=\overset{\frown}{\mathrm{BC}}^2+\overset{\frown}{\mathrm{AC}}^2-\frac{\overset{\frown}{\mathrm{BC}}^2\overset{\frown}{\mathrm{AC}}^2}{2R^2}-\frac{\overset{\frown}{\mathrm{BC}}^4}{12R^2}-\frac{\overset{\frown}{\mathrm{AC}}^4}{12R^2}-\cdots\cdots$$

이다. 만일 $\overset{\frown}{\mathrm{AB}}$, $\overset{\frown}{\mathrm{BC}}$, $\overset{\frown}{\mathrm{AC}}$의 값이 충분히 작고, R이 임의로 크게 잡으면

$$\frac{\overset{\frown}{\mathrm{AB}}^4}{12R^2}-\frac{\overset{\frown}{\mathrm{AB}}^6}{360R^4}+\cdots\cdots,\quad\frac{\overset{\frown}{\mathrm{BC}}^2\overset{\frown}{\mathrm{AC}}^2}{2R^2}+\frac{\overset{\frown}{\mathrm{BC}}^4}{12R^2}+\frac{\overset{\frown}{\mathrm{AC}}^4}{12R^2}+\cdots\cdots$$

의 값은 각각 0에 가까워진다. 따라서, $\overline{\mathrm{AB}}^2\approx\overline{\mathrm{BC}}^2+\overline{\mathrm{AC}}^2$이다. 즉, 구면 피타고라스의 정리는 무한의 경우에 평면피타고라스의 정리와 같음을 알 수 있다.

연습문제 3.5

1. 정리 3.5.1에서 $\cos\angle c = \cos\angle a \cos\angle b + \sin\angle a \sin\angle b \cos\angle C$임을 증명하여라.

2. 구면삼각형 $\triangle ABC$에서 $\angle A = 60^\circ$, $\angle b = 70^\circ$, $\angle c = 80^\circ$일 때, 다음을 구하여라.

   (1) $\angle a$, $\angle B$, $\angle C$를 구하여라.

   (2) $\triangle ABC$의 넓이를 구하여라.

3. 구면삼각형 $\triangle ABC$에서 $\angle a = 60^\circ$, $\angle b = 70^\circ$, $\angle c = 80^\circ$일 때, 다음을 구하여라.

   (1) $\angle A$, $\angle B$, $\angle C$를 구하여라.

   (2) $\triangle ABC$의 넓이를 구하여라.

4. [구면 피타고라스의 정리] 구면 $S_P(R)$ 상의 $\angle C = 90^\circ$인 구면직각삼각형 $\triangle ABC$에서 다음 물음에 답하여라.

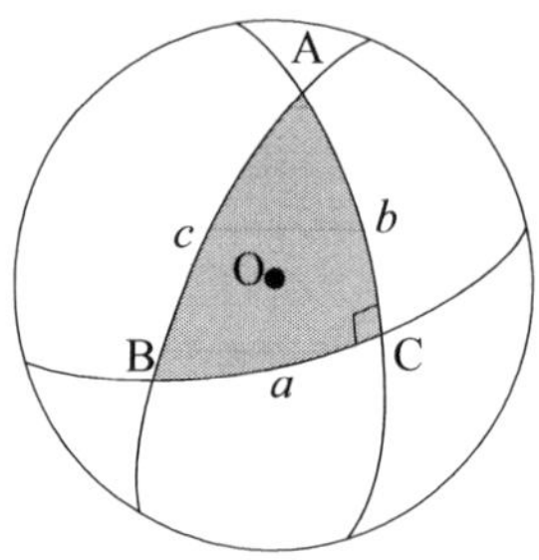

그림 3.24

   (1) 그림 3.24를 구의 중심을 직교좌표평면 위의 원점에 위치시키고 적당히 회전하여 그림 3.25와 같이 점 B를 직교좌표평면의 x축 위에, 점 C는 xy-평면 위에 오도록 할 수 있다. $\angle AOB = \theta$, $\angle BOC = \phi$, $\angle AOC = \psi$라고 할 때, 세 꼭짓점 A, B, C의 좌표를 각각 구하여라.

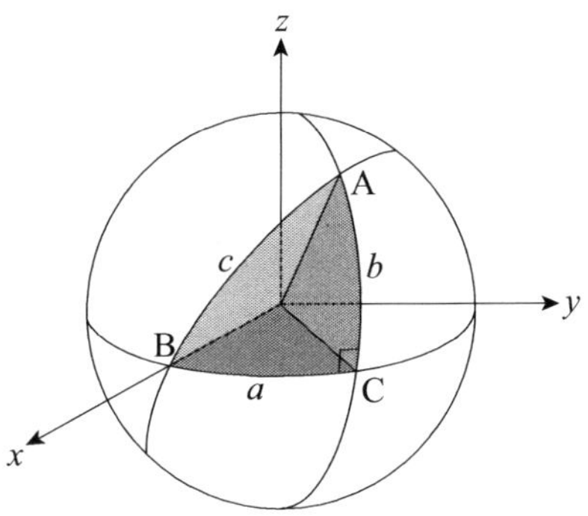

그림 3.25

(2) $\mathbb{R}^3$ 위의 점 $\mathrm{P}=(x_1, x_2, x_3)$와 $\mathrm{Q}=(y_1, y_2, y_3)$에 대하여 P, Q의 내적은

$$\mathrm{P}\cdot\mathrm{Q}=x_1y_1+x_2y_2+x_3y_3$$

로 나타난다. 이것을 이용하여

$\cos\angle c=\cos\angle a\cos\angle b$ 임을 증명하여라.

나의 노트

3.6 구면사인정리

보조정리 3.6.1

구면 $S_0(R)$ 위의 구면삼각형 $\triangle ABC$에서 $\angle C = 90^{\circ}$일 때

$$\frac{\sin\angle a}{\sin\angle A} = \frac{\sin\angle b}{\sin\angle B}$$

이다.

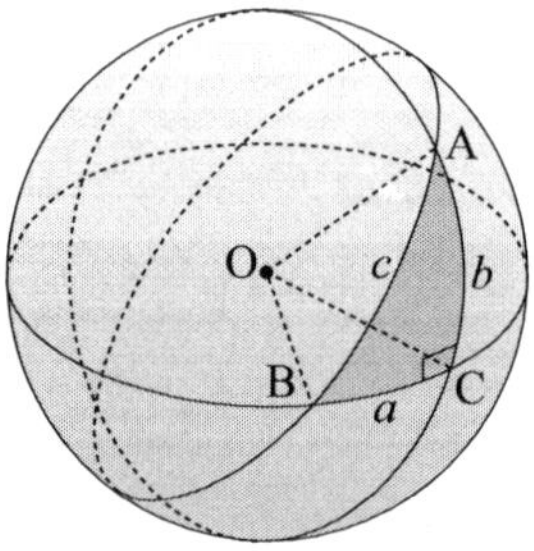

그림 3.26

증명 아래 그림 3.27과 같이 점 A에서 점 A를 지나는 두 대원에 접하는 접선과 $\overline{OB}$, $\overline{OC}$의 연장선과의 교점을 각각 B′, C′이라고 하면 $\triangle OAB'$과 $\triangle OAC'$은 $\angle A = 90^{\circ}$인 직각삼각형이다.

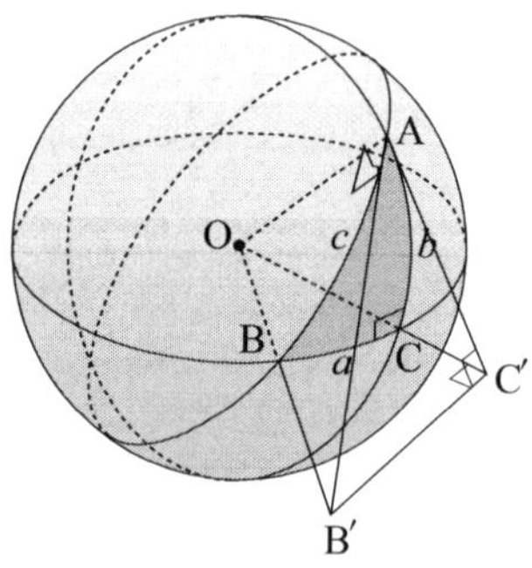

그림 3.27

따라서 평면 B′AC′과 평면 OAC는 수직이고, $\angle B'AC' = \angle BAC = \angle A$이다.

또한, $\angle C = \angle BCA = 90^{\circ}$이므로 평면 OBC와 평면 OCA는 수직이다. 평면 $B'AC'$과 평면 OBC의 교선 $\overline{B'C'}$은 평면 OBC에 있고, $\overline{OC'}$은 평면 OCA에 있으므로 $\overline{B'C'} \perp \overline{OC'}$이다. 따라서, $\triangle OB'C'$은 $\angle C' = 90^{\circ}$인 직각삼각형이다.
피타고라스 정리에 의하여

$$\overline{OB'}^2 = \overline{AB'}^2 + \overline{OA}^2 = \overline{AB'}^2 + R^2,$$
$$\overline{OC'}^2 = \overline{AC'}^2 + \overline{OA}^2 = \overline{AC'}^2 + R^2,$$
$$\overline{OB'}^2 = \overline{B'C'}^2 + \overline{OC'}^2$$

이 성립한다. 위의 식에서

$$\overline{AB'}^2 + R^2 = \overline{B'C'}^2 + \overline{AC'}^2 + R^2 \ ; \quad \overline{AB'}^2 = \overline{B'C'}^2 + \overline{AC'}^2$$

이므로 $\triangle AB'C'$은 $\angle C' = 90^{\circ}$인 직각삼각형이다. 따라서

$$\sin\angle B'OC' = \frac{\overline{B'C'}}{\overline{OB'}} = \frac{\overline{B'C'}}{\overline{AB'}}\frac{\overline{AB'}}{\overline{OB'}} = \sin\angle B'AC' \sin\angle AOB',$$

즉, $\sin\angle a = \sin\angle A \sin\angle c$이므로

$$\frac{\sin\angle a}{\sin\angle A} = \sin\angle c$$

이다. 또한 $\triangle ABC$에서 점 A와 점 B를 바꾸어 위와 같은 방법으로 하면

$$\frac{\sin\angle b}{\sin\angle B} = \sin\angle c$$

가 성립한다. 따라서

$$\frac{\sin\angle a}{\sin\angle A} = \frac{\sin\angle b}{\sin\angle B}$$

이다. ■■■

정리 3.6.2 구면사인정리(Spherical Sine Theorem)

구면 $S_O(R)$ 위의 구면삼각형 $\triangle ABC$에서 다음 등식이 성립한다(그림 3.28 참조).

$$\frac{\sin\angle a}{\sin\angle A}=\frac{\sin\angle b}{\sin\angle B}=\frac{\sin\angle c}{\sin\angle C}.$$

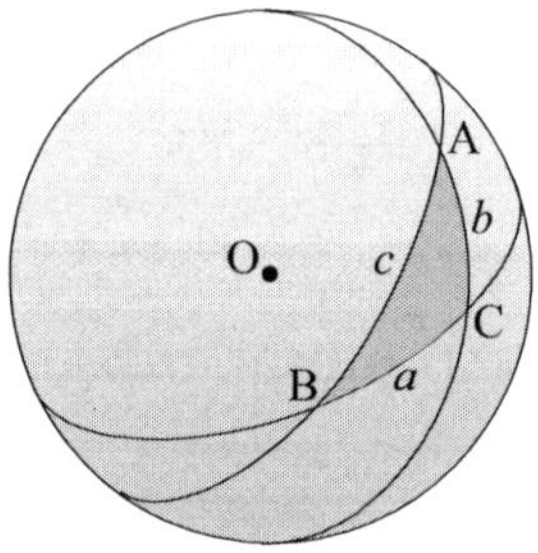

그림 3.28

증명 아래 그림 3.29와 같이 $\triangle ABC$에서 점 C를 지나고 $\widehat{AB}$에 수직인 대원과의 교점을 P, 점 B를 지나고 $\widehat{AC}$의 연장선에 수직인 대원과의 교점을 Q라고 하면 $\triangle APC$, $\triangle PBC$, $\triangle ABQ$, $\triangle CBQ$는 모두 직각삼각형이다.

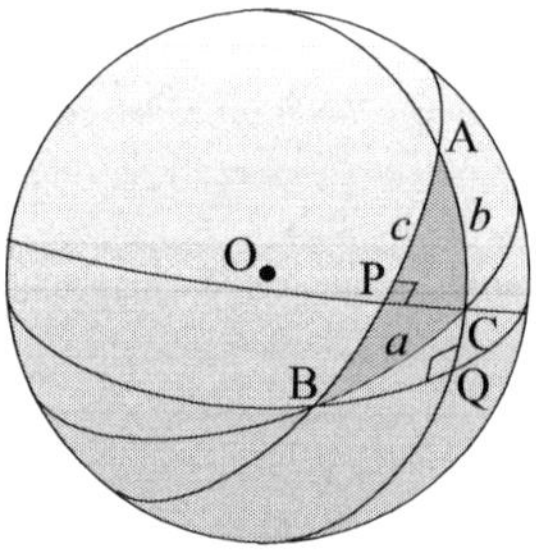

그림 3.29

따라서 보조정리 3.61에 의해 $\triangle APC$로부터

$$\sin\angle b\sin\angle A=\sin\frac{\widehat{PC}}{R}$$

이고, $\triangle$PBC로부터

$$\sin\angle a \sin\angle \mathrm{B} = \sin\frac{\overset{\frown}{\mathrm{PC}}}{R}$$

이다.

그러므로 위의 두 등식으로부터

$$\sin\angle b \sin\angle \mathrm{A} = \sin\angle a \sin\angle \mathrm{B}$$

즉,

$$\frac{\sin\angle a}{\sin\angle \mathrm{A}} = \frac{\sin\angle b}{\sin\angle \mathrm{B}} \quad \cdots\cdots \text{①}$$

이다. 또, $\triangle$ABQ로부터

$$\sin\angle c \sin\angle \mathrm{A} = \sin\frac{\overset{\frown}{\mathrm{BQ}}}{R}$$

이고 $\triangle$CBQ로부터

$$\sin\angle a \sin(\pi - \angle \mathrm{C}) = \sin\angle a \sin\angle \mathrm{C} = \sin\frac{\overset{\frown}{\mathrm{BQ}}}{R}$$

이므로

$$\sin\angle c \sin\angle \mathrm{A} = \sin\angle a \sin\angle \mathrm{C}$$

즉,

$$\frac{\sin\angle a}{\sin\angle \mathrm{A}} = \frac{\sin\angle c}{\sin\angle \mathrm{C}} \quad \cdots\cdots \text{②}$$

이다. 따라서, ①, ②로부터

$$\frac{\sin\angle a}{\sin\angle \mathrm{A}} = \frac{\sin\angle b}{\sin\angle \mathrm{B}} = \frac{\sin\angle c}{\sin\angle \mathrm{C}}$$

이다. ■■■

연습문제 3.6

1. 반지름의 길이가 1인 단위구면 위의 세 점

$$A = (1, 0, 0),\ B = \left(\frac{1}{4}, \frac{\sqrt{3}}{4}, \frac{\sqrt{3}}{2}\right),\ C = \left(\frac{1}{2}, \frac{\sqrt{3}}{2}, 0\right)$$

에 대하여 다음 물음에 답하여라.

(1) $\angle AOC$, $\angle BOC$, $\angle AOB$의 크기를 각각 구하여라.

(2) 구면 피타고라스의 정리를 이용하여 $\triangle ABC$가 직각삼각형임을 증명하여라.

(3) $\triangle ABC$의 세 변의 길이를 각각 구하여라.

(4) $\triangle ABC$의 세 꼭짓각의 크기를 각각 구하여라.

(5) $\triangle ABC$의 넓이를 구하여라.

나의 노트

3.7 쌍대구면삼각형

쌍대구면삼각형(dual spherical triangle)의 중요성은 본래의 삼각형의 변을 각에, 각을 변에 대응시킴으로써 본래 삼각형의 각에 대한 성질을 그 삼각형의 변에 대한 성질로, 변에 대한 성질을 각에 대한 성질로 서로 바꾸어도 성립한다는 사실이다. 이러한 쌍대성은 수학의 여러 분야에 이용되고 있으며 이를 이용하면 그에 관한 연구 내용이 반으로 줄어질 수 있다.

정리 3.7.1

구면 $S_O(R)$ 위의 구면삼각형 $\triangle \mathrm{ABC}$에서

$$\overrightarrow{\mathrm{A}^*} = R\frac{\overrightarrow{\mathrm{B}} \times \overrightarrow{\mathrm{C}}}{|\overrightarrow{\mathrm{B}} \times \overrightarrow{\mathrm{C}}|},$$

$$\overrightarrow{\mathrm{B}^*} = R\frac{\overrightarrow{\mathrm{C}} \times \overrightarrow{\mathrm{A}}}{|\overrightarrow{\mathrm{C}} \times \overrightarrow{\mathrm{A}}|},$$

$$\overrightarrow{\mathrm{C}^*} = R\frac{\overrightarrow{\mathrm{A}} \times \overrightarrow{\mathrm{B}}}{|\overrightarrow{\mathrm{A}} \times \overrightarrow{\mathrm{B}}|}$$

라 할 때, 세 꼭짓점 A^*, B^*, C^*으로 이루어진 구면삼각형 $\triangle \mathrm{A}^*\mathrm{B}^*\mathrm{C}^*$를 $\triangle \mathrm{ABC}$의 **쌍대구면삼각형(dual spherical triangle)**이라 하고 $\triangle^*\mathrm{ABC}$로 나타낸다.

정리 3.7.2

구면 $S_O(R)$ 위의 구면삼각형 $\triangle \mathrm{ABC}$에서 다음 등식이 성립한다.

$$\overrightarrow{\mathrm{A}} = sR\left(\frac{\overrightarrow{\mathrm{B}^*} \times \overrightarrow{\mathrm{C}^*}}{|\overrightarrow{\mathrm{B}^*} \times \overrightarrow{\mathrm{C}^*}|}\right) = s(\overrightarrow{\mathrm{A}^*})^*,$$

$$\overrightarrow{\mathrm{B}} = sR\left(\frac{\overrightarrow{\mathrm{C}^*} \times \overrightarrow{\mathrm{A}^*}}{|\overrightarrow{\mathrm{C}^*} \times \overrightarrow{\mathrm{A}^*}|}\right) = s(\overrightarrow{\mathrm{B}^*})^*,$$

$$\overrightarrow{\mathrm{C}} = sR\left(\frac{\overrightarrow{\mathrm{A}^*} \times \overrightarrow{\mathrm{B}^*}}{|\overrightarrow{\mathrm{A}^*} \times \overrightarrow{\mathrm{B}^*}|}\right) = s(\overrightarrow{\mathrm{C}^*})^*.$$

단, $s = \begin{cases} 1 & (\det[\overrightarrow{A}, \overrightarrow{B}, \overrightarrow{C}] > 0) \\ -1 & (\det[\overrightarrow{A}, \overrightarrow{B}, \overrightarrow{C}] < 0) \end{cases}$

증명 정의에 의해서

$$\begin{aligned} \overrightarrow{B^*} \times \overrightarrow{C^*} &= \left(R \frac{\overrightarrow{C} \times \overrightarrow{A}}{|\overrightarrow{C} \times \overrightarrow{A}|} \right) \times \left(R \frac{\overrightarrow{A} \times \overrightarrow{B}}{|\overrightarrow{A} \times \overrightarrow{B}|} \right) \\ &= R^2 \frac{(\overrightarrow{C} \times \overrightarrow{A}) \times (\overrightarrow{A} \times \overrightarrow{B})}{|\overrightarrow{C} \times \overrightarrow{A}||\overrightarrow{A} \times \overrightarrow{B}|}. \end{aligned}$$

그런데,

$$\overrightarrow{U} \times (\overrightarrow{V} \times \overrightarrow{W}) = (\overrightarrow{U} \cdot \overrightarrow{W})\overrightarrow{V} - (\overrightarrow{U} \cdot \overrightarrow{V})\overrightarrow{W}$$

이고

$$(\overrightarrow{U} \times \overrightarrow{V}) \cdot \overrightarrow{W} = (\overrightarrow{V} \times \overrightarrow{W}) \cdot \overrightarrow{U} = (\overrightarrow{W} \times \overrightarrow{U}) \cdot \overrightarrow{V} = \det[\overrightarrow{U}, \overrightarrow{V}, \overrightarrow{W}]$$

이므로

$$\begin{aligned} (\overrightarrow{C} \times \overrightarrow{A}) \times (\overrightarrow{A} \times \overrightarrow{B}) &= ((\overrightarrow{C} \times \overrightarrow{A}) \cdot \overrightarrow{B})\overrightarrow{A} - ((\overrightarrow{C} \times \overrightarrow{A}) \cdot \overrightarrow{A})\overrightarrow{B} \\ &= \overrightarrow{A} \det[\overrightarrow{A}, \overrightarrow{B}, \overrightarrow{C}] + 0 \\ &= \overrightarrow{A} \det[\overrightarrow{A}, \overrightarrow{B}, \overrightarrow{C}]. \end{aligned}$$

따라서,

$$\overrightarrow{B^*} \times \overrightarrow{C^*} = R^2 \frac{\det[\overrightarrow{A}, \overrightarrow{B}, \overrightarrow{C}]}{|\overrightarrow{C} \times \overrightarrow{A}||\overrightarrow{A} \times \overrightarrow{B}|} \overrightarrow{A}$$

이고

$$|\overrightarrow{B^*} \times \overrightarrow{C^*}| = R^2 \frac{|\det[\overrightarrow{A}, \overrightarrow{B}, \overrightarrow{C}]|}{|\overrightarrow{C} \times \overrightarrow{A}||\overrightarrow{A} \times \overrightarrow{B}|} |\overrightarrow{A}| = R^3 \frac{|\det[\overrightarrow{A}, \overrightarrow{B}, \overrightarrow{C}]|}{|\overrightarrow{C} \times \overrightarrow{A}||\overrightarrow{A} \times \overrightarrow{B}|}$$

이다. 그러므로

$$\frac{\overrightarrow{B^*} \times \overrightarrow{C^*}}{|\overrightarrow{B^*} \times \overrightarrow{C^*}|} = \frac{\det[\overrightarrow{A}, \overrightarrow{B}, \overrightarrow{C}]}{R|\det[\overrightarrow{A}, \overrightarrow{B}, \overrightarrow{C}]|} \overrightarrow{A} = \frac{1}{Rs} \overrightarrow{A}$$

이고, 따라서

$$\vec{A} = sR\left(\frac{\overrightarrow{B^*} \times \overrightarrow{C^*}}{|\overrightarrow{B^*} \times \overrightarrow{C^*}|}\right) = s(\overrightarrow{A^*})^*$$

이다. ■■■

따름정리 3.7.3

구면삼각형 $\triangle ABC$의 쌍대삼각형을 $\triangle^* ABC$, $\triangle^* ABC$의 쌍대삼각형을 $(\triangle^* ABC)^*$라 하면

$$(\triangle^* ABC)^* = \begin{cases} \triangle ABC & (\det[\vec{A}, \vec{B}, \vec{C}] > 0) \\ \triangle A'B'C' & (\det[\vec{A}, \vec{B}, \vec{C})] < 0) \end{cases}$$

이다. 여기서 A', B', C'는 각각 A, B, C의 대심점이다. 특히,

$$(\triangle^* ABC)^* \cong \triangle ABC$$

이다.

따름정리 3.7.4

구면삼각형 $\triangle ABC$의 쌍대삼각형 $\triangle^* ABC$의 세 꼭짓각 $\angle A^*$, $\angle B^*$, $\angle C^*$에 대응하는 호각을 각각 $\angle a^*$, $\angle b^*$, $\angle c^*$라고 하면

$$\angle A + \angle a^* = \angle A^* + \angle a = 180^{\circ},$$
$$\angle B + \angle b^* = \angle B^* + \angle b = 180^{\circ},$$
$$\angle C + \angle c^* = \angle C^* + \angle c = 180^{\circ}$$

이다.

증명 먼저 $\angle A + \angle a^* = 180^{\circ}$임을 보이자.

정리 3.4.2와 정의 3.7.1에 의해서

$$\begin{aligned} \angle a^* &= \angle(\overrightarrow{B^*}, \overrightarrow{C^*}) \\ &= \angle(\vec{C} \times \vec{A}, \vec{A} \times \vec{B}) \\ &= \angle(-\vec{A} \times \vec{C}, \vec{A} \times \vec{B}) \end{aligned}$$

$$= 180^{\circ} - \angle(\overrightarrow{A}\times\overrightarrow{C}, \overrightarrow{A}\times\overrightarrow{B})$$
$$= 180^{\circ} - \angle A$$

이므로

$$\angle A + \angle a^{*} = 180^{\circ}$$

이다. 또, $\angle A^{*} + \angle a = 180^{\circ}$ 임을 보이기 위하여 $\Delta^{*}ABC = \Delta A^{*}B^{*}C^{*}$의 쌍대삼각형 $(\Delta^{*}ABC)^{*} = \Delta A^{**}B^{**}C^{**}$에 위의 식을 적용하면

$$\angle A^{*} + \angle a^{**} = 180^{\circ}$$

이다. 또, $(\Delta^{*}ABC)^{*} \cong \Delta ABC$이므로 $\angle a^{**} = \angle a$이다.
따라서

$$\angle A^{*} + \angle a = 180^{\circ}$$

이다. ■■■

따름정리 3.7.5

구면삼각형 ΔABC의 세 꼭짓점 A, B, C의 대변을 각각 a, b, c라고 하면

$$\cos\angle A = -\cos\angle B\cos\angle C + \sin\angle B\sin\angle C\cos\angle a$$

이다.

증명 구면삼각형 ΔABC의 쌍대삼각형 $\Delta^{*}ABC$의 세 꼭짓각 $\angle A^{*}$, $\angle B^{*}$, $\angle C^{*}$에 대응하는 호각을 각각 $\angle a^{*}$, $\angle b^{*}$, $\angle c^{*}$라고 하면 정리 3.5.1에 의해서

$$\cos\angle a^{*} = \cos\angle b^{*}\cos\angle c^{*} + \sin\angle b^{*}\sin\angle c^{*}\cos\angle A^{*}$$

이다. 따름정리 3.7.4에 의해서

$$\cos(180^{\circ} - \angle A) = \cos\angle(180^{\circ} - \angle B)\cos(180^{\circ} - \angle C)$$

$$+\sin\angle(180^\circ-\angle B)\sin(180^\circ-\angle C)\cos(180^\circ-\angle a)$$

이다. 임의의 각 θ에 대하여 $\cos(180^\circ-\theta)=-\sin\theta$, $\sin(180^\circ-\theta)=\sin\theta$이므로

$$-\cos\angle A=\cos\angle B\cos\angle C-\sin\angle B\sin\angle C\cos\angle a$$

이다. 따라서

$$\cos\angle A=-\cos\angle B\cos\angle C+\sin\angle B\sin\angle C\cos\angle a$$

이다. ■■■

연습문제 3.7

1. 반지름의 길이가 1인 단위구면 위의 세 점

$$A=(1,0,0),\ B=\left(\frac{1}{4},\frac{\sqrt{3}}{4},\frac{\sqrt{3}}{2}\right),\ C=\left(\frac{1}{2},\frac{\sqrt{3}}{2},0\right)$$

에 대하여 다음 물음에 답하여라.

(1) $\triangle ABC$의 쌍대삼각형의 세 꼭짓점의 좌표를 구하여라.

(2) $\triangle ABC$와 $\triangle ABC$의 쌍대삼각형 $\triangle^* ABC$를 그려보아라.

2. 반지름의 길이가 1인 단위구면 위의 세 점

$$A=(0,0,1),\ B=\left(0,\frac{\sqrt{3}}{2},\frac{1}{2}\right),\ C=\left(\frac{\sqrt{2}}{2},0,\frac{\sqrt{2}}{2}\right)$$

을 이용하여 정리 3.7.2와 따름정리 3.7.3을 확인하여라.

3. 따름정리 3.7.3을 증명하여라.

3.8 구면기하의 활용

지금까지 살펴본 구면기하학의 몇 가지 내용을 어떻게 사용하는지 알아보기 위하여 지구 표면 위에서 위치와 거리의 측정 방법에 대하여 알아보자.

지구 표면 위에 있는 임의의 점은 3차원 구면좌표계에서 구의 반지름 R과 두 개의 편각 θ, ϕ로 나타내는 점의 좌표 (R, θ, ϕ)와는 달리 보통 그림 3.30와 같이 두 좌표 즉, **경도**(Longitude) λ와 **위도**(Latitude) φ에 의한 좌표 (λ, φ)로 그 위치를 나타낸다.

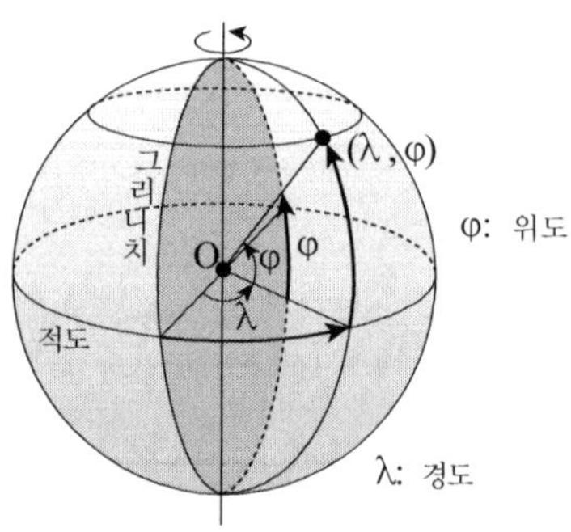

그림 3.30 경도와 위도

어떤 점의 경도(Longitude)는 적도를 따라 동쪽 또는 서쪽으로 양을 재는데 그 값은 그 점을 지나는 자오선(meridian; 북극점과 남극점을 이은 반원)과 영국 런던에 있는 그리니치 천문대를 지나는 본초자오선 사이의 거리를 잰 각이다.

지구는 자전하기 때문에 시간 단위뿐만 아니라 각 단위로 경도를 나타낼 수 있다. 지구는 24시간에 360°를 회전한다. 따라서 지구는 1시간에 15°의 경도를, 4분에 경도 1°를, 4초에 경도 $1'$을, $\frac{1}{15}$초에 경도 $1''$를 회전한다.

또한 일명 자오선이라고도 하는 경도선은 그리니치 천문대를 지나는 본초자오선을 0° 기준으로 하여 동쪽으로 180°까지를 180등분한 선을 동경이라고 한다. 예를 들어 경도가 25° W인 점은 본초자오선에서 25° 서쪽에 있고, 경도가 25° E인 점은 본초자오선에서 25° 동쪽에 있다.

어떤 점의 위도(Latitude)는 그 점을 지나는 자오선을 따라서 적도의 북쪽 또는 남쪽으로 거리를 잰 각이다. 관련된 용어로 여위도(co-latitude)가 있는데 이는 한 점과 그 점을 지나는 자오선을 따라서 측정된 떨어진 극점 사이의 거리를 잰 각을 말한다. 즉, (여위도) $= 90^{\circ} -$ (위도)이다.

적도선을 0° 기준으로 하여 남북으로 각각 90°씩 적도에 평행하게 그은 선을 위도선이라고 하며, 적도를 중심으로 북쪽으로는 북위, 남쪽으로는 남위라고 한다(그림 3.31 참조). 예를 들어 위도 25° N에 있는 점은 적도에서 25° 북쪽에 있다. 위도 25° S에 있는 점은 적도에서 25° 남쪽에 있다.

한 점의 방위(Bearing)는 지구 표면 위에서 방향을 나타낸다. 예를 들면, 방위가 N 25° E인 방향은 정북에서 동쪽으로 25°인 지점에 위치하고, S 25° W인 방향은 정남에서 서쪽으로 25°인 지점에 위치한다.

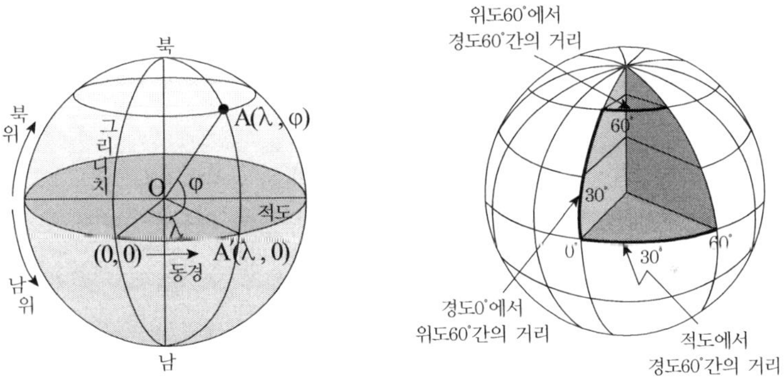

그림 3.31

지구 표면의 거리는 보통 해리(nautical mile)로 측정된다. 여기서 1해리는 지구의 중심에서 $1'\left(\frac{1}{60}\right)^{\circ}$의 각에 대응하는 호의 길이로 약 $1852\,m$이다. 시간당 1해리의 속도를 1노트(knot)[4]라고 하고 보통 선박이나 항공기의 속도를 측정하는 단위로 사용된다.

---

4) 배의 속도 개념으로 1knot=1,852m/h이다. knot를 영어 사전에서 찾아보면 '매듭'으로 나오는데, 옛 범선에서 배의 속도를 잴 때 고물(선미)에서 미리 밧줄에 매듭 표시를 부표로 떨어뜨려 모래 시계로 일정한 시간을 재어 그 동안 몇 매듭이 나갔나 확인하고, 그 매듭의 개수로 배의 속도를 재었다.

예제 3.8.1[5] 우리나라 서울의 위도와 경도는 각각 $37^{\circ}3'36''$N(북위 37도 3분36초)과 $126^{\circ}9'24''$E(동경 126도 9분 24초)이다. 미국의 라스베가스의 위도와 경도는 각각 $37^{\circ}9'39''$N(북위 37도 9분 39초)과 $115^{\circ}0'33''$W(서경 115도 0분 33초)이다.

(1) 위의 두 도시의 위도의 차이를 소수점을 이용하여 각도로 나타내어라.
(2) 위의 두 도시의 경도의 차이를 소수점을 이용하여 각도로 나타내어라.
(3) 위의 두 도시의 경도의 차이를 시간, 분, 초로 나타내어라.
(4) 서울과 라스베가스의 여위도는 얼마인가?

풀이 (1) 서울과 라스베가스의 위도의 차이는

$$\begin{aligned} 37^{\circ}\,9'\,39'' - 37^{\circ}\,3'\,36'' &= 6'3'' \\ &= \left(\frac{6}{60}\right)^{\circ} + \left(\frac{3}{3600}\right)^{\circ} \\ &\approx 0.1008^{\circ}. \end{aligned}$$

(2) 서울과 라스베가스의 경도의 차이는

$$115^{\circ}\,0'\,33'' - (-53^{\circ}\,50'\,36'') = 168^{\circ}\,51'\,9''$$

5) 여기서의 경도와 위도는 WinGlobe 프로그램을 이용한 것임. WinGlobe는 사용자의 데스크탑에 작은 지구본을 제공하는 유틸리티로 전 세계국가와 약 2800개의 주요도시를 보여주며, Zoom in 기능에 의해 해당 국가의 위치(위도, 경도, 시간 등)를 상세히 알 수 있다.

$$= 168^{\circ} + \left(\frac{51}{60}\right)^{\circ} + \left(\frac{9}{3600}\right)^{\circ}$$

$$\approx 168.8525^{\circ}.$$

(3) 두 도시의 경도의 차이가 약 168.8525°이므로

$$\begin{aligned} 168.8525^{\circ} &= 24 \times \frac{168.8525}{360} \\ &\approx 11.25683^{h} \\ &= 11^{h}(0.25683 \times 60)^{m} \\ &= 11^{h}\ 11.4098^{m} \\ &= 11^{h}\ 11^{m}(0.4098 \times 60)^{s} \\ &= 11^{h}\ 11^{m}\ 24.588^{s}. \end{aligned}$$

(4) 북극의 위도가 90° N 이므로 서울과 라스베가스의 여위도는 각각

$$90^{\circ} - 37^{\circ}\ 3'\ 36'' = 52^{\circ}\ 56'\ 24''.$$

$$90^{\circ} - 37^{\circ}\ 9'\ 39'' = 52^{\circ}\ 50'\ 21''.$$

■■■

예제 3.8.2 지구의 평균 반지름의 길이를 6370 km 라고 할 때, 해리와 노트를 구하여라.

풀이 지구의 둘레는

$$2\pi \times 6370\,(\mathrm{km})$$

이고, 360°를 분각(arcminute)으로 나타내면

$$360 \times 60' = 21600'$$

이므로, $1'$에 대응하는 호의 길이는

$$2\pi \times \frac{6370}{21600}\,(\mathrm{km}) \approx 1.85296\,(\mathrm{km})$$

이다. 그러므로

$$1\text{해리} = 1.85296\,\mathrm{km}$$

이고

$$1\text{노트} = 1.85296\,\mathrm{km/h}$$

이다.

■■■

예제 3.8.3 인천과 라스베가스는 위도[6]가 $37^\circ\ 9'$ N으로 같고, 경도는 각각 $126^\circ\ 8'\ 24''$ E, $115^\circ\ 0'\ 33''$ W이다. 또, 그 비행기는 500노트의 속도로 비행하고 있다고 할 때, 다음 물음에 답하여라.

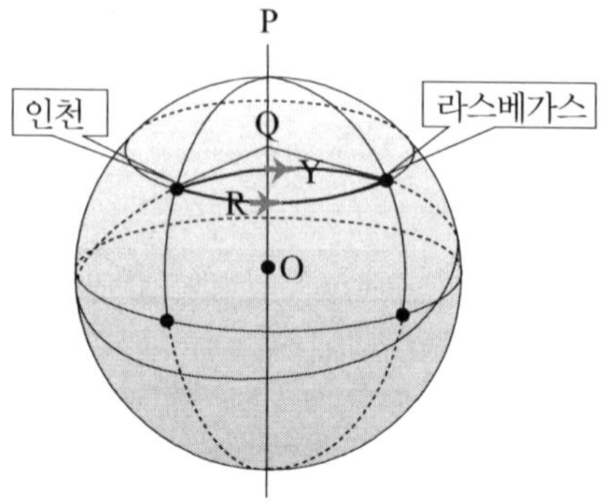

그림 3.32

(1) 인천에서 라스베가스까지 대원의 경로를 선을 따라서 비행할 때(그림 3.32 참조), 비행거리는 얼마인가?

(2) 위도 $37^\circ\ 9'$ N와 평행한 소원을 따라 비행할 때, 즉, 평행경로 $37^\circ\ 9'$ N 따라 비행할 때, 인천과 라스베가스 사이의 거리를 구하여라.

풀이 그림 3.33, 그림 3.34와 같이 A와 B를 각각 인천과 라스베가스라고 하자. 여기서 호 AYB는 대원경로(그림 3.33 참조)를 나타내고, ARB는 평행경로(그림 3.34 참조)를 나타낸다.

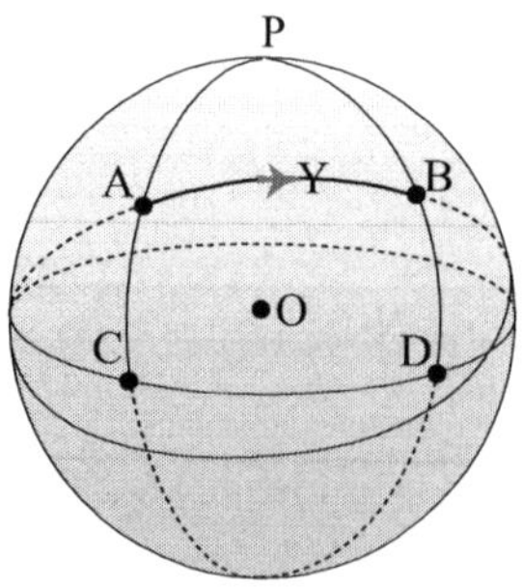

그림 3.33 인천과 라스베가스까지의 대원경로

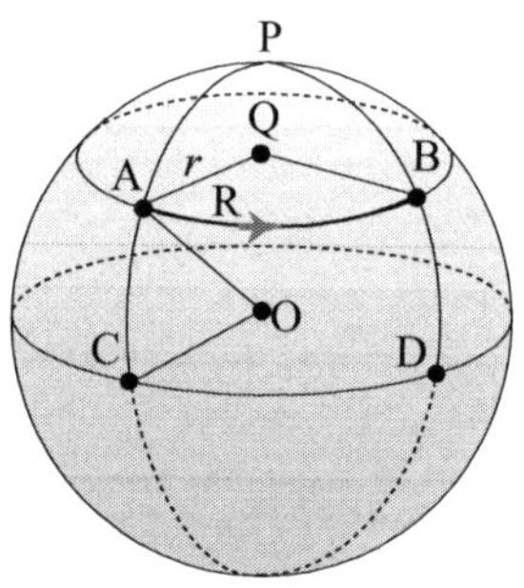

그림 3.34 인천과 라스베가스까지의 평행경로

6) 인천의 실제 위도는 $37^\circ\ 8'\ 48''$ N이고, 라스베가스의 실제 위도는 $37^\circ\ 9'\ 39''$ N이다.

(1) 자오선 $\widehat{PAC}$와 $\widehat{PBD}$를 북극점 P로부터 두 점 A와 B를 지나는 대원을 그린다면 삼각형 PAYB는 구면삼각형이다. 구면코사인 정리에 의하여

$$\cos\angle\widehat{AYB} = \cos\widehat{AP}\cos\widehat{BP} + \sin\widehat{AP}\sin\widehat{BP}\cos\angle APB \quad \cdots\cdots \text{①}$$

이 성립한다. 한편

$$\widehat{AP} = \widehat{BP} = 90^\circ - 37^\circ 9' = 52^\circ 51' = 52.85^\circ,$$

$$\angle APB = 115^\circ 0' 33'' - (-126^\circ 8' 24'') = 241^\circ 9' = 241.15^\circ$$

이므로 식 ①에 대입하면

$$\begin{aligned}\cos\angle\widehat{AYB} &= \cos 52.85^\circ \cos 52.85^\circ + \sin 52.85^\circ \sin 52.85^\circ \cos 241.15^\circ \\ &\approx 0.6039^2 + 0.7971^2 \times (-0.4825) \\ &\approx 0.05813\end{aligned}$$

이다. 따라서

$$\begin{aligned}\angle\widehat{AYB} &\approx \cos^{-1} 0.05831 \\ &\approx 1.512634\,\mathrm{rad} \\ &\approx 86.6675^\circ \\ &\approx 86^\circ 40' \\ &= 5200'\end{aligned}$$

이다. 따라서 비행기의 속도가 500노트이므로 대원의 경로를 따라 비행할 때, 인천과 라스베가스 사이의 대원 거리 $\widehat{AYB}$는

$$5200\text{해리} = \frac{5200}{500}\,\mathrm{h} = 10.4^{\mathrm{h}} = 10^{\mathrm{h}}\,20^{\mathrm{m}}$$

이다.

(2) 위도 $37^\circ 9'$ N에 평행한 소원에서 소원의 반지름의 길이 r은

$$r = R\cos\angle AOC$$

이고 $\angle AOC$는 점 A(인천)의 위도를 나타내므로

$$\angle \mathrm{AOC} = 37^\circ 9' = 37.15^\circ$$

이다.

위 그림에서 호 ARB는

$$\widehat{\mathrm{ARB}} = \frac{\angle \mathrm{AQB}}{360^\circ} \times 2\pi r$$

이고, $\angle$AQB는 A와 B의 경도의 차이다. 따라서, 지구의 반지름의 길이는 $R = 3443$ 해리 이므로

$$\widehat{\mathrm{ARB}} = \frac{241.15^\circ}{360^\circ} \times 2\pi \times 3443 \times \cos 37.15^\circ \approx 11550 \text{ 해리}$$

이다. 따라서, 비행기의 속도가 500노트이므로 위도 $37^\circ 9'$ N에 평행한 소원의 경로를 따라 비행할 때 인천과 라스베가스 사이의 거리 $\widehat{\mathrm{ARB}}$는

$$\frac{11550}{500} = 23.1^{\mathrm{h}} = 23^{\mathrm{h}}\, 6^{\mathrm{m}}$$

이다. ■■■

연습문제 3.8

1. 예제 3.8.3에서 구한 대원 경로의 거리와 소원 경로의 거리를 비교하여 보아라.

2. 비행기가 제주를 출발하여 대원을 따라서 부산으로 비행한다고 할 때, 다음 물음에 답하여라.(단, 제주의 위도와 경도는 각각 33° N, 126° E이고, 부산의 위도와 경도는 각각 35° N, 129° E이다.)

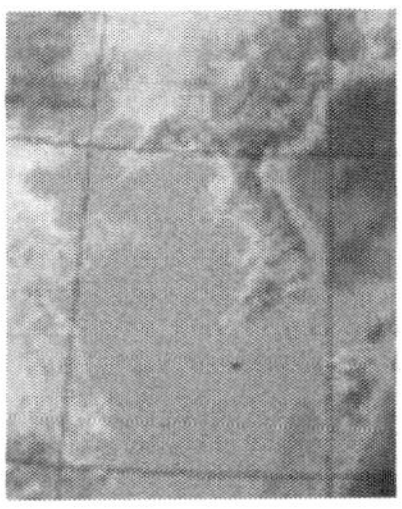

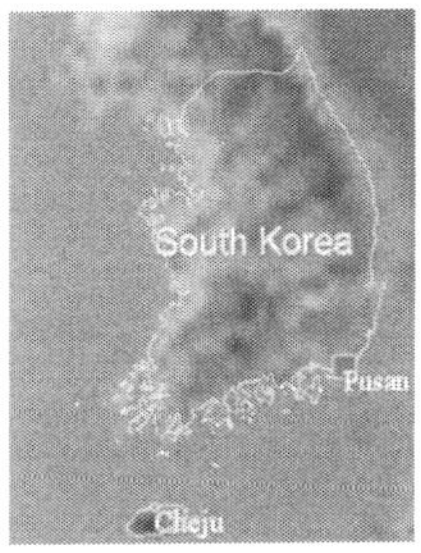

(1) 제주를 출발할 때에는 기수를 어느 방향으로 돌려야 하는가? 즉, 제주에서 부산까지의 방위를 구하여라.

(2) 부산에 도착할 때에는 어느 방향으로 기수가 향해 있는가? 즉, 부산에서 제주까지의 방위를 구하여라.

(3) 비행기의 평균 속력이 500노트라고 하면 제주에서 부산까지 시간이 얼마나 걸리는가?

3. A 지점으로부터 방위 S 83° 15′ E인 지점에, B 지점으로부터는 방위 N 73°30′ E인 지점에 적함대가 있다는 신호가 레이더에 감지되었다고 한다. 다음 물음에 답하여라.(단, A 지점의 위도와 경도는 각각 42°21′ N, 71°04′ W이고, B 지점의 위도와 경도는 각각 36°50′ N, 76°18′ W이다.)

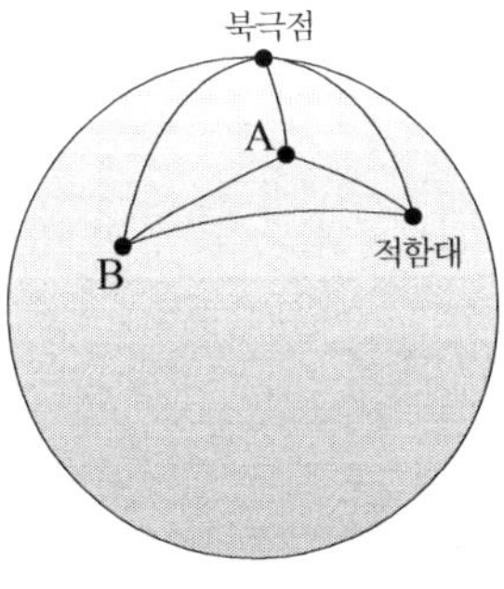

(1) 적함대의 위치를 추적하기 위하여 위도와 경도를 구하여라.

(2) 적함대는 A 지점으로부터 거리가 얼마나 떨어져 있는지 계산하여라.

(3) 적함대는 B 지점으로부터 거리가 얼마나 떨어져 있는지 계산하여라.

나의 노트

Chapter 04

택시기하

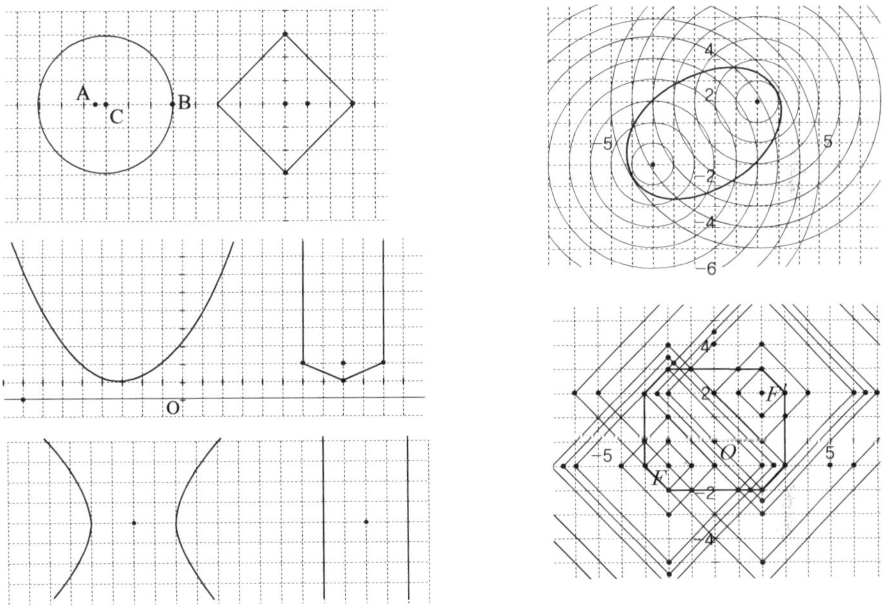

중·고등학교에서 평면과 공간 위의 두 점 사이의 거리는 피타고라스의 정리에 의하여 구한 선분의 길이이며, 이 선분의 길이는 두 점 사이의 최단거리이다. 그러나 실생활에 있어서 거리가 두 점 사이의 최단거리와는 다른 경우가 있다. 예를 들어, 집에서 학교까지의 거리는 도로를 따라 가장 빨리 갈 수 있는 거리가 될 것이고, 우리나라와 미국까지의 거리는 항로라 할 수 있다.

비유클리드 기하의 하나인 **택시기하**에서의 거리 개념은 유클리드 기하에서의 도형의 모양과 성질들을 바꾼다. 아래와 같은 주제로 택시 기하에서의 도형의 성질들을 다루게 되는데, 유클리드 기하와 비교하여 보면 여러 가지 점에서 흥미롭다.

① 두 점 사이의 거리
② 택시기하에서의 원
③ 택시기하에서의 타원
④ 한 점에서 직선까지의 택시거리
⑤ 삼각형의 내심과 외심
⑥ 택시기하에서의 포물선
⑦ 택시기하에서의 쌍곡선

4.1 두 점 사이의 거리

정의 4.1.1

각 점의 순서쌍 $(A,B)\in X$에 음이 아닌 실수값($R^+\cup\{0\}$)을 부여하는 거리함수(metric) $d: X\to R^+\cup\{0\}$는 집합의 원소인 **두 점 사이의 거리**(distance)를 나타내며 다음과 같은 성질을 만족한다.

i) $d(A,B)\geqq 0$; $d(A,B)=0$일 필요충분조건은 $A=B$
ii) $d(A,B)=d(B,A)$
iii) $d(A,B)+d(B,C)\geqq d(A,C)$

위와 같이 거리 d가 정의된 집합 X를 **거리공간**(metric space)이라 하고, (X,d)로 나타내며, 또는 간단히 거리공간 X로 쓴다.

예제 4.1.2 유클리드 거리함수 d_E가 거리함수가 되는 이유를 확인하여라(정의 1.1.1 참조).

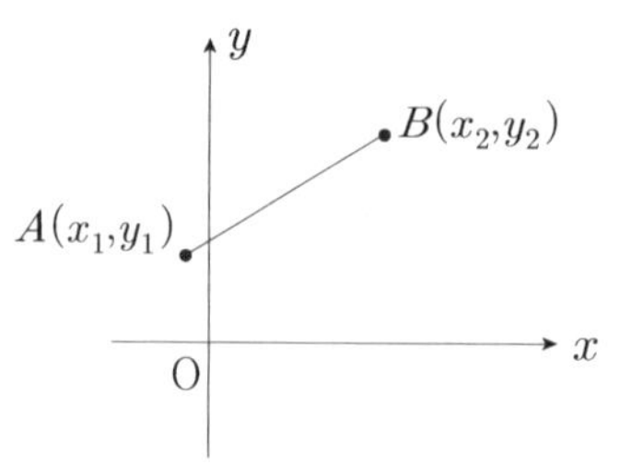

그림 4.1

증명 거리함수가 되기 위한 세 가지 성질을 모두 만족하는지 확인하면 된다. $A(x_1,y_1)$, $B(x_2,y_2)$, $C(x_3,y_3)$에 대하여 그림 4.1에 보듯이 유클리드 거리함수 d_E는 $d_E(A,B)=\sqrt{(x_2-x_1)^2+(y_2-y_1)^2}\geq 0$이며, 등호가 성립할 필요충분조건은 $x_1=x_2, y_1=y_2$이므로 $A=B$ 이다. $d_E(A,B)=d_E(B,A)$이며, 삼각부등식에 의하여 세 번째 조건도 성립한다. 따라서 $d_E(A,B)$은 거리함수가 된다. ■■■

군인이 완전무장하고 1시간에 4km 행군이 가능하다고 보았을 때, 부대에서 숙영지에 도달하는 소요 시간은 어떻게 계산할까?

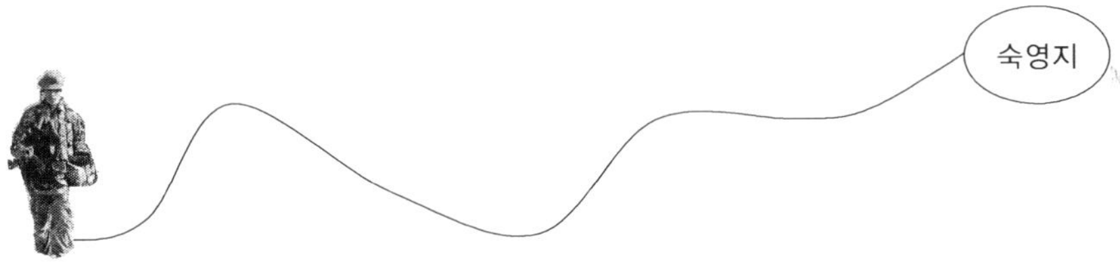

지도상에서의 직선거리로 소요시간을 구했다면 상당히 실제 시간과 차이가 날 것이다. 분명히 숙영지까지 군인이 움직이는 실제거리로 소요 시간을 산출할 것이다. 군인이 이동하기에 불가능한 장애물을 헤쳐 나가는 두 점 사이의 직선거리로 계산할 수는 없는 것이다. 즉 유클리드 기하에서의 거리로 소요시간을 산출하지는 않을 것이다.

A지점에서 B지점까지 1분에 500m의 속력으로 가는 택시의 이동 거리는 어떻게 계산할까?

A와 B지점의 직선거리와는 택시가 움직인 거리가 차이가 날 것이다. 분명히 택시가 도로를 따라 실제로 움직인 거리가 택시의 이동 거리가 될 것이다.

아래 그림과 같이 잘 계획된 도시를 생각해 보자. 도로의 모양이 직선거리로 되었다면 A와 B구역 사이에 있는 택시가 학교 G1까지 이동하는 거리는 직선거리가 아닌 택시가 실제로 움직인 $\overline{OP}+\overline{PQ}$ 이다.

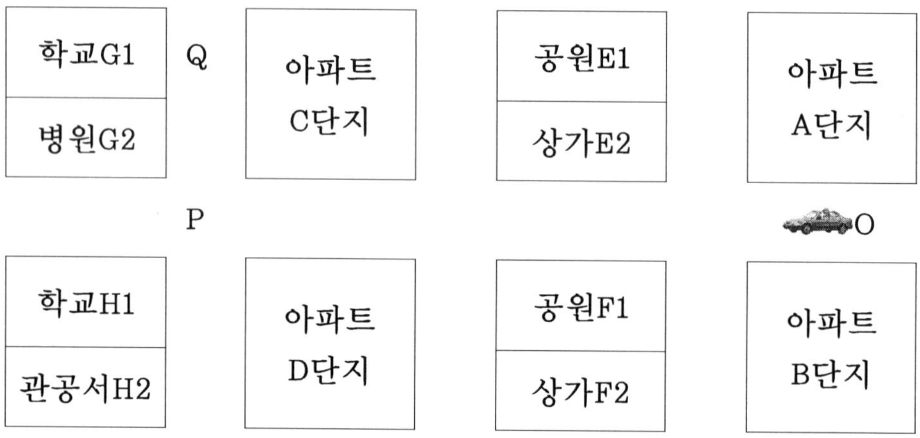

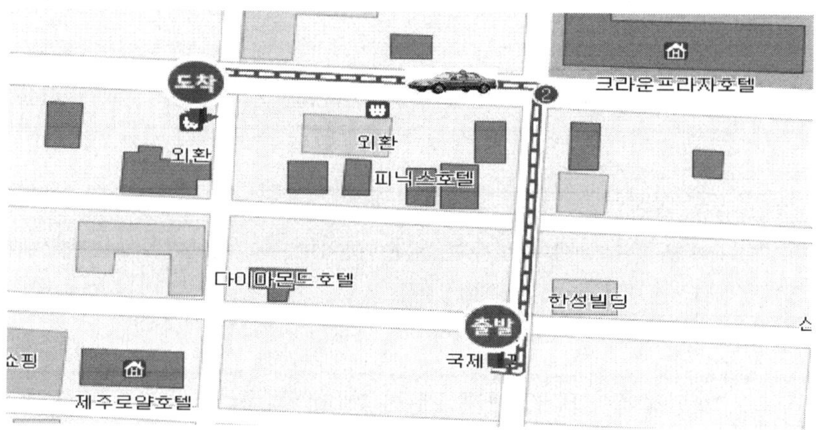

정의 4.1.3

두 점 $A(x_1,y_1)$, $B(x_2,y_2)\in R^2$에 대하여 $d_T: X\to R^+\cup\{0\}$를 $d_T(A,B)=|x_2-x_1|+|y_2-y_1|$으로 정의한다. 이때 d_T를 **택시거리**라 한다.

아래 그림 4.2에서 보듯이 택시거리 $d_T(A,B)$는 $\overline{AP}+\overline{BP}$가 된다.

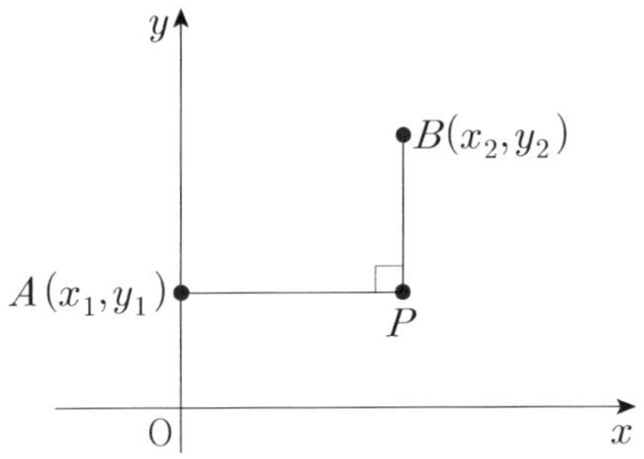

그림 4.2

예제 4.1.4 d_T가 거리함수가 되는 이유를 확인하여라.

풀이 거리함수가 되기 위한 세 가지 성질을 모두 만족하는지 확인하면 된다.

$A(x_1,y_1)$, $B(x_2,y_2)$, $C(x_3,y_3)$에 대하여

i) $d_T(A,B)=|x_2-x_1|+|y_2-y_1|\geq 0$이며, 등호가 성립할 필요충분 조건은 $x_1=x_2, y_1=y_2$이므로 $A=B$ 이다.

ii) $d_T(A,B)=d_T(B,A)$이 성립한다.

iii) $d_T(A,B)+d_T(B,C)=|x_2-x_1|+|y_2-y_1|+|x_3-x_2|+|y_3-y_2|$
$=|x_2-x_1|+|x_3-x_2|+|y_2-y_1|+|y_3-y_2|\geq|x_3-x_1|+|y_3-y_1|$
$=d_T(A,C)$이 성립한다.

따라서 d_T은 거리함수가 된다. ■■■

예제 4.1.5 아래 그림 4.3에서 유클리드거리 $d_E(A,B)$와 택시거리 $d_T(A,B)$를 구하여라.

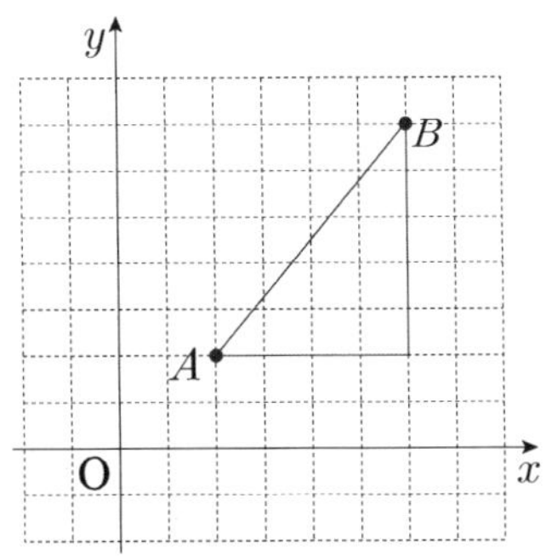

그림 4.3

풀이 $d_E(A,B)=\sqrt{41}$, $d_T(A,B)=9$. ■■■

문제 4.1.6 점 $A(1,2)$에 대하여 점 P가 아래와 같이 주어질 때, 택시거리 $d_T(P,A)$를 구하여라.

(1) $P(3,6)$

(2) $P(-2,8)$

(3) $P(6,2)$

(4) $P(-4,7)$

예제 4.1.7 아래 그림 4.4와 같이 모눈이 그려진 용지를 이용하여 다음 물음에 답하여라.

(1) 명제 '두 점 사이의 택시거리가 같으면, 항상 유클리드 거리가 같다'의 참, 거짓을 판별하여 보아라.

(2) 명제 '두 점 사이의 유클리드 거리가 같으면, 항상 택시거리가 같다'의 참, 거짓을 판별하여 보아라.

(3) $d_E(A,B) = d_T(A,B)$가 성립하는 경우를 말하여라.

(4) $d_E(A,B)$와 $d_T(A,B)$의 크기를 비교하고 왜 그렇게 되는지 설명하여라.

풀이 ▶

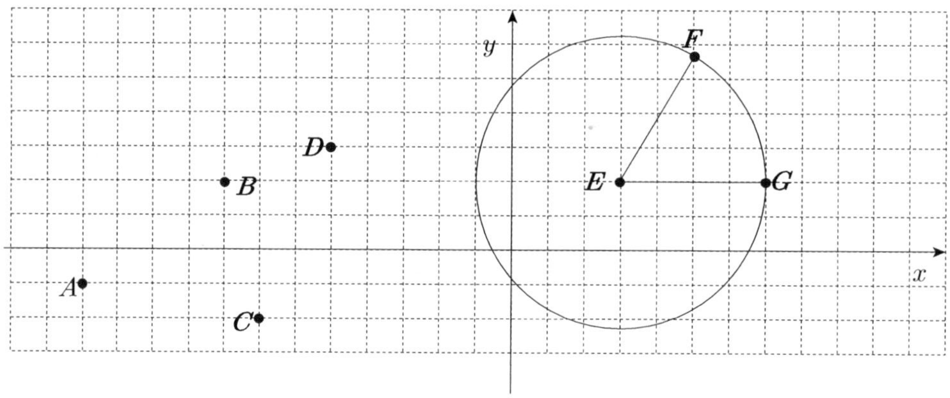

그림 4.4

(1) 위의 그림 4.4에서 $d_T(A,B) = d_T(C,D)$이지만 $d_E(A,B) = 5$, $d_E(C,D) = \sqrt{29}$ 로서 같지 않으므로 거짓이다.

(2) 위의 그림 4.4에서 $d_E(E,F) = d_E(E,G) = 4$이지만 $d_T(E,F) > 5$이고 $d_T(E,G) = 4$이므로 거짓이다.

(3) $A=(a,b)$, $B(a,c)$이거나 $A=(c,d)$, $B(e,d)$일 때
$d_E(A,B)=d_T(A,B)$이다.

(4) $d_E(A,B) \leqq d_T(A,B)$, 아래 그림 4.5에서 $d_E(A,B)=\sqrt{a^2+b^2}$

$$d_T(A,B)=a+b,\ \sqrt{a^2+b^2} \leqq a+b.$$

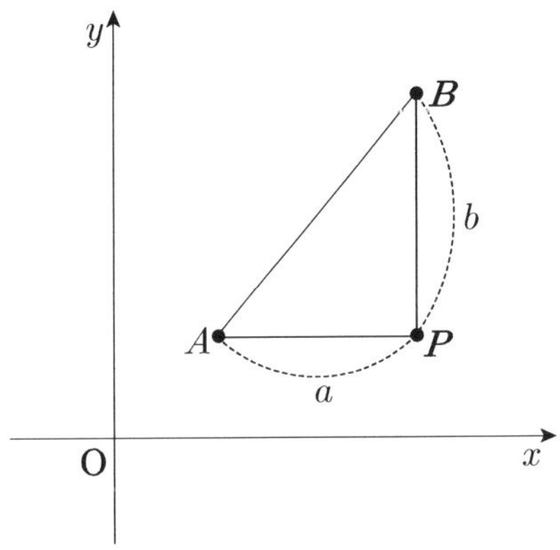

그림 4.5

$d(A,P)+d(P,B)-d(A,B)$을 만족하는 점 P들의 집합, 즉
$\{P \mid d(A,P)+d(P,B)=d(A,B)\}$이라 하자.
이 사실을 택시 기하에 적용하면 다음과 같다.

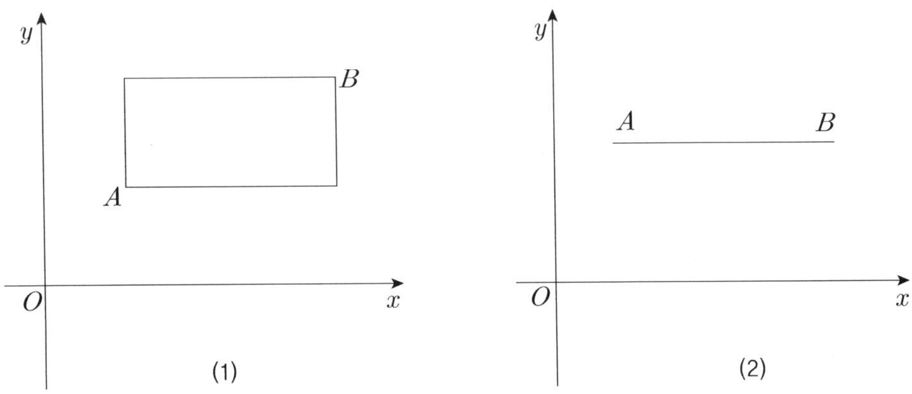

그림 4.5

그림 4.6의 첫 번째 그림 (1)은 두 점 A, B의 x좌표나 y좌표가 같지 않다. 이때 위의 직사각형에 놓여 있는 A에서 B까지의 모든 길은 택시거리가 꼭 같다. 즉 $\{P \mid d_T(A,P)+d_T(P,B)=d_T(A,B)\}$이 성립한다.

그림 4.6의 두 번째 그림 (2)와 같이 두 점 A, B의 x좌표나 y좌표가 같은 경우도 $\{P \mid d_T(A,P)+d_T(P,B)=d_T(A,B)\}$이 성립한다.

예제 4.1.8 두 점 A, B가 다음과 같이 주어질 때, 아래 그림 4.7의 그래프용지에 $d_T(A, P)+d_T(B,P)=d_T(A,B)$를 만족하는 점 P의 자취를 나타내어 보아라.

(1) $A(1,-3)$, $B(5,-3)$

(2) $C(2,4)$, $D(2,8)$

(3) $E(-1,3)$, $F(3,9)$

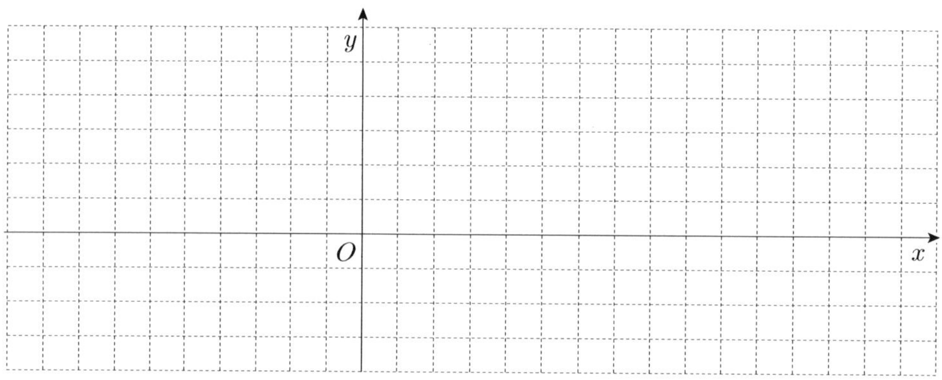

풀이 오른쪽 그림 4.7에서

(1)인 경우는 선분 AB

(2)인 경우는 선분 CD

(3)인 경우는 점 E, F를 잇는 선분이 대각선인 직사각형의 경계 및 내부이다. ■■■

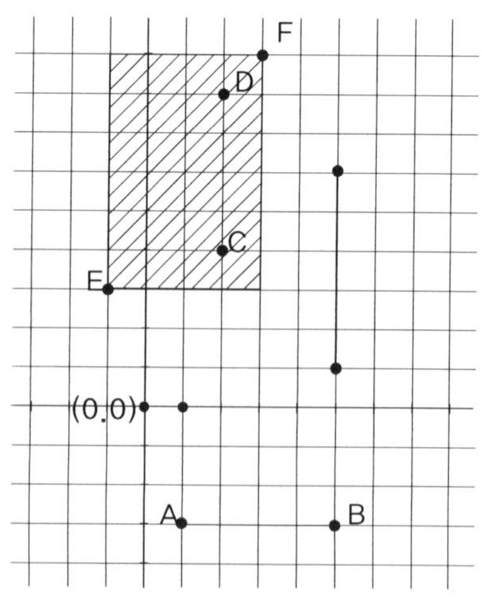

그림 4.7

4.2 택시원

정의 4.2.1

평면 위의 '한 정점에서 일정한 택시거리에 있는 점의 집합'을 **택시원**(taxicab circle)이라 한다. 이때 정점을 택시원의 **중심**이라 하고, 일정한 거리를 **택시반지름의 길이**라고 한다(그림 4.8 참조).
점 C를 **택시원의 중심**이라 하고, r을 택시반지름의 길이라고 하면 택시원은 $\{P \mid d_T(P, C) = r\}$로 나타낼 수 있다.
택시원의 중심이 원점이고 택시반지름의 길이가 2인 택시원은 xy평면 위에서 $|x|+|y|=2$를 만족시키는 점 (x,y)의 집합이 된다.

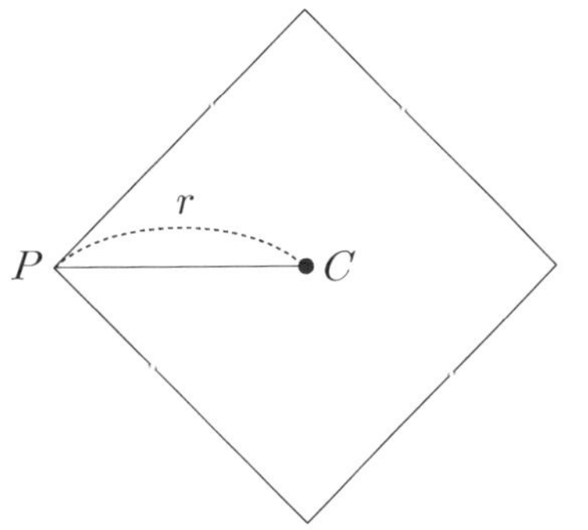

그림 4.8

예제 4.2.2 택시원의 중심을 C, 택시반지름을 3이라 할 때, 택시원을 아래의 그래프 용지 위에 나타내고, 다음 물음에 답하여라.

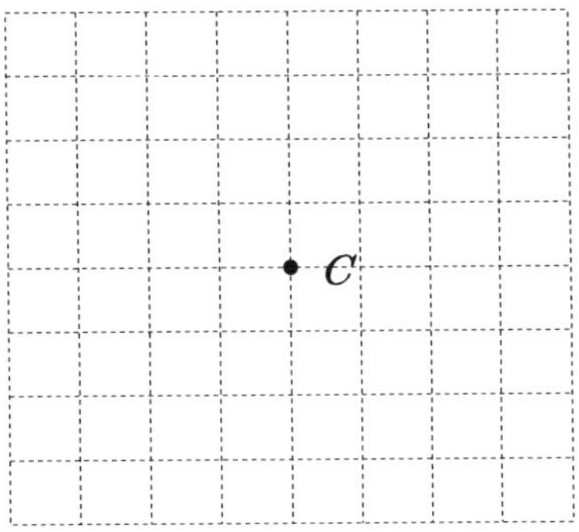

(1) 위의 택시원의 둘레의 길이를 구하여라.

(2) 유클리드기하에서 원주율은 π이다. 이러한 원주율을 택시원에서 생각한다면 택시원의 원주율은 얼마인가?

(3) 유클리드 평면의 원은 원의 중심을 중심으로 하여 임의의 각만큼 회전이동하거나 대칭이동 하여도 원의 모양은 변하지 않는다. 또한 원의 중심을 지나는 직선에 대하여 대칭이동 하여도 원의 모양은 변하지 않는다. 그러면 택시원에서도 모양이 변하지 않는 회전이동이나 대칭이동을 생각할 수 있을 것이다. 어떠한 이동에 대해 택시원의 모양이 변하지 않는지 말하여 보아라.

풀이 (1) 구하는 택시원은 그림 4.9와 같고, 이때 택시원의 둘레의 길이는 한 변의 길이가 6이므로

$$4 \times 6 = 24$$

이다.

(2) 원주율은 (원의 둘레의 길이) ÷ (지름의 길이)이므로 택시원의 원주율은

$$\frac{32r}{8r} = 4$$

라고 할 수 있다.

(3) 택시원은 택시원의 중심으로 0°, 90°, 180°, 270°만큼 회전이동하거나 x축, y축, $y=x$, $y=-x$에 대하여 대칭이동 했을 때도 모양은 변하지 않는다.

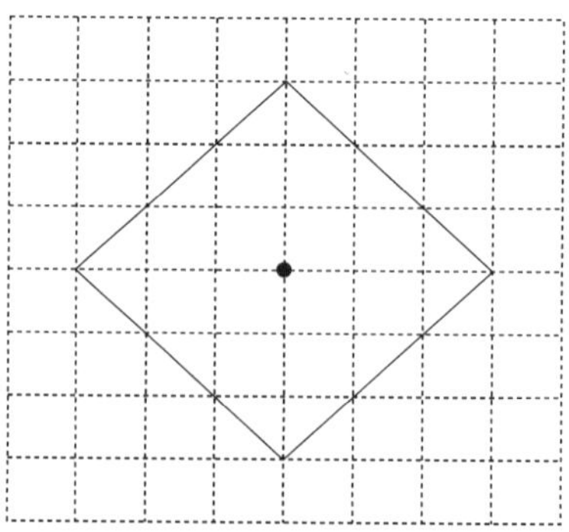

그림 4.9

문제 4.2.3 좌표평면 위에 택시원의 중심 $C(3,2)$와 택시반지름 r이 아래와 같이 주어질 때, 택시원을 그래프 용지(모눈종이) 위에 그려 보아라.

(1) $r=2$

(2) $r=\dfrac{9}{2}$

예제 4.2.4 점 $A(1,2)$와 점 $B(6,5)$가 주어질 때, 다음 물음에 답하여라.

1. 다음 집합들을 그래프로 나타내어라.

(1) $\{P \mid d_T(P,A)=4 \text{ 이고 } d_T(P,B)=4\}$

(2) $\{P \mid d_T(P,A)=5 \text{ 이고 } d_T(P,B)=5\}$

(3) $\{P \mid d_T(P,A)=6 \text{ 이고 } d_T(P,B)=6\}$

2. $d_T(P,A)=d_T(P,B)$를 동시에 만족하는 모든 점 P의 자취를 그래프로 나타내어라.

풀이 1. 아래 그림 4.10과 같이 (1)을 만족하는 점들의 집합은 실선, (2)의 경우는 두 점, (3)의 경우는 두 점을 나타낸다.

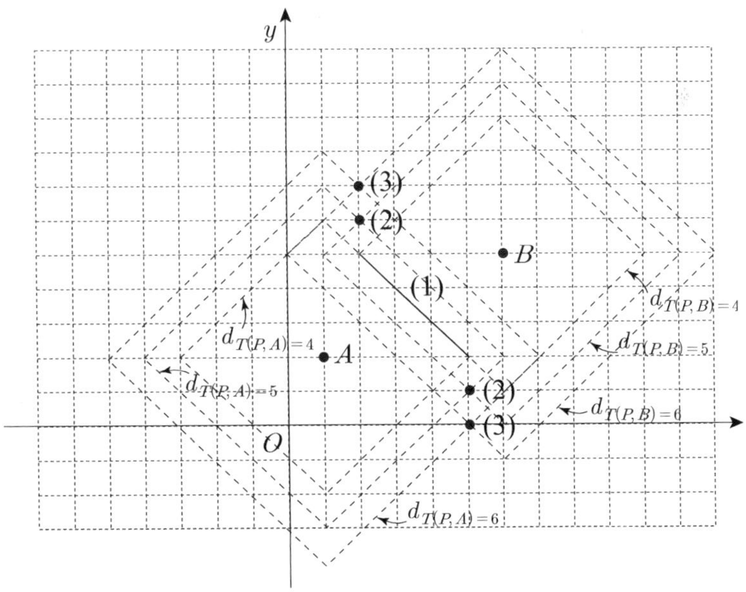

그림 4.10

2. 1. 에서 확인한 그림 4.10을 생각하면 구하는 그래프는 그림 4.11에 그려진 실선의 연장선 전체임을 알 수 있다.

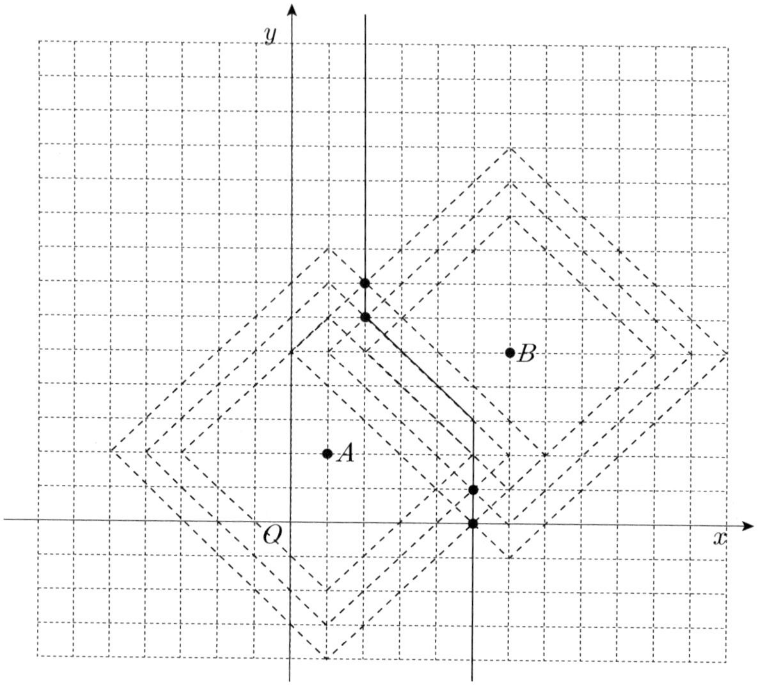

그림 4.11

■■■

나의 노트

4.3 택시타원

평면 위의 두 정점에서 유클리드 거리의 합이 일정한 점들의 집합을 **유클리드 타원**이라 하고, 이때 두 정점을 **초점**이라 한다. 마찬가지로 택시 기하에서 택시타원을 정의할 수 있다.

정의 4.3.1

평면 위의 두 정점에서 택시거리의 합이 일정한 점들의 집합을 **택시타원**이라 한다. 이때 두 정점을 택시타원의 **초점**이라 한다.

예제 4.3.2 1. 좌표평면 위에 두 점 $F(-3,-2)$와 $F'(2,1)$이 주어질 때, 다음을 만족하는 점 P들을 다음 순서에 따라 표시하여 타원을 그려 보자.

(1) 중심이 F이고 반지름이 4인 원과, 중심이 F'이고 반지름이 4인 원의 교점 P
(2) 중심이 F이고 반지름이 5인 원과, 중심이 F'이고 반지름이 3인 원의 교점 P
(3) 중심이 F이고 반지름이 6인 원과, 중심이 F'이고 반지름이 2인 원의 교점 P
(4) 중심이 F이고 반지름이 7인 원과, 중심이 F'이고 반지름이 1인 원의 교점 P
(5) 위와 같은 방법으로 중심이 F, F'이고 반지름의 합이 8이 되는 다른 두 개의 원들의 교점 P
(6) 위의 표시한 점 P들을 모두 곡선으로 연결하였을 때, 타원이 됨을 확인하여라.

2. 좌표평면 위에 두 점 $F(-2,-1)$와 $F'(2,2)$이 주어질 때, 다음을 만족하는 점 P들을 다음 순서에 따라 표시하여 택시타원을 그려 보자..

(1) 중심이 F이고 반지름의 길이가 4인 택시원과, 중심이 F'이고 반지름이 4인 택시원의 교점 P
(2) 중심이 F이고 반지름이 5인 택시원과, 중심이 F'이고 반지름이 3인 택시원의 교점 P
(3) 중심이 F이고 반지름이 6인 택시원과, 중심이 F'이고 반지름이 2인 택시원의 교점 P
(4) 중심이 F이고 반지름이 7인 택시원과, 중심이 F'이고 반지름이 1인 택시원의 교점 P
(5) 위와 같은 방법으로 중심이 F, F'이고 반지름의 합이 8이 되는 다른 두 개의 택시원들의 교점 P
(6) 위의 표시한 점 P들을 모두 연결하였을 때, 택시타원이 됨을 확인하여라.

풀이 1.

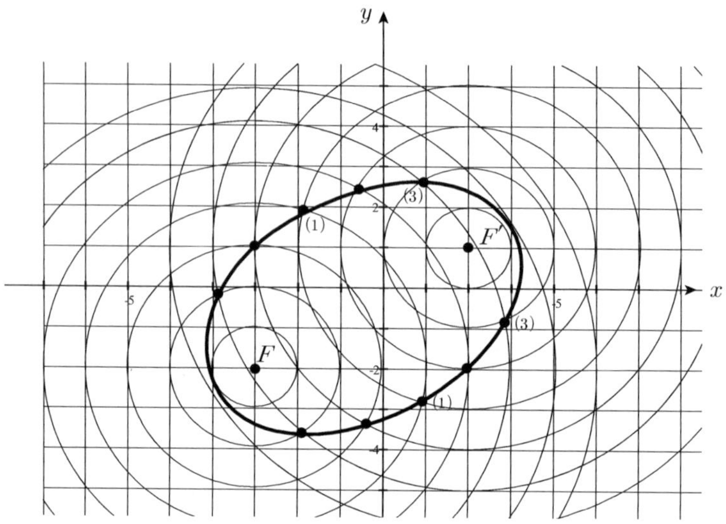

그림 4.12

2.

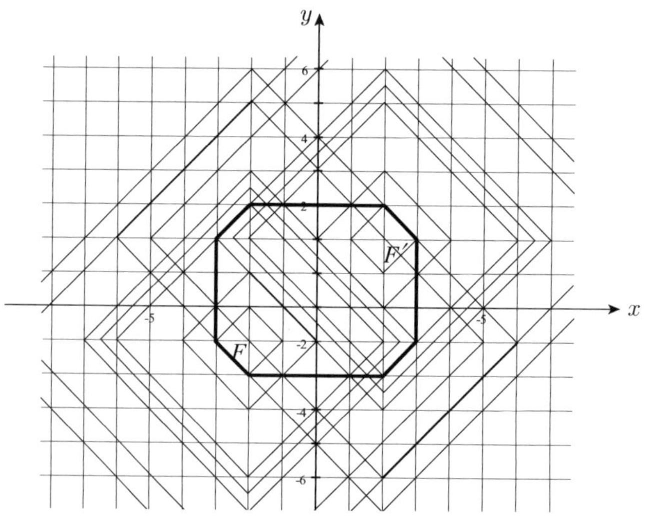

그림 4.13

■■■

지금부터 택시타원을 좌표평면 위에서 구하여 보자(그림 4.14 참조).

(1) 먼저, 두 정점 $F(c,0), F'(-c,0)$을 택시타원의 초점으로 하고, 그 두 점으로부터 거리의 합이 $2a$ $(0<c<a)$인 택시타원의 방정식을 구하여 보자.

택시타원 위의 임의의 점을 $P(x,y)$라 하면 택시타원의 정의로부터

$$d_T(A,P)+d_T(B,P)=2a(\text{일정}),$$
$$|x-c|+|x+c|+2|y|=2a.$$

i) $y \geq 0$일 때, $x \geq c$이면 $y=-x+a$이다.
$-c \leq x \leq c$이면 $y=a-c$이다(여기서, $a-c=b$라 하자).
$x \leq -c$이면 $y=x+a$이다.

ii) $y \leq 0$일 때, $x \geq c$이면 $y=x-a$이다.
$-c \leq x \leq c$이면 $y=c-a$, 즉, $y=-b$이다.
$x \leq -c$이면 $y=-x-a$이다.

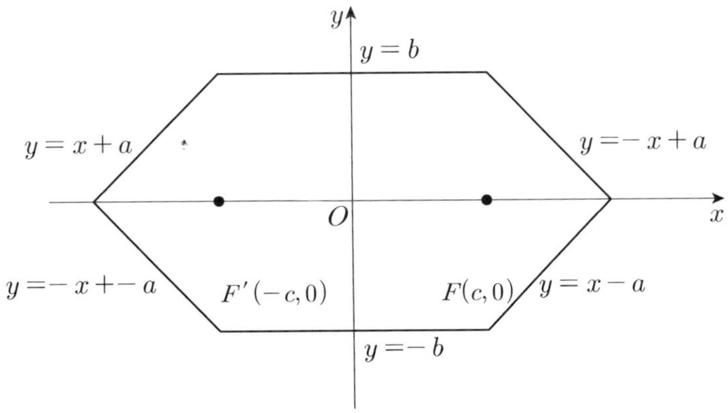

그림 4.14

따라서 (1)의 경우의 택시타원에서 장축의 길이는 $2a$이고 단축의 길이는 $2b$이다.

예제 4.3.3 위의 (1)의 택시타원에서 택시원을 만들어 보아라.

풀이 (1)의 택시타원에서 x축과 평행하지 않는 4개의 직선을 연장하여 만나는 교점을 연결하면 택시원을 만들 수 있다.

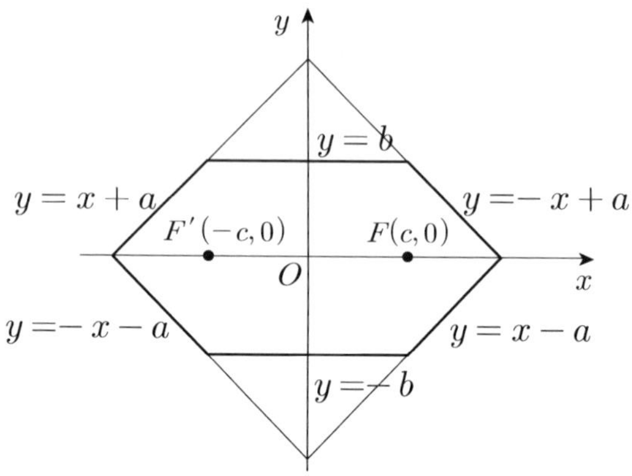

그림 4.15

(2) 다음으로 택시타원의 초점을 $F(k,l)$, $F'(-k,-l)$이라 하고 두 초점으로부터 거리의 합이 $2a$인 택시타원의 방정식의 그래프를 그리면 다음의 그림 4.16과 같다.

$$|x-k|+|y-l|+|x+k|+|y+l|=2a(\text{일정})\ (a>l>0,\ a>k>0)$$

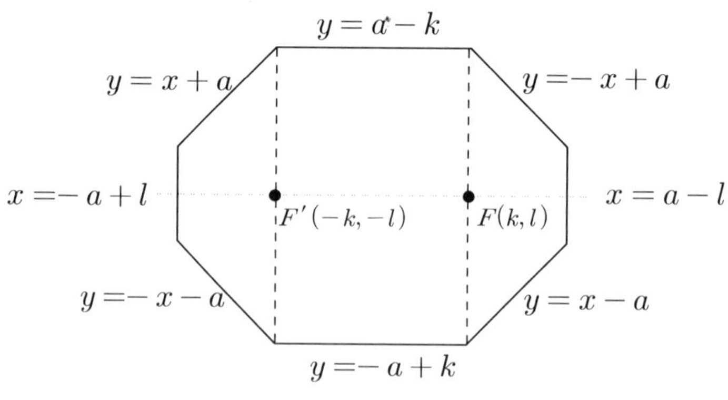

그림 4.15

문제 4.3.4 위의 (2)의 택시타원에서 택시원을 만들어 보아라.

4.4 한 점에서 직선까지의 택시거리

한 점 P에서 직선 l까지의 유클리드거리는 그림 4.17과 같이 한 점에서 직선까지의 수선 $\overline{PH}$의 길이이다.

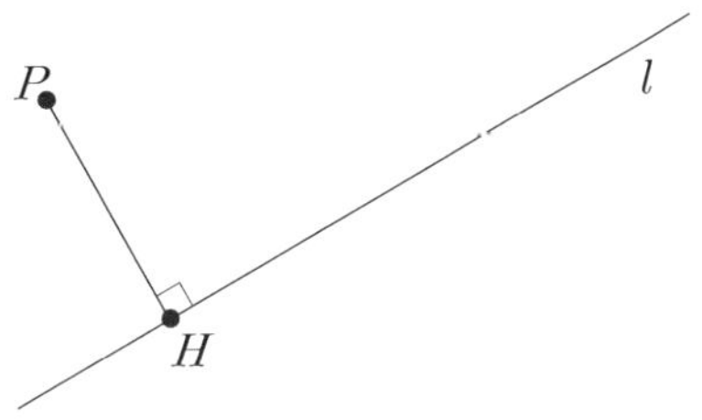

그림 4.17

아래 그림 4.18에서 유클리드 기하에서 점 A에서 직선 L까지의 거리는 점 A에서 원과 직선의 접점까지의 길이이다.

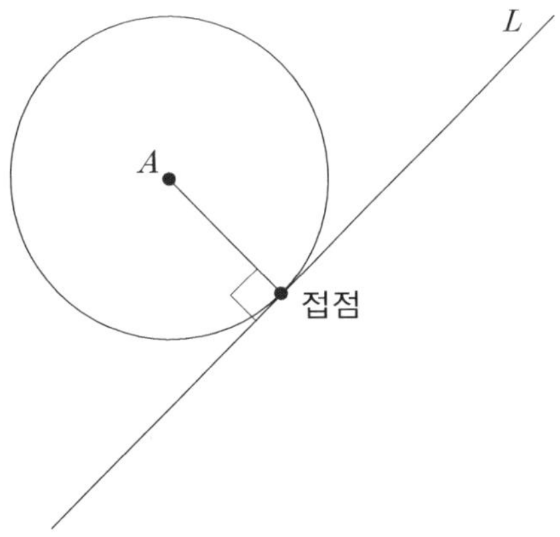

그림 4.19

그러면 **한 점에서 직선까지의 택시거리**는 어떻게 될까?

유클리드 기하에서 한 점에서 직선까지의 거리를 구하는 방법과 마찬가지로 택시기하에서도 한 점에서 직선까지의 거리를 생각할 수 있다.
아래 그림 4.19에서 보는 바와 같이 한 점에서 직선까지의 거리는 직선이 **급경사**(수평선과 이루는 각이 45°보다 크다)일 때는 수평선(horizontal)의 길이가 되고 **완만**(수평선과 이루는 각이 45°보다 작다)할 때는 수직선(vertical)의 길이가 된다. 이에 대해 아래 정의 4.4.1에서 확인해 보자.

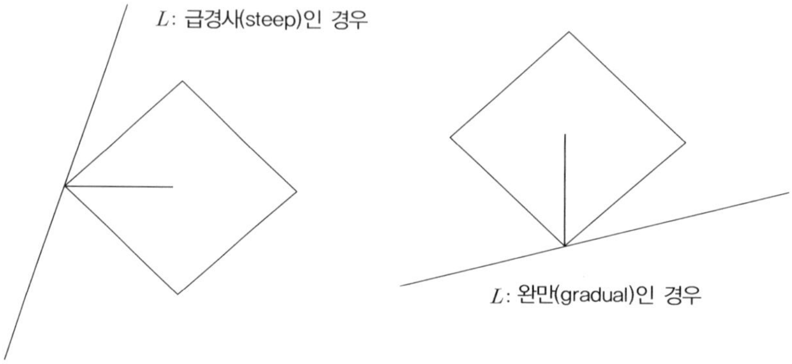

그림 4.19

정의 4.4.1

L위의 점 P에 대하여 택시거리 $d_T(A,P)$ 중에서 최단거리를 $d_T(A,L)$이라 하자.

(1) 직선 L이 x축과 이루는 각이 45°와 135° 사이에 있는 경우(그림 4.20):
$d_T(A,L)$=(점 A와 이 점을 지나 x축과 평행선을 그어 직선 L과 만나는 점까지의 거리)

(2) 직선 L이 x축과 이루는 각이 -45°와 45°사이에 있는 경우(그림 4.21):
$d_T(A,L)$=(점 A와 이 점을 지나 y축과 평행선을 그어 직선 L과 만나는 점까지의 거리)

(3) 직선 L이 x축과 이루는 각이 45^o와 135^o인 경우(그림 4.22):
$d_T(A,L)$=(점 A와 이 점을 지나 x축이나 y축과 평행선을 그어 직선 L과 만나는 점까지의 거리)

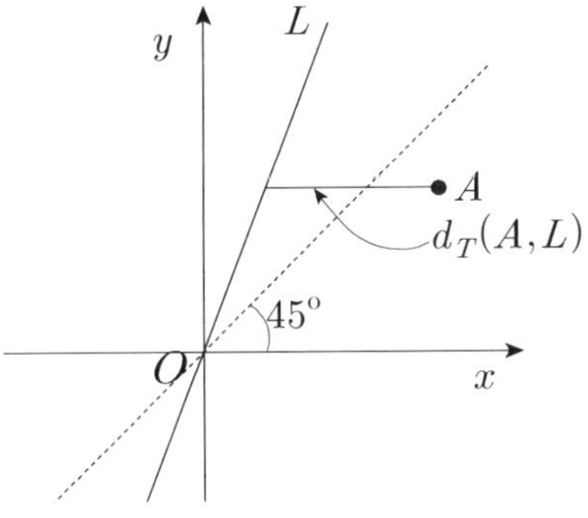

그림 4.20

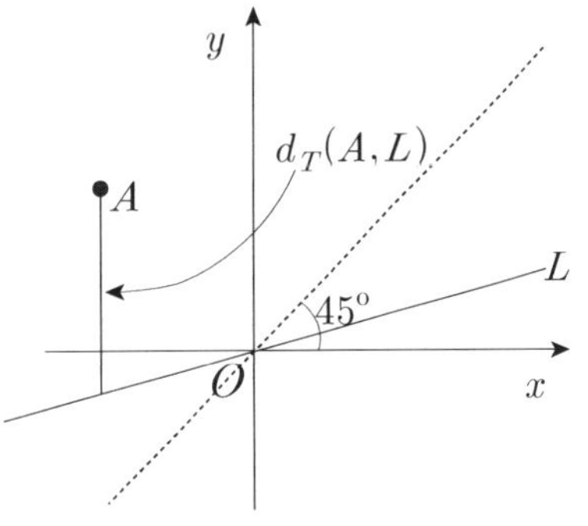

그림 4.21

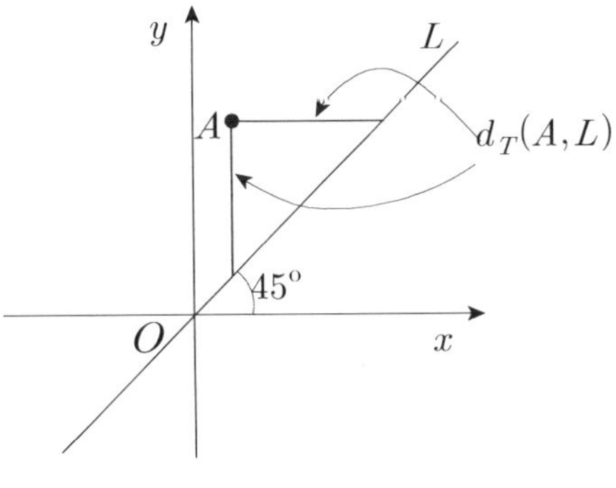

그림 4.22

유클리드 기하에서 두 점에서 같은 거리에 있는 점들의 집합은 두 점을 잇는 선분의 수직이등분선이다.
마찬가지로 택시 기하에서도 적용해 볼 수 있다.

두 점 A,B에서 같은 택시거리에 있는 점들의 집합을 세 가지 경우로 나누어 생각해 보자.

(1) x좌표나 y좌표가 같은 두 정점인 경우(그림 4.23)

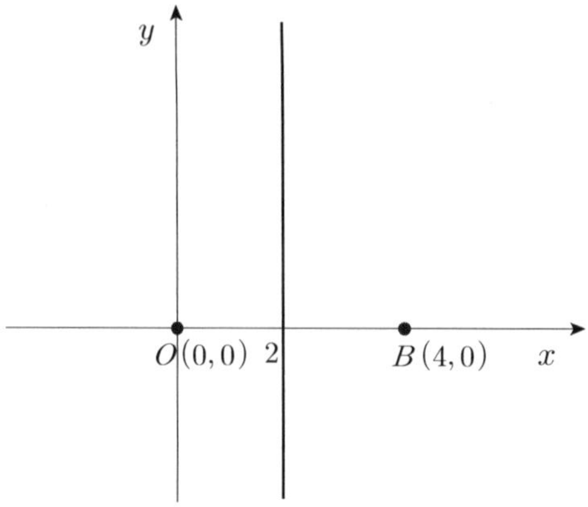

그림 4.23

두 점 $O(0, 0)$ $B(4, 0)$으로부터 같은 거리에 있는 점들은 두 점의 중점을 지나 y축에 평행한 직선임을 알 수 있다. 이는 선분 OB의 수직이등분선이며 따라서 유클리드 기하에서와 마찬가지임을 알 수 있다.

(2) x좌표나 y좌표 어느 것도 같지 않는 정점을 대각선으로 하는 직사각형 (정사각형이 아님) 모양인 경우(그림 4.24)

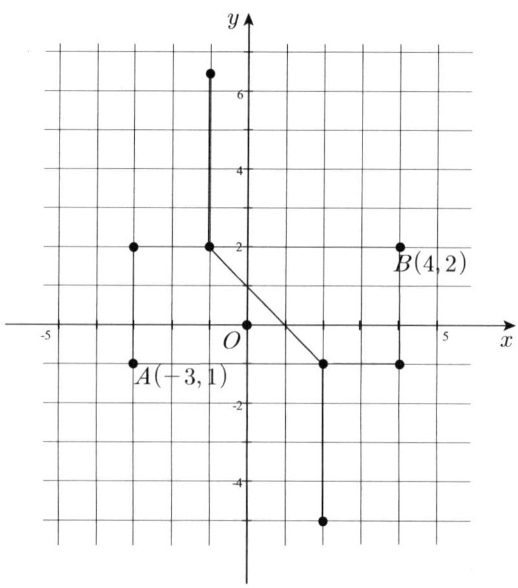

그림 4.24

두 점 $A(-3,-1)$, $B(4,2)$에서 같은 거리에 있는 점들의 집합은 그림과 같이 두 선분을 잇는 선분의 수직이등분선이 아니라 두 번 꺾인 직선 모양을 이룬다.

(3) x좌표나 y좌표 어느 것도 같지 않는 정점을 대각선으로 하는 정사각형의 모양인 경우(그림 4.25)

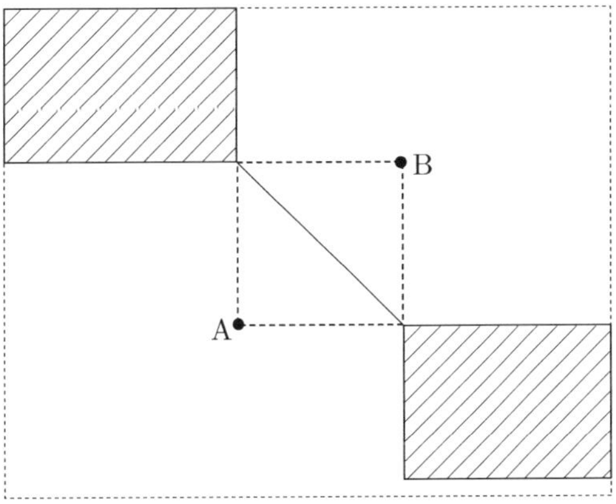

그림 4.25

예제 4.4.2 ① 점 $A(-2,-1)$와 점 $B(1,2)$가 주어질 때, $d_T(P,A)=d_T(P,B)$를 동시에 만족하는 모든 점 P의 자취를 아래 그래프 용지 위에 나타내어라.

② 위의 ①과 위의 (2)의 결과를 비교하면서 어떠한 결론을 내릴 수 있는지 말하여라.

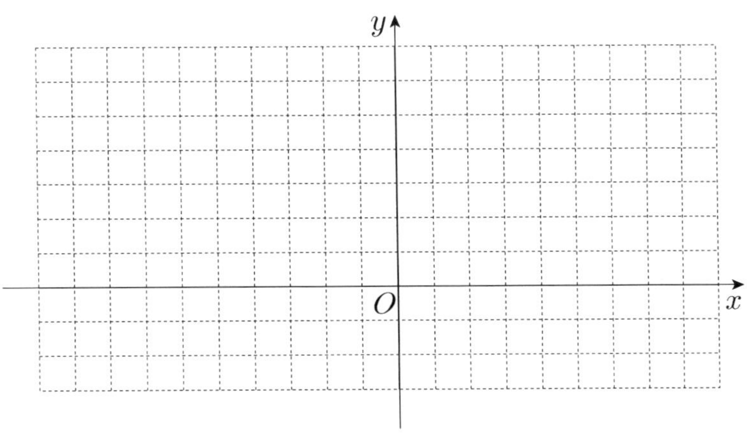

풀이 ① 아래 그림 4.26의 빗금친 영역과 실선이다.

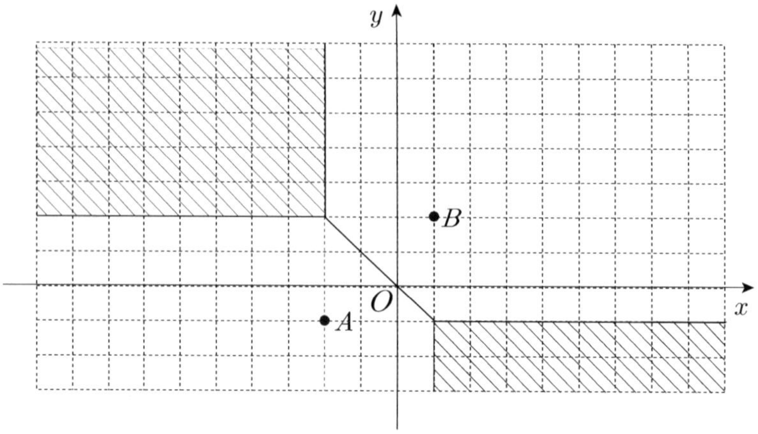

그림 4.26

② 대각선을 $\overline{AB}$로 하는 직사각형인 경우는 위의 (2)와 같이 꺾인 모양의 직선이 되고 정사각형인 경우는 그림 4.26처럼 $\overline{AB}$가 아닌 다른 한 대각선과 빗금친 영역으로 나타내어진다. ■■■

나의 노트

4.5 삼각형의 내심과 외심

두 직선에 이르는 택시거리가 같은 점들을 찾아보자(그림 4.27).

유클리드 기하에서는 두 직선이 이루는 각의 이등분선 위의 점에서 두 직선에 이르는 거리가 같음을 알 수 있다. 그러나 택시 기하에서는 그것이 성립하지 않는다. 어떻게 구할 것인가?

예를 들어 두 직선 $l_1 : f(x) = 2x + 2$, $l_2 : g(x) = -\frac{1}{4}x + 2$에 이르는 택시거리가 같은 점들을 구하여 보자.

l_1의 기울기가 1보다 크므로 한 점에서 이 직선에 이르는 택시거리는 x축과 평행한 선분의 길이이다.

l_1과의 택시거리가 2, 4, 6, ⋯인 점을 지나며 이 직선과 평행한 직선(그림 4.27의 점선)들을 긋는다.

마찬가지로, l_2와의 택시거리가 2, 4, 6, ⋯인 점을 지나며 이 직선과 평행한 직선(아래 그림의 점선)들을 긋는다.

이때 점선으로 된 직선 중에 $(2,2)$를 지나는 직선과 $(0,4)$를 지나는 직선의 그래프 식은 각각 $y = 2x - 2$와 $y = -\frac{1}{4}x + 4$이고 두 직선의 교점은 $\left(\frac{8}{3}, \frac{10}{3}\right)$이다.

따라서, 구하고자 하는 직선의 방정식은 $(0,2)$와 $\left(\frac{8}{3}, \frac{10}{3}\right)$을 지나는 직선이다.

즉, 그 직선의 방정식은 $h(x) = \frac{1}{2}x + 2$이다.

마찬가지로, 구하고자 하는 다른 직선의 방정식을 구하면 $\nu(x) = -\frac{5}{2}x + 2$이다.

이 사실을 확인하여 보자.

$h(x) = \frac{1}{2}x + 2$ 위의 임의의 점 (a,b)에서 l_1, l_2에 이르는 택시거리를 구하여 보자.

l_1의 기울기가 1보다 크므로 택시거리는 x축과 평행한 선분 $a - \frac{b-2}{2}$이다.

$b=\frac{1}{2}a+2$이므로 점 (a,b)에서 l_1에 이르는 택시거리는 $\frac{3}{4}a$이다.

또한, l_2의 기울기가 1보다 작으므로 택시거리는 y축과 평행한 선분 $b+\frac{1}{4}a-2$이다. $b=\frac{1}{2}a+2$이므로 점 (a,b)에서 l_1에 이르는 택시거리는 $\frac{3}{4}a$이다.

따라서, $h(x)=\frac{1}{2}x+2$ 위의 임의의 점 (a,b)에서 l_1, l_2에 이르는 택시거리는 같다.

마찬가지로, $\nu(x)=-\frac{5}{2}x+2$ 위의 임의의 점 (a,b)에서 l_1, l_2에 이르는 택시거리는 같다는 사실을 확인할 수 있다.

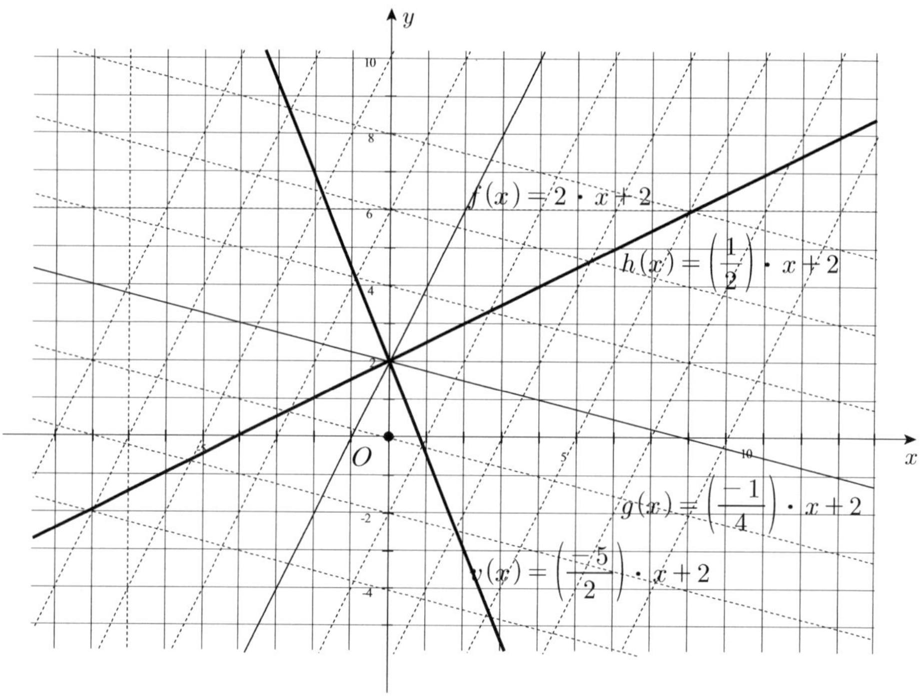

그림 4.27

문제 4.5.1 두 직선 $f(x)=4x-2$와 $g(x)=-\frac{1}{2}x+2$에 이르는 택시거리가 같은 점들의 자취를 그래프로 나타내어라.

지금부터 삼각형의 내심과 외심을 찾아보자.

4.5.1 삼각형의 내심

두 직선에 이르는 택시거리가 같은 점들을 찾는 방법을 이용하여 삼각형의 **내심**을 구하여 보자.

예를 들어 세 점 $A(-1,6)$, $B(-6,-1)$, $C(3,-4)$를 꼭짓점으로 하는 삼각형 ABC의 내심을 찾아보자.

아래 그림 4.28과 같이 변 AB와 변 BC에 이르는 택시거리가 같은 점들의 자취인 직선 l을 위의 방법으로 구한다.

같은 방법으로 변 AB와 변 AC에 이르는 택시거리가 같은 점들의 자취인 직선 m과 변 AC, 변 BC에 이르는 택시거리가 같은 점들의 자취인 직선 n을 구한다.

여기서 세 직선 l, m, n이 만나서 생기는 교점 I가 $\triangle ABC$의 내심이다.

확인하여 보면, 택시원 $DEFG$가 $\triangle ABC$에 내접하고 있음을 알 수 있다.

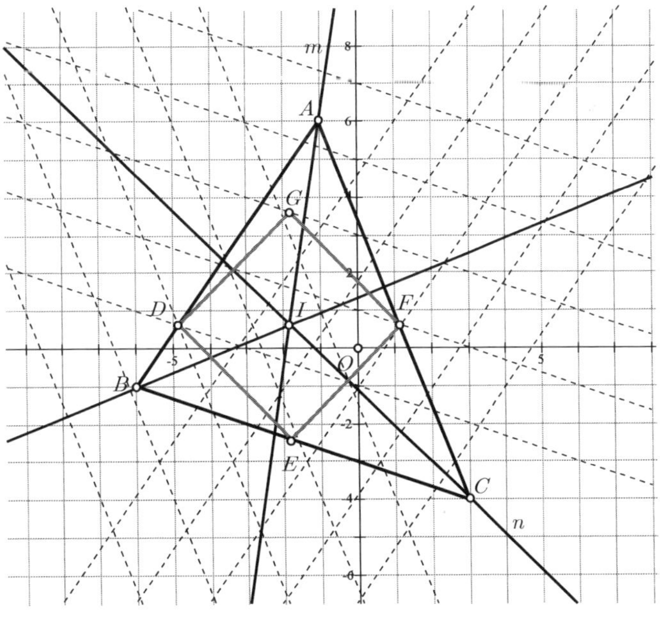

그림 4.28

4.5.2 삼각형의 외심

두 점에서 같은 택시거리에 있는 점들을 찾는 방법을 이용하여 삼각형의 **외심**을 구하여 보자.

예를 들어, 세 점 $A(-1,6)$, $B(-6,-1)$, $C(3,-4)$를 꼭짓점으로 하는 삼각형 ABC의 외심을 찾아보자.

아래 그림 4.29와 같이 두 꼭짓점 A, B에서 택시거리가 같은 점들의 자취인 꺾인 직선 l을 구한다.

같은 방법으로 두 꼭짓점 B, C에서 택시거리가 같은 점들의 자취인 꺾인 직선 m과 두 꼭짓점 A, C에 이르는 택시거리가 같은 점들의 자취인 꺾인 직선 n을 구한다.

여기서 세 직선 l, m, n이 만나서 생기는 교점 O가 $\triangle ABC$의 외심이다.

확인하여 보면, 택시원이 $\triangle ABC$에 외접하고 있음을 알 수 있다.

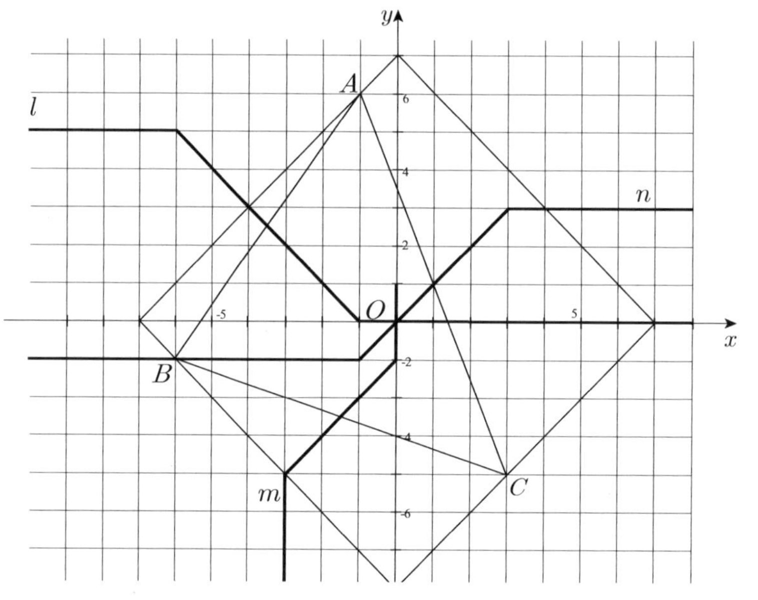

그림 4.29

문제 4.5.2 세 점 $A(2,5)$, $B(-3,-2)$, $(5,-4)$를 꼭짓점으로 하는 삼각형 ABC의 내심과 외심을 찾아라.

4.6 택시포물선

유클리드 기하에서의 포물선을 유클리드포물선, 택시 기하에서의 포물선을 **택시포물선**이라 부르기로 한다.

정의 4.6.1

평면 위의 한 정점과 그 정점을 지나지 않은 한 정직선에 이르는 택시거리가 같은 점의 자취를 **택시포물선**(taxicab parabola)이라 한다. 이때 정점을 택시포물선의 **초점**, 정직선을 택시포물선의 **준선**이라 한다.

택시포물선은 초점과 준선이 어떻게 주어지느냐에 따라 몇 가지 모양을 나타낸다. 이에 대해 구체적으로 알아보자.

4.6.1 준선이 x축이나 y축에 평행한 경우(그림 4.30)

택시포물선의 초점이 $F(0,\ p)$, $p \neq 0$이고 준선이 $y=-p$인 택시포물선을 그려 보자.

i) 원점과 $\overline{BF}$를 한 변으로 하는 정사각형의 꼭짓섬 A를 선분으로 연결한다.

ii) 점 A를 시점으로 하는 반직선을 그린다.

iii) y축에 대하여 대칭인 함수의 그래프이므로 아래 그림 4.30과 같다.

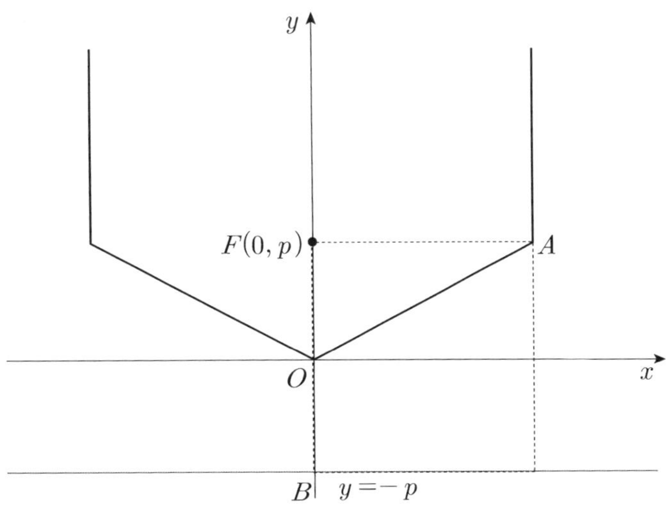

그림 4.30

예제 4.6.2 위의 그림 4.30의 그래프가 왜 택시포물선이 되는지 설명하여라.

풀이 선분 OA 위의 한 점 $\left(a, \dfrac{a}{2}\right)$에서 x축에 수선을 그어 준선과 만나는 점까지의 택시거리는 $p+\dfrac{a}{2}$이다. 마찬가지로 점 F에서 $\left(a, \dfrac{a}{2}\right)$까지의 택시거리는 $a+p-\dfrac{a}{2}=p+\dfrac{a}{2}$이다. 초점 F와 준선 $y=-p$에 이르는 거리가 같은 점들의 집합이므로 택시포물선이 된다. ■ ■ ■

4.6.2 초점이 $F(0,n)$이고, 준선 $y=x-n$인 경우(그림 4.31)

x축의 음의 부분과 $\overline{OF}$를 한 변으로 하는 정사각형의 대각선 $\overline{OA}$, 그리고 점 A에서 y축에 평행한 반직선 부분이다.

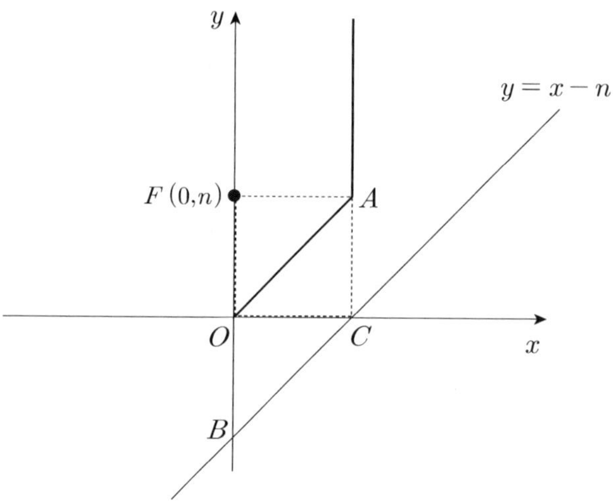

그림 4.31

예제 4.6.3 위의 그림 4.31의 그래프가 왜 택시포물선이 되는지 설명하여라.

풀이 점 O에서 직선 $y=x-n$에 이르는 택시거리는 직선의 기울기가 $1=\tan 45^{\circ}$이므로 n이다. 따라서 x축의 음의 부분의 점에서 점 F에 이르는 택시거리와 직선에 이르는 택시거리는 같다.

마찬가지로 $\overline{OA}$ 위의 한 점에서 점 F에 이르는 택시거리와 직선까지의 택시거리는 모두 n이다.

점 A에서 y축에 평행한 반직선 부분의 점에서 점 F에 이르는 택시거리와 직선에 이르는 택시거리는 $\overline{AF} = \overline{AC}$이므로 같다. ■ ■ ■

4.6.3 초점이 $F(0, a)$이고, 준선 $y = mx - n$에서 $m > 1$인 경우(그림 4.32)

예를 들어 초점이 $F(0, 3)$이고, 준선이 $y = 3x - 6$인 경우에 택시포물선을 그래프로 나타내어 보자.

기울기가 1보다 크므로 한 점에서 직선까지의 택시거리는 x축과 평행한 식선이 준선과 만나는 점까지의 택시거리가 된다.

초점에서 x축과 평행한 직선을 그어 만나는 점과의 선분의 길이의 중점 A가 꼭짓점이 된다.

초점 F와 준선에 이르는 거리가 같은 점들을 y축 위의 점에서 찾으면 아래 그림 두 점 B, C가 된다. 따라서 택시포물선을 그리면 아래 그림 4.32와 같이 두 점 A, B와 A, C를 연결하는 선분과 두 점 B, C에서 x축과 평행한 반직선의 그래프가 된다.

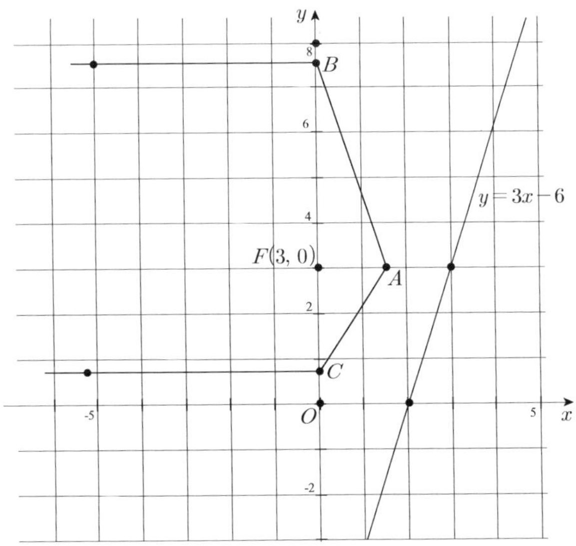

그림 4.32

예제 4.6.4 위의 그림 4.32의 그래프가 택시포물선이 되는 이유를 설명하여라.

풀이 초점 F와 준선에 이르는 택시거리가 같은 점을 (a, b)라 하자.

i) $b \geq 3$라 하자.

$$\frac{b+6}{3}-a=a+b-3,\ \text{정리하면}\ b=-3a+\frac{15}{2},$$

$$b \geq 3\text{이므로}\ a \leq \frac{3}{2}$$

따라서 위의 그래프의 직선 AB의 방정식은 $y=-3x+\frac{15}{2}\ \left(x \leq \frac{3}{2}\right)$ 이다.

그리고 준선의 기울기가 1보다 크므로 $b \leq \frac{7}{2}$이며, $b=\frac{7}{2}$일 때, 반직선 위의 점들은 모두 초점 F와 준선에 이르는 택시거리가 같은 점들이다.

ii) $b<3$일 때, $\frac{b+6}{3}-a=3-b+a$, 정리하면 $b=\frac{3}{2}a+\frac{3}{4}$,

$$b<3\text{이므로}\ a<\frac{3}{2}$$

따라서 위의 그래프의 직선 AC의 방정식은 $y=\frac{3}{2}x+\frac{3}{4}\ \left(x<\frac{3}{2}\right)$ 이다.

그리고 준선의 기울기가 1보다 크므로 $b \geq \frac{3}{4}$이며, $b=\frac{3}{4}$일 때, 반직선 위의 점들은 모두 초점 F와 준선에 이르는 택시거리가 같은 점들이다. ■ ■ ■

참고

일반적으로, 초점이 $F(0, a)$이고, 준선 $y=mx-n\ (m>1)$일 때, 택시포물선의 그래프는 아래 그림 4.33과 같다.

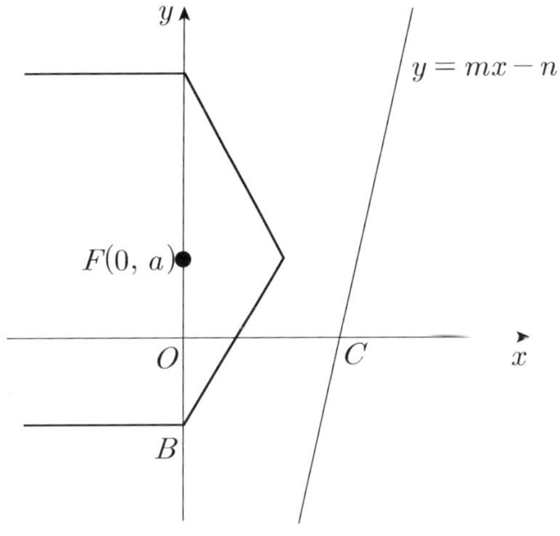

그림 4.33

4.6.4 초점이 $(0, n)$이고 준선 $y = mx - n$에서 $m < 1$인 경우(그림 4.34)

예를 들어 초점 $F(0, 3)$이고 준선이 $y = \frac{1}{2}x - 3$인 경우에 택시포물선을 그래프로 나타내어 보자.

기울기가 1보다 작으므로 한 점에서 직선까지의 택시거리는 y축과 평행한 직선이 준선과 만나는 점까지의 택시거리가 된다.

초점에서 y축과 평행한 직선을 그어 만나는 점과의 선분의 길이의 중점 O가 꼭짓점이 된다.

초점 F와 준선에 이르는 택시거리가 같은 점들을 좌표평면 위의 점에서 찾으면 아래 그림 두 점 A, B가 된다. 따라서 택시포물선을 그리면 아래 그림 4.34와 같이 두 점 A, O와 B, O를 연결하는 선분과 두 점 A, B에서 y축과 평행한 반직선의 그래프가 된다.

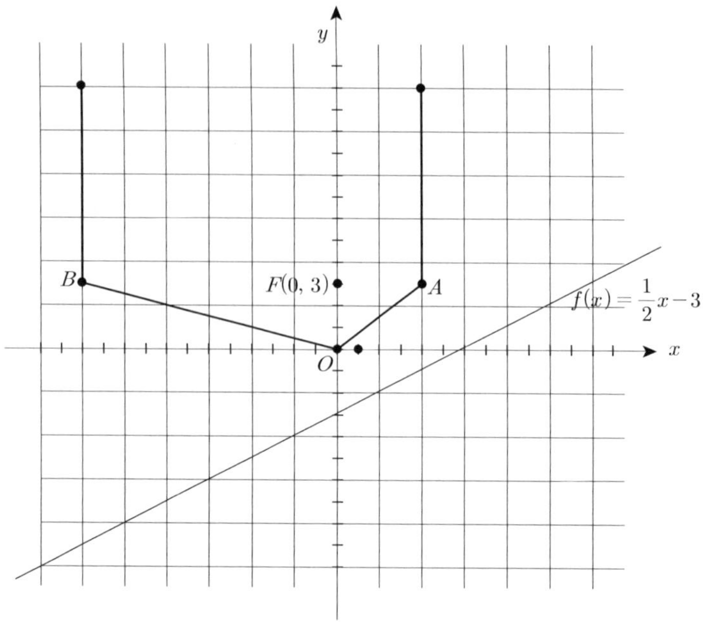

그림 4.34

예제 4.6.5 위의 그림 4.34의 그래프가 택시포물선이 되는 이유를 설명하여라.

풀이 초점 F와 준선에 이르는 택시거리가 같은 점을 (a, b)라 하자.

i) $a \geqq 0,\ 0 \leqq b \leqq 3$이라 하자.

$$3-b+a=b-\left(\frac{1}{2}a-3\right),\ \text{정리하면 } b=\frac{3}{4}a,$$

$$a \geqq 0,\ 0 \leqq b \leqq 3\text{이므로 } 0 \leqq a \leqq 4$$

따라서 위의 그래프의 직선 OA의 방정식은 $y=\frac{3}{4}x\,(0 \leqq x \leqq 4)$이다.

ii) $a<0,\ 0 \leqq b \leqq 3$라 하자.

$$-a+3-b=b-\frac{1}{2}a+3,\ \text{정리하면 } b=-\frac{1}{4}a,$$

$$a<0,\quad 0 \leqq b \leqq 3\text{이므로 } -12 \leqq a<0$$

따라서 위의 그래프의 직선 OB의 방정식은 $y=-\frac{1}{4}x\,(-12 \leqq x<0)$이다.

iii) $b>3$일 때, 준선의 기울기가 1보다 작으므로 택시포물선의 그래프는 $a=4$와 $a=-12$인 반직선 위의 점들이다.
즉, $x=4, x=12\ (y>3)$인 그래프가 된다.

그리고 준선의 기울기가 1보다 작으므로 b이며, $a=4$일 때, 반직선 위의 점들은 모두 초점 F와 준선에 이르는 택시거리가 같은 점들이다.

■ ■ ■

참고

일반적으로, 초점이 $F(0,\ n)$이고, 준선 $y=mx-n\ (m<1)$일 때, 택시포물선의 그래프는 아래 그림 4.35와 같다.

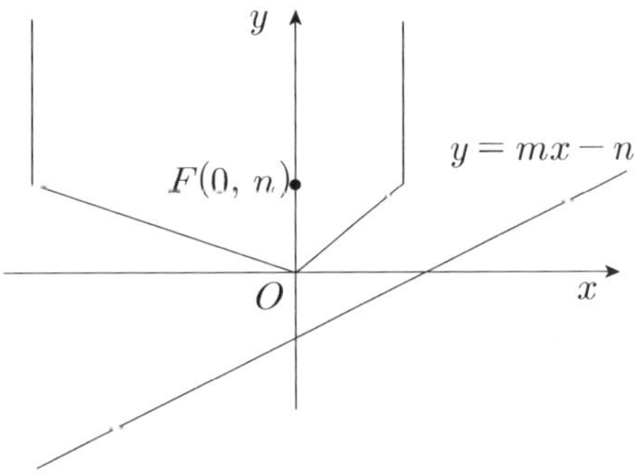

그림 4.35

이러한 택시포물선($m<1$인 경우)을 대수적으로 나타내어 보자.
원점을 꼭짓점(vertex)으로 두어도 일반성을 잃지 않는다.
초점이 $F(0,\ n)$, 준선이 $y=mx-n$인 택시포물선을 대수적으로 나타낸 식은 $|x|+|y-n|=|y-mx+n|$이다. 이를 만족하는 점 $(x,\ y)$를 좌표평면 위에 나타내면 위의 그림 4.35와 같다.

정리 4.6.6 접선 정리(Tangent Theorem)

초점이 $F(0,n)$이고, 준선 $y=mx-n$인 택시포물선은 $m\neq 1$인 경우에 4개의 **접선**(아래 그림 4.36의 직선 AD, 직선 OA, 직선 OB, 직선 BC)이 존재한다.

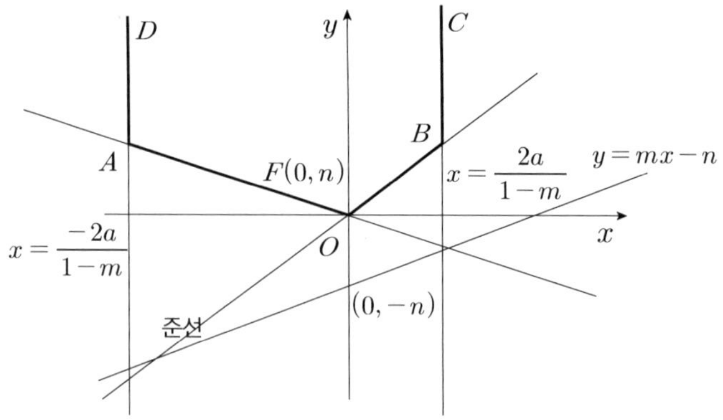

그림 4.36

i) 직선 OB의 방정식은 $y=\frac{m+1}{2}x$이고, 이 직선은 준선과 $x=\frac{-2a}{1-m}$에서 만난다.

ii) 직선 OA의 방정식은 $y=-\frac{(1-m)}{2}x$이고, 이 직선은 준선과 $x=\frac{2a}{m+1}$에서 만난다.

iii) 직선 AD와 직선 BC도 택시포물선의 접선이다.

유클리드포물선과 접선이 한 점에서 만나는데 반하여 택시포물선과 접선은 한 점이 아니라 무수히 많은 점에서 만나는 것을 확인할 수 있다.

나의 노트

4.7 택시쌍곡선

유클리드기하에서의 쌍곡선을 유클리드쌍곡선, 택시기하에서의 쌍곡선을 **택시쌍곡선**이라 부르기로 한다.

정의 4.7.1

> 평면 위의 두 정점에서 택시거리의 차가 일정한 점들의 집합을 **택시쌍곡선**(taxicab hyperbola)이라 한다. 이때 두 정점을 택시쌍곡선의 **조점**이라 한다.

택시쌍곡선은 초점과 택시거리의 차가 어떻게 주어지느냐에 따라서 여러 가지 모양을 한다.

4.7.1 초점이 $F(k, 0)$, $F'(-k, 0)$에서 택시거리의 차가 $2a$인 택시쌍곡선

예를 들어, 초점이 $F(3, 0)$, $F'(-3, 0)$에서 택시거리의 차가 4인 택시쌍곡선을 그래프로 나타내어 보자.

아래 그림 4.37과 같이 $(2, 0)$, $(-2, 0)$을 지나며 x축에 수직인 직신 위의 점에서 두 초점 $F(3, 0)$, $F(-3, 0)$까지의 택시거리의 차가 항상 4이다.

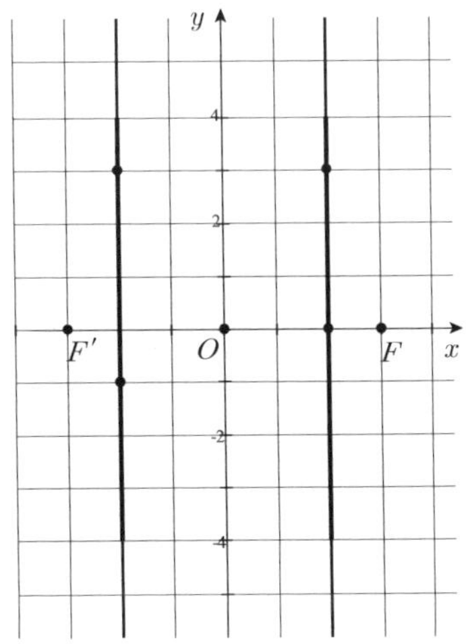

그림 4.37

예제 4.7.2 위의 그림 4.37의 그래프가 택시쌍곡선이 되는 이유를 설명하여라.

풀이 구하는 택시쌍곡선 위의 한 점을 $P(a, b)$라 하자.

i) $\overline{PF} > \overline{PF'}$일 때, $a < 0$이다.

$$|a-3|+|b|-|a+3|-|b|=4$$

$-3 \leqq a \leqq 3$일 때, $b \geqq 0$이면 $a=-2$, $b<0$이면 $a=-2$이다.

ii) $\overline{PF} < \overline{PF'}$일 때, $a > 0$이다.

마찬가지 방법으로 그래프 식을 구하면 $a=2$이다.

i), ii)에서 $x=2$ 또는 $x=-2$. ■ ■ ■

참고

일반적으로, 초점이 $F(k, 0)$, $F'(-k, 0)$에서 택시거리의 차가 $2a$인 택시쌍곡선은 $x=a$ 또는 $x=-a$이다.

4.7.2 초점이 $F(k, l)$, $F(-k, -l)$에서 택시거리가 $2a$인 택시쌍곡선

예를 들어 초점이 $F(3, 1)$, $F(-3, -1)$에서 택시거리의 차가 $2a$인 택시쌍곡선을 그래프로 나타내어 보자.

1) $a=1$인 경우(그림 4.38)

두 초점 F, F'을 잇는 선분을 대각선으로 하는 직사각형을 그린다. 직사각형 위의 점 중에서 거리의 차가 2인 점을 찾으면 $(0, 1)$, $(2, -1)$과 원점 대칭인 $(0, -1)$, $(-2, 1)$이다. 그 때, 아래 그림 4.38의 꺾인 두 개의 선 위의 모든 점들이 택시쌍곡선을 만족한다.

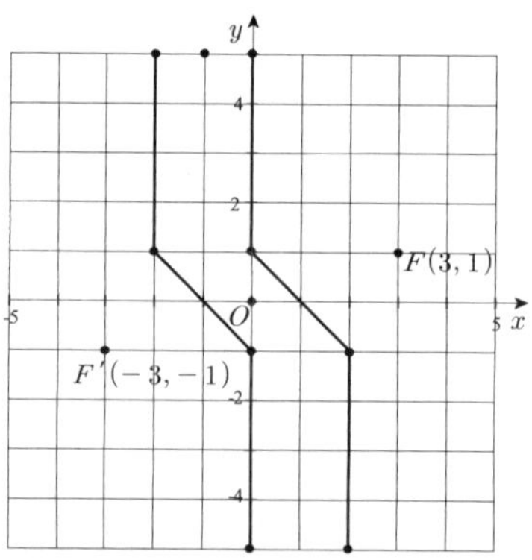

그림 4.38

예제 4.7.3 위의 그림 4.38의 그래프가 택시쌍곡선이 되는 이유를 설명하여라.

풀이 i) $\overline{PF} > \overline{PF}'$일 때,

$$|x-3|+|y-1|-|x+3|-|y+1|=2.$$

$x \geqq 3$일 때, 성립하지 않는다.

$-3 \leqq x \leqq 3$일 때, $-1 \leqq y \leqq 1$ 이면 $y=-x-1$,

$y \geqq 1$ 이면 $x=-2$,

$y \leq -1$ 이면 $x=0$.

그 외의 범위에서 식은 성립하지 않는다.

ii) $\overline{PF}' > \overline{PF}$일 때,

$$|x+3|+|y+1|-|x-3|-|y-1|=2.$$

이 그래프는 $|x-3|+|y-1|-|x+3|-|y+1|=2$의 그래프와 원점에 관하여 대칭이다. ■ ■ ■

2) $a=2$인 경우(그림 4.39)

두 초점 F, F'을 잇는 선분을 대각선으로 하는 직사각형을 그린다. 대각선 FF'이 아닌 다른 대각선의 꼭짓점을 A, B라 하자. 그리고 직사각형 위의 점 중에서 거리의 차가 4인 점을 찾으면 $(1, 1)$, $(-1, -1)$이다. 그 때, 아래 그림 4.39와 같이 경계선을 포함하는 영역과 꺾인 두 개의 선 위의 모든 점들이 택시쌍곡선을 만족한다.

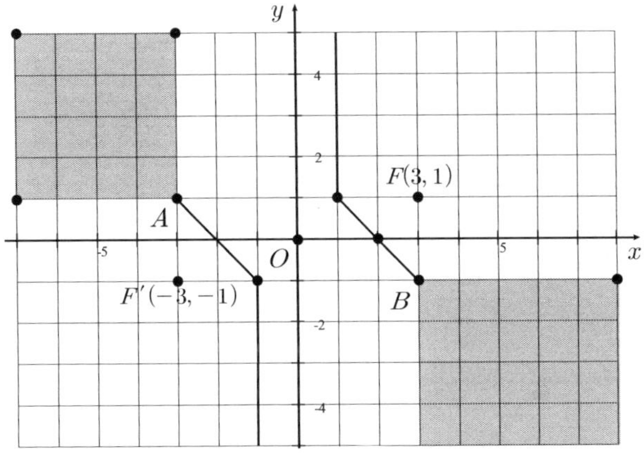

그림 4.38

예제 4.7.4 위의 그림 4.39의 그래프와 음영이 주어진 영역이 택시쌍곡선이 되는 이유를 설명하여라.

풀이 $\overline{AF}-\overline{AF'}=4$, $\overline{BF'}-\overline{BF}=4$이므로 경계선을 포함하는 색칠된 부분의 영역이 택시쌍곡선이 된다.

좌표를 이용한 택시거리를 이용하여 그래프를 구하여 보자.

구하는 자취의 한 점을 $P(x,\ y)$라 하자.

i) $\overline{PF}>\overline{PF'}$일 때,

$$|x-3|+|y-1|-|x+3|-|y+1|=4.$$

$x\leqq -3, y\geqq 1$일 때, 항등식이 성립하므로 색칠한 부분의 영역이다.

$$-3\leqq x\leqq 3,\ -1\leqq y\leqq 1\text{일 때, } y=-x-2.$$
$$-3\leqq x\leqq 3,\ y\leqq -1\text{일 때, } x=-1.$$

그 외 범위에서는 식이 성립하지 않는다.

ii) $\overline{PF'}>\overline{PF}$일 때,

$$|x+3|+|y+1|-|x-3|-|y-1|=4.$$

이 그래프는

$$|x-3|+|y-1|-|x+3|-|y+1|=4$$

의 그래프와 원점에 관하여 대칭이다. ■ ■ ■

3) $a=3$인 경우(그림 4.40)

두 초점 F, F'을 잇는 선분을 대각선으로 하는 직사각형을 그린다. 직사각형 위의 점 중에서 거리의 차가 6인 점을 찾으면 $(3,0), (2,1)$과 원점 대칭인 $(-3,0), (-2,-1)$이다. 그 때, 아래 그림 4.40과 같이 꺾인 두 개의 선 위의 모든 점들이 택시쌍곡선을 만족한다.

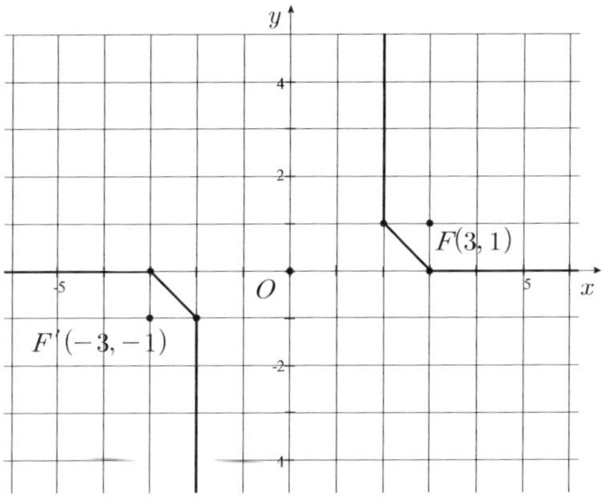

그림 4.40

예제 4.7.5 위의 그림 4.40의 그래프가 택시쌍곡선이 되는 이유를 설명하여라.

풀이 i) $\overline{PF} > \overline{PF}'$일 때,

$$|x-3|+|y-1|-|x+3|-|y+1|=6.$$

$x \geqq 3$일 때, 성립하지 않는다.

$-3 \leqq x \leqq 3$일 때, $-1 \leqq y \leqq 1$이면 $y=-x-3$,

$y \leqq -1$이면 $x=-2$.

$x \leqq -3$일 때, $-1 \leqq y \leqq 1$이면 $y=0$.

그 외의 범위에서 식은 성립하지 않는다.

ii) $\overline{PF}' > \overline{PF}$일 때,

$$|x+3|+|y+1|-|x-3|-|y-1|=6.$$

이 식은 i)의 식 $|x-3|+|y-1|-|x+3|-|y+1|=6$과 원점에 관하여 대칭임을 확인할 수 있다. ■ ■ ■

4) $a=4$인 경우(그림 4.41)

두 초점 F, F'을 잇는 선분을 대각선으로 하는 직사각형을 그린다. 직사각형 위의 점 중에서 거리의 차가 8인 점을 찾으면 두 초점 F, F'이다. 따라서 아래 그림 4.41의 색칠한 부분의 영역이 택시쌍곡선의 그래프이다.

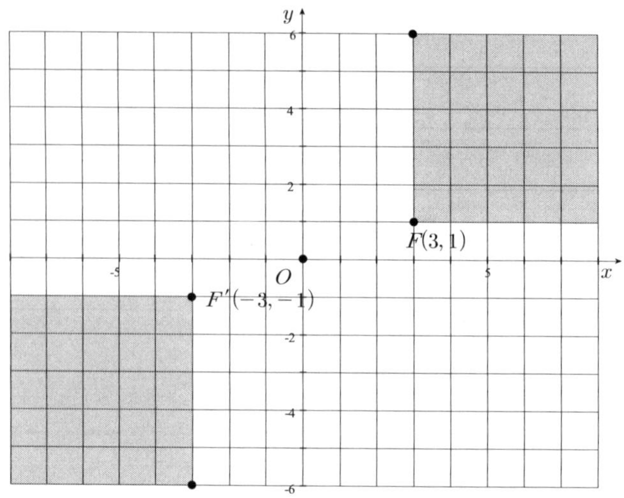

그림 4.41

예제 4.7.6 위의 그림 4.41의 음영이 주어진 영역이 택시쌍곡선이 되는 이유를 설명하여라.

풀이 두 초점 사이의 거리가 8이고, 두 초점에서 거리의 차가 8로서 일치하므로 위의 그래프의 색칠한 부분의 영역이다. 식으로서 확인하여 보면

i) $\overline{PF} > \overline{PF'}$일 때,

$$|x-3|+|y-1|-|x+3|-|y+1|=8.$$

$x \leqq -3, y \leqq -1$일 때, 항등식이 성립하므로 색칠한 부분의 영역이다. 그 외의 범위에서 식은 성립하지 않는다.

ii) $\overline{PF'} > \overline{PF}$일 때,

$$|x+3|+|y+1|-|x-3|-|y-1|=8.$$

이 식은 i)의 식 $|x-3|+|y-1|-|x+3|-|y+1|=6$과 원점에 관하여 대칭임을 확인할 수 있다. ■ ■ ■

5) $0<a<1$인 경우(그림 4.42)

두 초점 F, F'을 잇는 선분을 대각선으로 하는 직사각형을 그린다. 직사

각형 위의 점 중에서 거리의 차가 0과 2사이인 점을 찾으면 아래 그림 4.42의 두 꺾인 선이다.

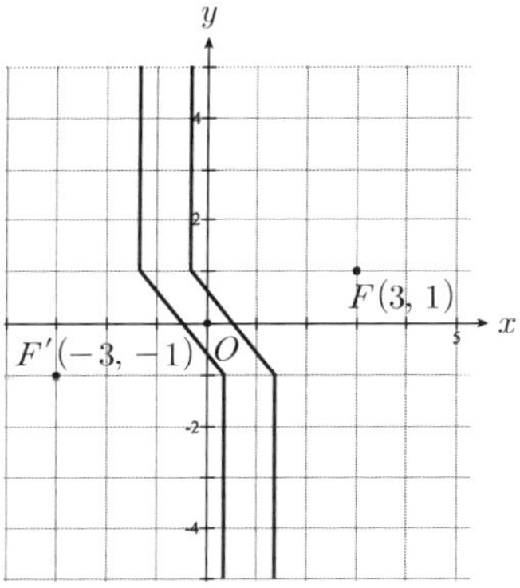

그림 4.42

예제 4.7.7 위의 그림 4.42의 그래프가 택시쌍곡선이 되는 이유를 설명하여라.

풀이 예제 4.7.2 풀이와 같은 방법으로 구하면 위의 그림 4.42와 같은 그래프를 얻을 수 있다. ■■■

참고

참고로 $0 < a < 1$인 범위에서 취할 수 있는 쌍곡선의 그래프를 전부 그렸을 때, 그래프가 차지하는 영역을 나타내면 다음 그림 4.43과 같다.

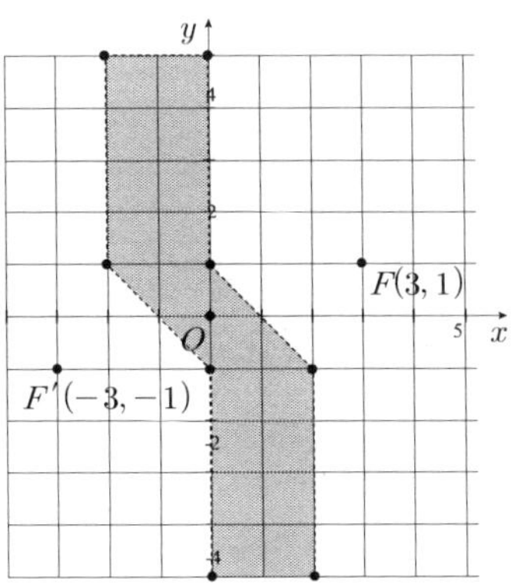

그림 4.43

6) $2 < a < 3$인 경우(그림 4.44)

두 초점 F, F'을 잇는 선분을 대각선으로 하는 직사각형을 그린다. 직사각형 위의 점 중에서 거리의 차가 4과 6사이인 점을 찾으면 아래 그림 4.44의 두 꺾인 선이다.

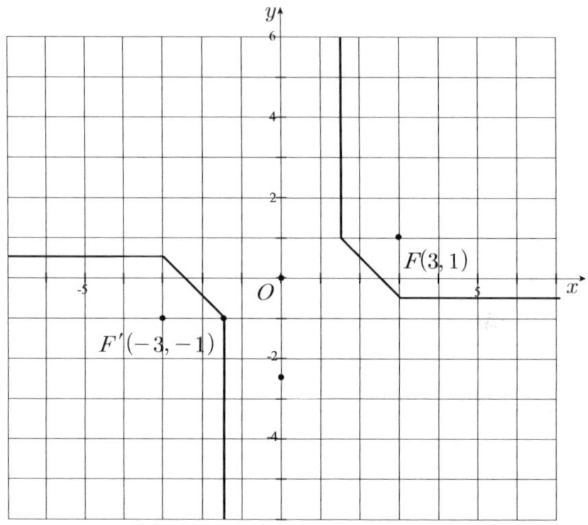

그림 4.44

예제 4.7.8 위의 그림 4.44의 그래프가 택시쌍곡선이 되는 이유를 설명하여라.

풀이 예제 4.7.4 풀이와 같은 방법으로 구하면 위의 그림 4.44와 같은 그래프를 얻을 수 있다. ■ ■ ■

참고

참고로 $2 < a < 3$인 범위에서 취할 수 있는 쌍곡선의 그래프를 전부 그렸을 때, 그래프가 차지하는 영역을 나타내면 다음과 같다.

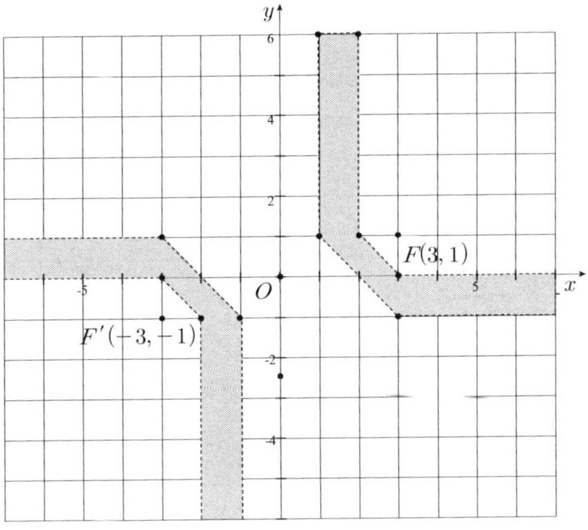

그림 4.45

7) $3 < a < 4$인 경우(그림 4.46)

두 초점 F, F'을 잇는 선분을 대각선으로 하는 직사각형을 그린다. 직사각형 위의 점 중에서 거리의 차가 6과 8사이인 점을 찾으면 아래 그래프의 꺾인 선이다.

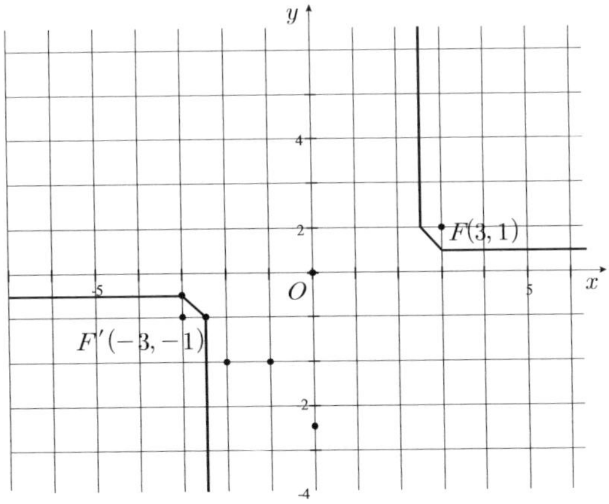

그림 4.46

참고

참고로 $2 < a < 3$인 범위에서 취할 수 있는 쌍곡선의 그래프를 전부 그렸을 때, 그래프가 차지하는 영역을 나타내면 다음과 같다.

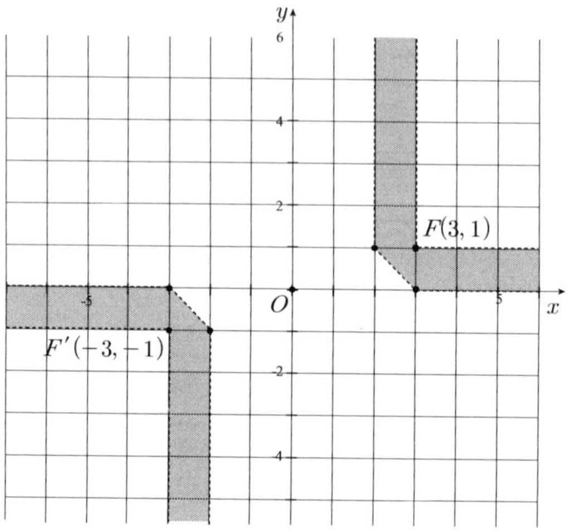

그림 4.47

위의 1)에서 7)까지의 모든 택시쌍곡선을 모으면 전체평면이 됨을 확인할 수 있다.

특히 $a > 4$인 경우는 택시쌍곡선이 존재하지 않음에 유의하여라.

나의 노트

Chapter 05

중등기하 교수-학습을 위한 문제탐구

5.1 기하 교수-학습을 위한 문제탐구

탐구 문제 5.1.1 두 점 A$(-4,5)$, B$(3,2)$에서 같은 거리에 있는 x축 위의 점 P의 좌표를 구하여라.

풀이 점 P의 좌표를 P$(x,0)$이라 하면 $\overline{PA}=\overline{PB}$ 이므로

$$\sqrt{(x+4)^2+5^2}=\sqrt{(x-3)^2+2^2}$$

이다.

$$\therefore x^2+8x+16+25=x^2-6x+9+4$$

$$\therefore x=-2$$

즉, 그림 5.1의 점 D가 구하는 점이다.

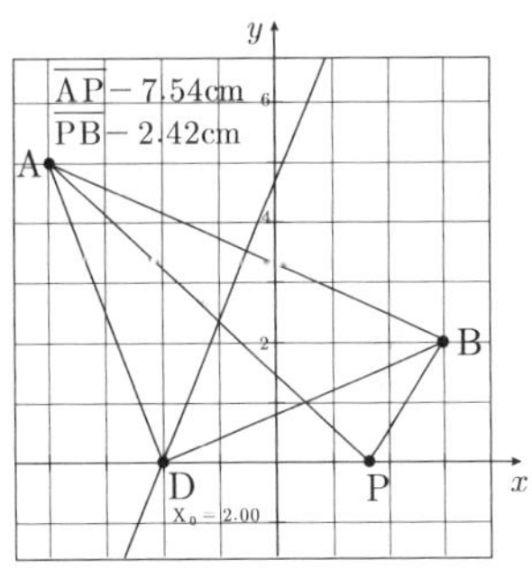

그림 5.1

■ ■ ■

탐구문제 5.1.1 더 탐구하기

생각하기

1) 임의의 두 점 A, B가 주어져 있을 때, 점 P$(x, 0)$의 위치를 먼저 생각해 보아야 한다.
2) 왜 그렇게 되는지를 판단하여야 한다.

원리 이해하기

1) $\overline{PA}=\overline{PB}$인 P는 무엇을 뜻하는 지를 먼저 파악해야 한다.
2) △ABP는 어떤 삼각형일까?를 판단해야 한다.
3) x축 위의 점으로써 $\overline{PA}=\overline{PB}$인 P의 점은 선분 AB의 수직이등분선이 x축과의 교점을 생각한다.

GSP 활용하기

1) 그래프 메뉴에서 점을 격자점에 맞추기를 선택한다.
2) 점 A와 점 B를 이동하면서 다양한 문제를 제시할 수 있다.
3) GSP화면을 일방적으로 보여주는 것보다는 학생들이 생각할 수 있도록 시간적인 여유를 주면서 점 P의 역할에 대하여 생각해 볼 수 있도록 유도한다.
4) 원리이해에서 이등변 삼각형이 되어야 한다는 사실과 등변이 되게 하는 제 3의 꼭짓점이 어느 위치에 있어야 하는지를 알 수 있도록 이해를 할 수 있도록 한다.
5) 일방적인 기하학적 풀이과정을 보이는 것이 아니라 이해하고 활용할 수 있도록 배려해야 한다.
6) 다양한 화면으로 일반화시킬 수 있도록 지도한다.

탐구 문제5.1.2 직선 $y=3x$ 위에 있고 두 점 A$(-1, 6)$, B$(2, 1)$에서 같은 거리에 있는 점 P의 좌표를 구하여라.

풀이 점 P의 좌표를 P(a, b)이라 하면 점 P는 직선 $y=3x$ 위에 있으므로 $b=3a$가 되어야 한다.
따라서 P$(a, 3a)$이고 또한 $\overline{PA}=\overline{PB}$이다.

$$\therefore \sqrt{(a+1)^2+(3a-6)^2}=\sqrt{(a-2)^2+(3a-1)^2}$$

$$\therefore a=\frac{4}{3}$$

■■■

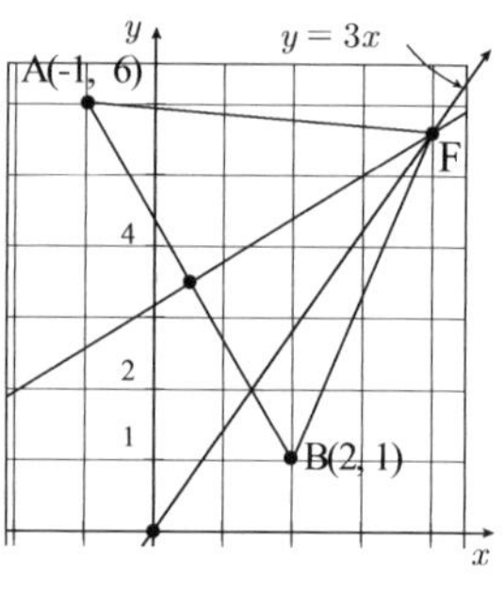

그림 5.2

탐구문제 5.1.2 더 탐구하기

생각하기

1) 임의의 두 점 A, B가 주어져 있을 때, 점 P(a, b)의 위치를 먼저 파악해야 한다.
2) 왜 그렇게 되는지를 판단하여야 한다.

원리 이해하기

1) $\overline{PA}=\overline{PB}$인 P는 무엇을 뜻하는 지를 먼저 파악해야 한다.
2) $\triangle ABP$는 어떤 삼각형일까?를 판단해야 한다.
3) $y=ax+b$ 위의 점으로써 $\overline{PA}=\overline{PB}$인 점 P는 선분 AB의 수직이등분선이 $y=ax+b$축과의 교점을 생각할 수 있다.

GSP 활용하기

앞의 내용의 유제문제로서 다음의 탐구문제를 생각해 볼 수 있다.

탐구문제 5.1.3 그림 5.3과 같은 폭이 일정한 도로가 있다. 안쪽 원에 접하는 바깥쪽 원의 현 AB의 길이가 100일 때, 이 도로의 넓이를 구하여라.

풀이 피타고라스의 정리에 의해

$r_1^2 - r_2^2 = \left(\frac{100}{2}\right)^2$ 이므로

구하는 넓이는

$$\pi(r_1^2 - r_2^2) = 50^2\pi$$

이다. ■ ■ ■

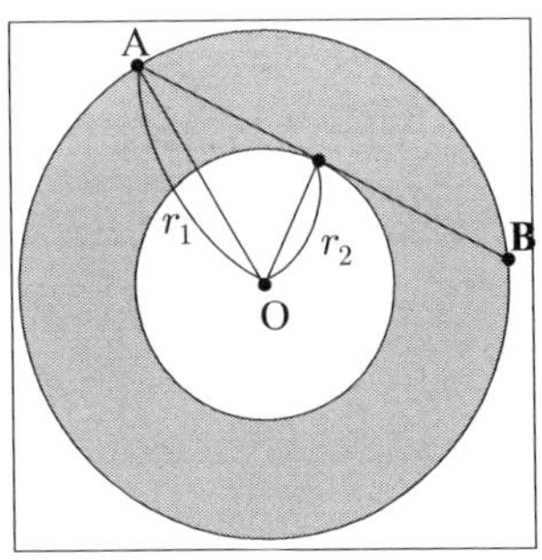

그림 5.3

탐구문제 5.1.3 더 탐구하기

생각하기

1) 선분 AB가 주어져 있고, 피타고라스의 정리에 의해 $r_1^2 - r_2^2 = \left(\frac{100}{2}\right)^2$ 임을 알아야한다.
2) 단순히 그림을 그리는 것보다는 실제로 정확한 그림을 그려 놓고 두 반지름의 관계식을 생각할 수 있는가가 중요하다.

탐구 문제5.1.4 $\overline{OA} = \overline{OB} = 2$인 이등변삼각형 OAB가 있다. 이제 변 AB위에 점 P를 잡고, A, B에서 직선 OP에 내린 수선의 발을 각각 H, I라 한다. 점 P가 A에서 B로 움직일 때, 아래 조건의 경우에 대하여 선분 HI가 지나는 영역의 넓이를 구하여라.
1) $\angle AOB = 90°$
2) $\angle AOB = 30°$

풀이 (1) 점 H는 선분 OA를 지름으로 하는 원주 위를, I는 OB를 지름으로 하는 원주 위를 움직이므로 선분 HI가 지나는 범위는 그림 5.4와 같이 색칠된 부분이다. (P가 AB의 중점 M일 때, H와 I는 또한 M에서 만난다는 점을 주의바람.)

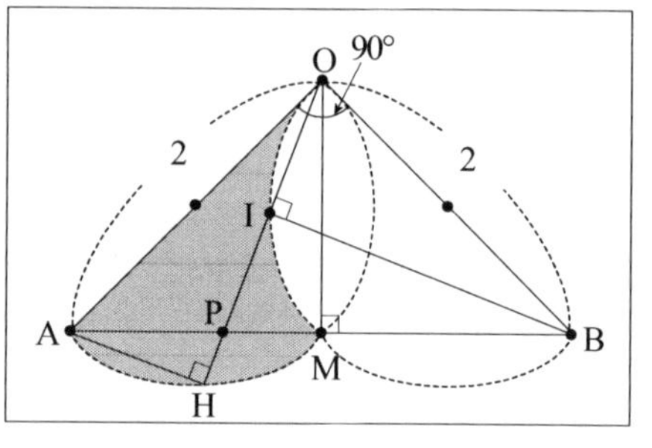

그림 5.4

여기서 그림의 4개의 활꼴은 모두 합동이므로 구하는 넓이는 △OAB의 넓이와 동일하므로 $\frac{2^2}{2} = 2$이다.

(2) 선분 HI의 자취의 범위는 그림의 색칠된 부분이다. 이 넓이는 그림 5.5처럼 $CD//AB$인 점을 유의하면

$\triangle MCA + \triangle MBD = \triangle DBA \cdots\cdots ①$

이다. 여기서 $\overline{AD} = 1$, $\overline{OD} = \sqrt{3}$ 이므로 다음을 얻는다.

$① = \frac{1 \times (2 - \sqrt{3})}{2} = 1 - \frac{\sqrt{3}}{2}$ ■ ■ ■

탐구문제 5.1.4 더 탐구하기

생각하기

이러한 문제를 상상으로만 해결하기는 부담스러운 탐구 자료이다. GSP나 다른 탐구 프로그램을 이용하여 직접 실현시켜 봄으로써 새로운 풀이의 아이디어를 발견하고 창의적인 사고를 가질 수 있다.

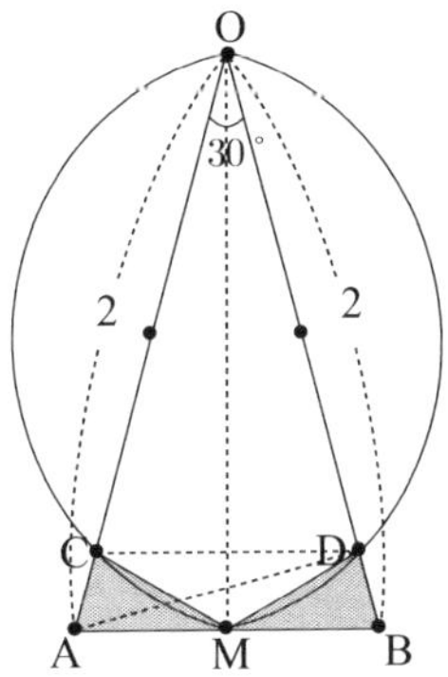

그림 5.5

원리 이해하기

1) 우선 어떤 그림인지 생각해 보자.
2) 선분 OP에 점 A에서 내린 수선의 발 H과 점 B에서 내린 수선의 발 I의 의미를 알아야 한다.

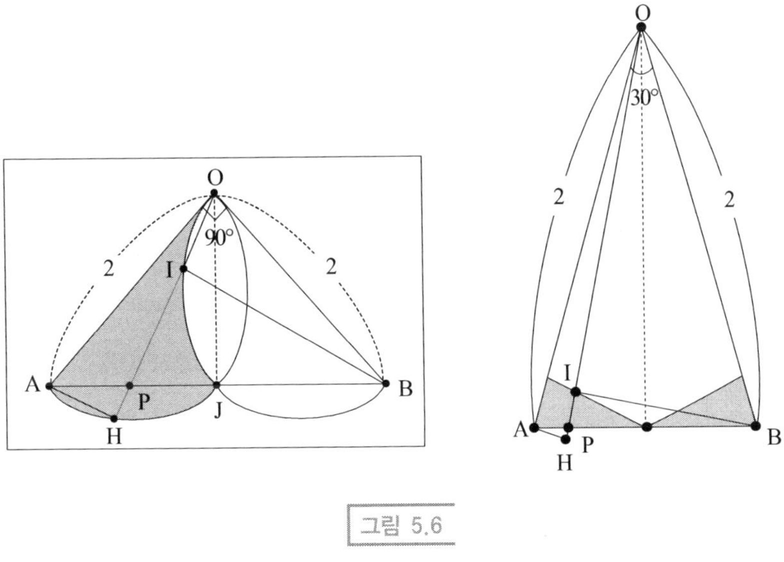

그림 5.6

탐구 문제5.1.5 오른쪽 그림은 한 변의 길이가 6인 정삼각형 ABC이다.

점 M, N, E는 각각 선분 AB, AC, MN 위의 점이고 $\overline{AM}=\overline{AN}=4$이다. 선분 CE를 한 변으로 하는 정점 D가 직선 BC에 대하여 A와 같은 영역에 있도록 점 I를 정하여 정삼각형 CDE를 그린다.

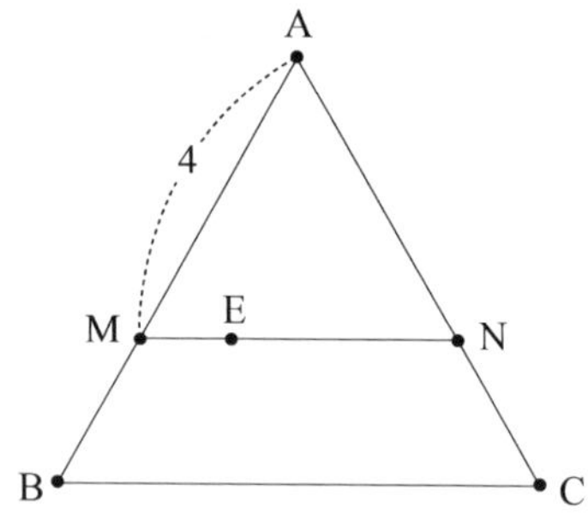

그림 5.7

다음은 B와 E, A와 D를 각각 잇는다.
이때 다음 물음에 답하여라.

(1) $\overline{BE}=\overline{AD}$임을 증명하여라.

(2) E가 M에서 N까지 이동할 때, E가 어느 위치에 있든지 위와 같은 작도 방법으로 정삼각형 CDE를 작도한다. 이때 선분 DE를 이용함으로써 나타날 수 있는 도형의 넓이를 구하여라.

풀이 (1) 그림 5.8의 $\triangle EBC$와 $\triangle DAC$에 대하여 $\triangle ABC$와 $\triangle DEC$가 정삼각형이므로 $\overline{BC}=\overline{AC}$, $\overline{EC}=\overline{DC}$. 더욱이 $\angle BCE=\angle ACD\ (=60^\circ-\angle ECA)$이다. 이상에서 두 변과 한 각이 같으므로

$\triangle EBC\equiv\triangle DAC$ …… ①

을 얻는다.

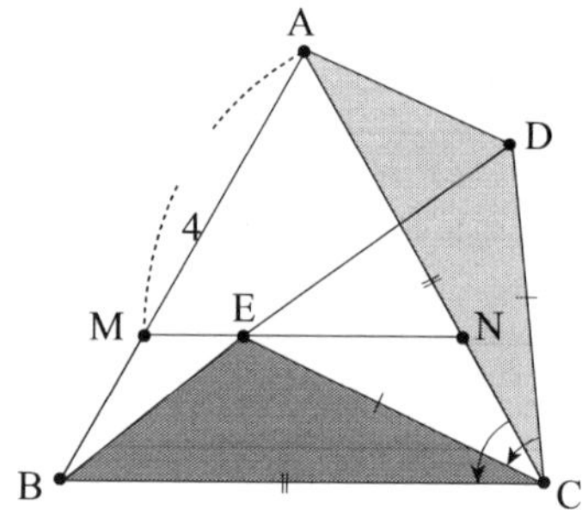

그림 5.8

$$\therefore\ \overline{BE}=\overline{AD}$$

(2) ①에 의해 D에서 선분 AC까지의 거리는 E에서 BC까지의 거리와 같으므로 E가 M, N에 겹치게 될 때, D의 위치를 각각 D_1, D_2라 하면 그림 5.9에서

$\angle D_1AC=\angle MBC=60^\circ=\angle ANM$

이다.

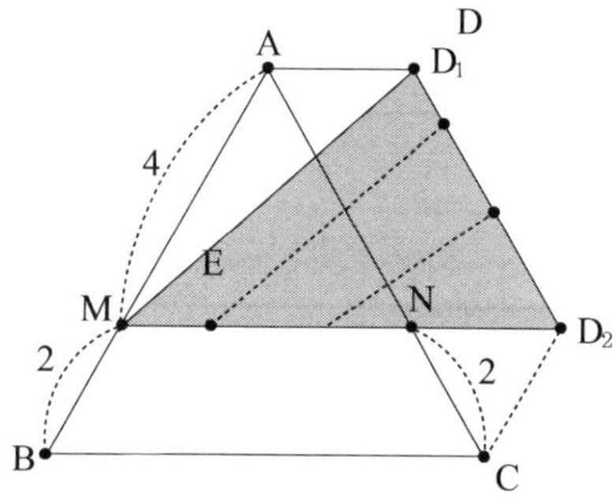

그림 5.9

$$\therefore\ \overline{AD_1} // \overline{MN}$$

더욱이 $\triangle NCD_2$는 정삼각형이므로 $\overline{ND_2} = \overline{NC} = 2$ 이고 $\angle D_2NC = \angle ANM\ (= 60^\circ)$이므로 세 점 M, N, D_2는 일직선에 있다. 이상에서 선분 DE의 통과범위는 그림 5.9의 색칠된 부분에서 있으므로 구하는 넓이는 다음으로 얻어진다.

$$\triangle AMN \times \frac{\overline{MD_2}}{\overline{MN}} = \left(\frac{\sqrt{3}}{4} \times 4^2\right) \times \frac{4+2}{4} = 6\sqrt{3}$$ ■ ■ ■

탐구문제 5.1.5 더 탐구하기

생각하기

1) 주어진 문제에 따라 그림을 그려보자.
2) 도형의 닮음을 이용하여 접근할 수 있는 방법을 생각해 본다.

탐구 문제5.1.6

오른쪽 그림 5.10은 A, B, C, D는 각각 원주를 4등분된 점이고, 직선 XY는 점 C에서 원의 접선이고, 점 P는 이 원주 위를 움직이는 점이다. 이제, AP의 연장선 위의 점 Q를 잡고, 선분 PQ의 길이가 Q에서 XY에 내린 수선 QH의 길이와 같다고 하자.
원의 반지름의 길이가 2일 때, 다음 물음에 답하여라.

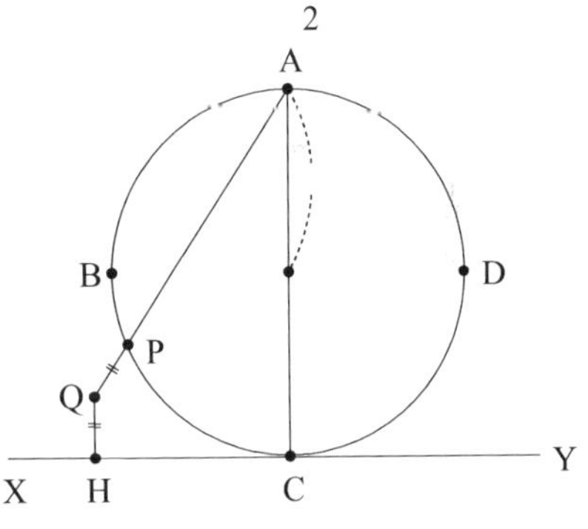

그림 5.10

(1) $\overline{AQ} = \overline{AC}$임을 증명하여라.
(2) 점 P가 원주 위를 B에서 출발하여 B→C→D와 D까지 움직일 때, 점 Q가 그리는 자취의 길이를 구하여라.

풀이 (1) P와 C, Q와 C를 각각 이으면 그림 5.11과 같이 $\angle a \sim \angle c$라고 쓰자.

선분 AC는 원의 지름이므로 $\angle APC = 90^\circ$.

즉, $\triangle QPC$와 $\triangle QHC$에서 $\angle QPC = \angle QHC = 90^\circ$.

또한 가정에서 $\overline{QP} = \overline{QH}$, 더욱이 선분 QC는 공동이다.

이상에서 빗변과 다른 한 변이 같으므로 상등이다.

$\triangle QPC \equiv \triangle QHC.$

$\therefore \angle a = \angle b$ ⋯⋯ ①

일단 XY는 이 원의 접선이므로

$\angle ACY = 90^\circ = \angle QHC.$

따라서 동위각이 같으므로

$QH // AC.$

$\therefore \angle b = \angle c$ ⋯⋯ ②

①, ②에 의해 $\angle a = \angle c$이다.

$\therefore \overline{AQ} = \overline{AC}.$

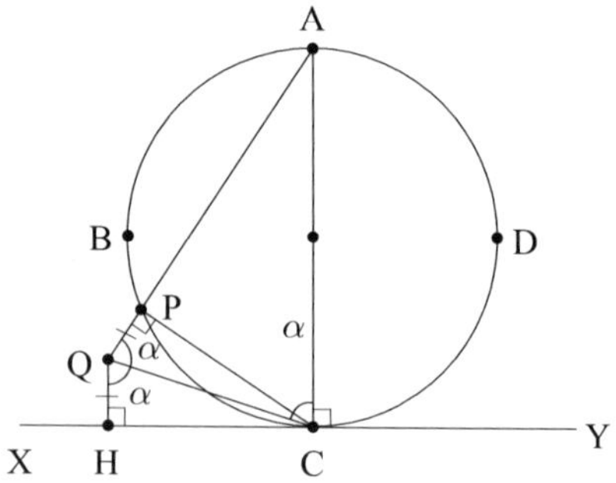

그림 5.11

(2) (1)에 의해 선분 AQ의 길이는 일정(=4)하므로 P가 BCD 위를 움직일 때, Q는 A를 중심으로 활꼴의 호를 그린다. 그림 5.12에서 $\angle BAD = 90^\circ$이므로 구하는 호의 길이는

$$2\pi \times 4 \times \frac{90}{360} = 2\pi.$$

■ ■ ■

탐구문제 5.1.6 더 탐구하기

생각하기

자취가 원인 경우에는 다음 두 가지의 경우를 고려해야 한다.

1) 동점에서 정점까지의 거리가 일정한 경우
2) 동점에서 두 정점으로 이루어진 각의 크기가 일정한 경우

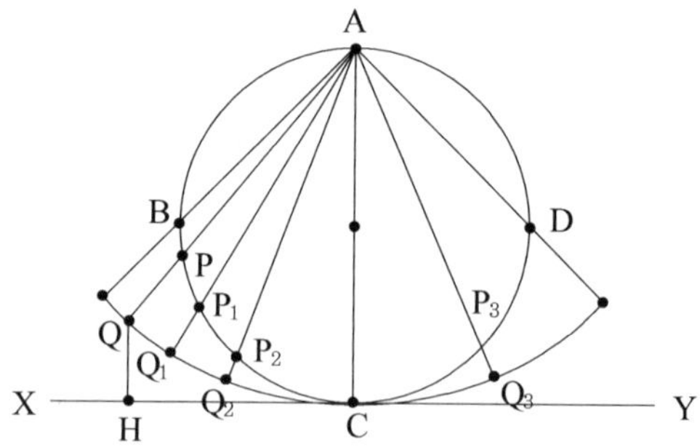

그림 5.12

원리 이해하기

(1) $\angle BAD = 90^\circ$인 점을 알아내는 것도 중요하고 자취가 호가 AC를 반지름으로 하는 호가 나타난다((1)에서 $\overline{AQ} = \overline{AC}$라는 사실을 증명함으로

써 나타난 결과)는 사실을 아는 것도 중요하다.

(2) 위와 같은 문제를 다루어봄으써 학생들의 창의적인 사고를 이끌어낼 수 있다고 본다. 단순히 지식적인 내용보다는 이와 같은 문제를 직접 풀어보고 그림을 그려서 확인하는 작업이 필요하다. 그러나 일반적으로 컴퍼스와 자로 그리면 많은 시간과 낭비가 많이 있지만 GSP등의 컴퓨터 작도 도구를 이용하면 접근하기가 쉽다.

■ 지도할 시에 직접 그려보도록 지도하는 것이 좋을 것이다.

탐구 문제5.1.7

오른 쪽 그림 5.13과 같이 $\angle B=90^\circ$ 인 $\triangle ABC$가 있다. 이때 $\overline{AB}=2$, $\overline{AC}=4$ 이다. 또한 $\triangle ABC$를 포함하는 평면 위에서 $\triangle ABC$를 화살표방향으로 점 B를 중심으로 하여 180° 회전하였다. 이때 변 AC가 지나면서 나타난 자취의 넓이를 구하여라.

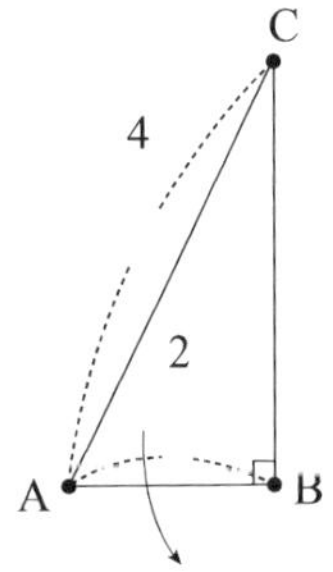

그림 5.13

풀이 $\triangle$ABC는 30° 가 포함되어 있는 직각삼각형이고, $\overline{\mathrm{BC}}=2\sqrt{3}$ 이다. 또한 그림과 같이 B에서 선분 AC에 내린 수선의 발을 H라 하면 $\overline{BH}=\sqrt{3}$ 이다(그림 5.14).

$\triangle$ABC를 180° 회전하게 되므로 그림 5.15와 같이 점 A, C, H가 이동한 점을 각각 점 A′, B′, H′라 하자.

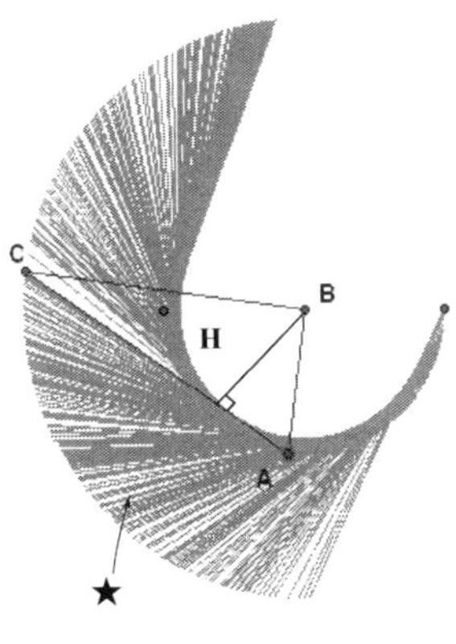

그림 5.14 ★ 부분

이때 선분 CH가 지나는 부분은 그림 5.14의 빗금 친 부분(★)이고 선분 AH가 지나는 부분은 그림의 빗금 친 부분(☆)이다. 그림 5.15에서 볼 때 굵은 실선으로 둘러싸인 부분과 굵은 점선으로 둘러싸인 부분의 넓이가 같으므로 ★의 넓이는

$$\pi(BC^2-BH^2)\times\frac{1}{2}=\pi\{(2\sqrt{3})^2-(\sqrt{3})\}=\frac{9}{2}\pi \cdots\cdots ①$$

이다. 더욱이 ☆쪽에 있는 ★에서 빠진 부분은 그림 5.15와 같이 반지름 $A'B(=2)$, 중심각이 60° 인 활꼴이므로 한 변의 길이가 $A'B(=2)$ 인 정삼각형을 제외한 것이므로 그 넓이는

$$\pi \times 2^2 \times \frac{1}{6} - \frac{\sqrt{3}}{4} \times 2^2 = \frac{2}{3}\pi - \sqrt{3} \cdots\cdots ②$$

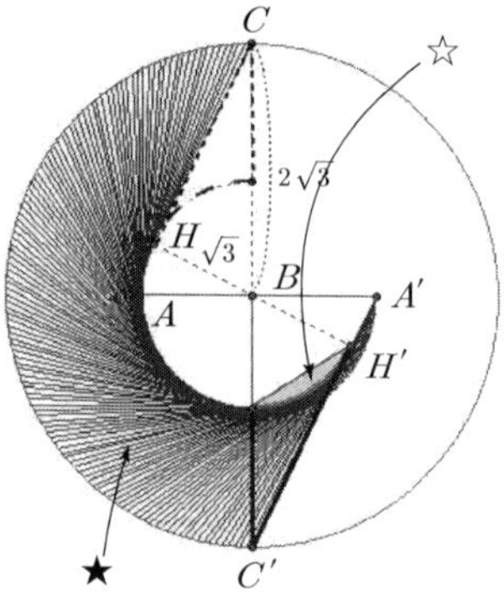

그림 5.15

이다. 따라서 구하는 넓이는

$$① + ② = \frac{31}{6}\pi - \sqrt{3}.$$

■ ■ ■

탐구문제 5.1.7 더 탐구하기

생각하기

위의 문제를 다른 각도에서도 생각해 볼 수 있다.

1) 정점 A를 중심으로 하여 BC의 자취의 넓이를 구하여라.
2) 정점 C를 중심으로 하여 AB의 자취의 넓이를 구하여라.
3) 변 AC을 반원모양으로 움직인다면 실수를 할 가능성이 높다.

원리 이해하기

(1) 선분 AC을 두 개의 선분 CH, AH로 나누어서 생각해야 한다는 점이 핵심적인 포인트이다. 이러한 형태의 문제에서는 대부분이 부채꼴의 넓이의 차로 귀착이 된다.

(2) 다음 그림들을 점 B를 중심으로 하여 60° 회전시키면 AC가 나타내는 그림은 무엇인지 다시 생각해 보고 넓이를 구해 보아라.
($\overline{AC}=2$, $\overline{BC}=4$)

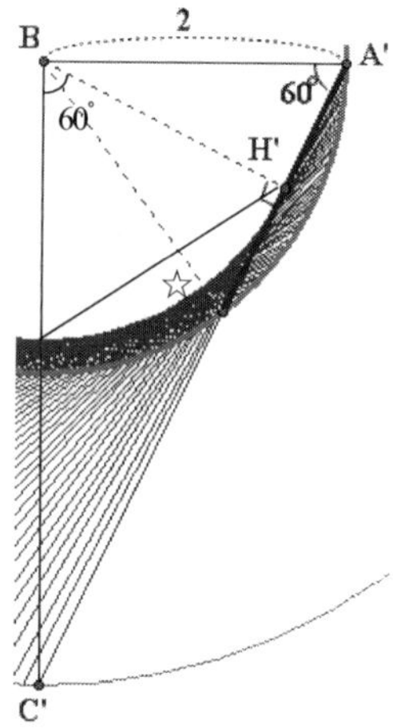

그림 5.16

즉, 점 C가 x축에 닿도록 점 B를 중심으로 회전하면 선분 AC가 그리는 자취는 어떤 모양인가? 예측해 보아라.

탐구 문제 5.1.8

직각삼각형 EDC는 직각삼각형 ABC를 점 C를 중심으로 하여 회전한 것이다.
점 $B,\ C,\ E$는 동일한 직선상에 있다.
$\overline{BC}=2$, $\angle BAC=45^\circ$ 이다.
(1) 색칠된 부분의 둘레의 길이를 구하시오.
(2) 색칠된 부분의 넓이를 구하시오.

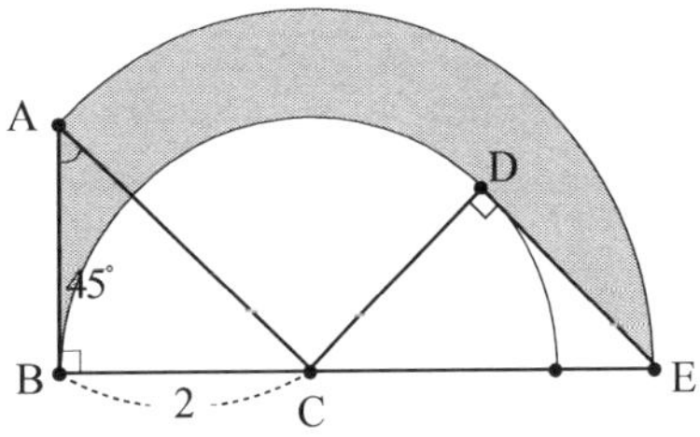

그림 5.17

풀이 그림 5.1.8에서 회전각인 c와 c'은 모두 $180^\circ-45^\circ=135^\circ$

(1) $\overline{AC}=2\sqrt{2}$ 이므로 둘레의 길이는

$$2+2+2\pi\times(2+2\sqrt{2})\times\frac{135}{360}=4+\frac{3(1+\sqrt{2})}{2}\pi$$

이다.

(2) 구하는 넓이를 S라 하면

$$S=(\text{부채꼴}ACE+\triangle ABC)-(\text{부채꼴}ABC+\triangle EDC)$$

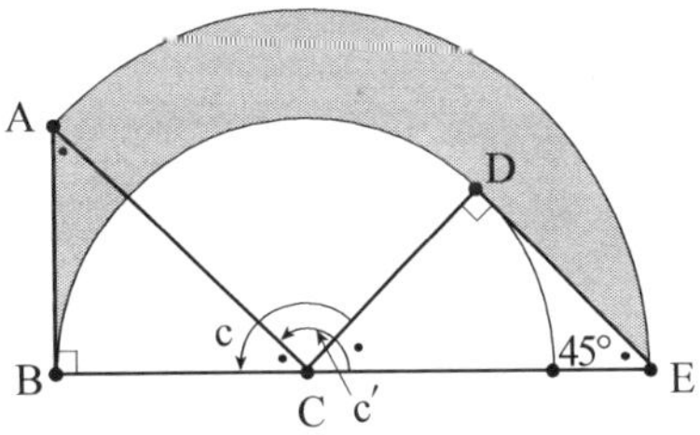

그림 5.18

이다. 여기서 $\triangle ABC\equiv\triangle EDC$이므로 넓이도 같다.

$$S=(\text{부채꼴}ACE)-(\text{부채꼴}ABC)$$
$$=\{(2\sqrt{2})^2-2^2\}\pi\times\frac{135}{360}=\frac{3}{2}\pi$$

■ ■ ■

탐구 문제 5.1.9

그림 5.19와 같이 반지름이 1인 고정된 원 O와 길이가 1인 선분 AB 가 있다. 두 개의 동점 $P,\ Q$가 각각 다음 조건에서 자유롭게 움직일 때, 선분 PQ의 중점 M이 움직일 때 도형의 넓이를 각각 구하여라.

(1) 동점 P : 원 O의 원주나 원 O의 내부
 동점 Q : 정점 A에 고정

(2) 동점 P : 원 O의 원주나 원 O의 내부
동점 Q : 선분 AB 위
(3) 동점 P : 원 O의 원주 위
동점 Q : 선분 AB 위

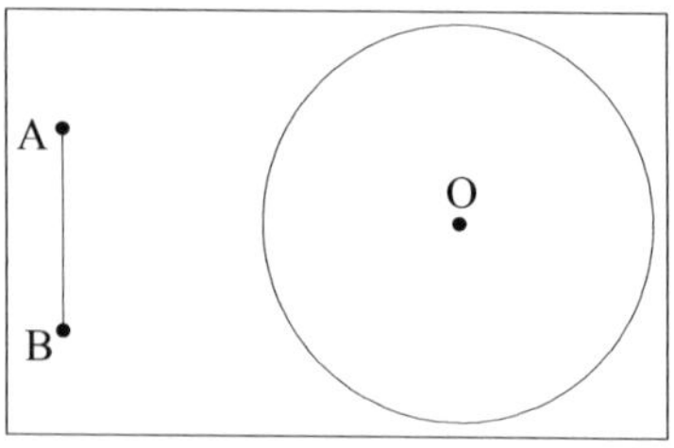

그림 5.19

풀이 (1) 그림 5.20과 같이 선분 AO의 중점을 C라 하자. M은 A를 닮음변환의 중심으로 하고 원 O를 $\frac{1}{2}$로 축소한 도형이 나타난다. 즉, C가 중심이고 반지름의 길이가 $\frac{1}{2}$인(①) 원의 둘레와 내부를 움직이므로 구하는 넓이는

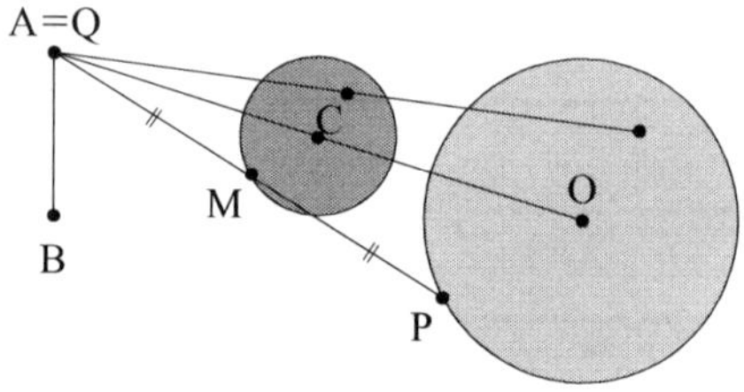

그림 5.20

$$\pi \times \left(\frac{1}{2}\right)^2 = \frac{\pi}{4}$$

이다.

(2) 그림 5.21과 같이 선분 BO 의 중점을 D라 하자.
M은 ①의 원주 및 내부를 AB에 평행한 CD의 길이만큼 평행이동하여 나타나는 범위만큼 움직인다.
$\overline{CD} = \frac{1}{2}\overline{AB} = \frac{1}{2}$ 이므로 구하는 넓이는

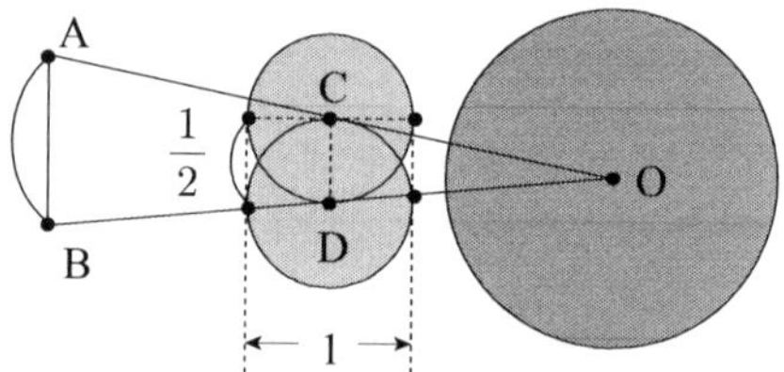

그림 5.21

$$\pi \times \left(\frac{1}{2}\right)^2 + \frac{1}{2} \times 1 = \frac{\pi}{4} + \frac{1}{2} \quad \cdots\cdots ②$$

이다.

(3) 그림 5.22와 같이 M은 ①의 원주를 AB에 평행한 CD의 길이만큼 평행이동하여 나타난 범위로 움직인다.

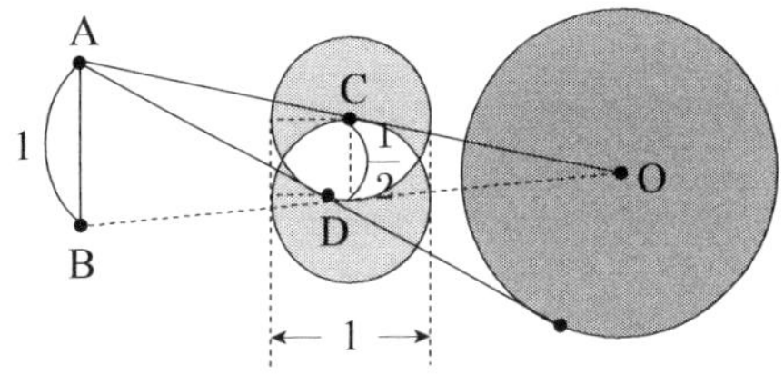

그림 5.22

여기서 $\triangle CDE$, $\triangle CDF$는 모두다 정삼각형이고, $\triangle DEF = \triangle CDE$이므로 활꼴 ECF의 넓이는

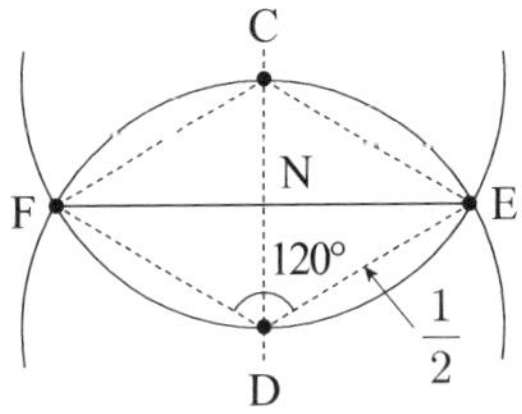

그림 5.23

(부채꼴 DEF)$-$($\triangle DEF$의 넓이)

$$= \pi \times \left(\frac{1}{2}\right)^2 \times \frac{1}{3} - \frac{\sqrt{3}}{4} \times \left(\frac{1}{2}\right)^2$$

$$= \frac{\pi}{12} - \frac{\sqrt{3}}{16} \cdots\cdots ③$$

이다. 따라서 구하는 넓이는

$$② - ③ \times 2 = \frac{\pi}{12} + \frac{1}{2} + \frac{\sqrt{3}}{8}.$$

■ ■ ■

탐구문제 5.1.9 더 탐구하기

생각하기

동점이 2개 있을 때에는 그것을 동시에 두 개를 움직이도록 하여야 하지만 일단 하나를 고정된 상태에서 생각해 본다. 속담에 두 마리의 토끼를 잡으려고 하다가 한 마리도 잡지 못한다는 말이 있듯이 생각해 보는 것이 좋다.

GSP 활용하기

일반적으로 칠판에 그림을 하나 하나 그리면서 설명하기에는 어려운 점들이 있다. 직접 학생들이 GSP로 작도해 보면서 자취에 대한 문제를 해결할 수 있는 능력을 신장시켜야 한다고 본다.

이 탐구문제는 학생들이 스스로 GSP로 작도하여 관찰할 수 있는 자료로서 다음과 같은 순서로 작도한 후에 탐구활동을 해 보는 것이 좋을 것 같다.

1) 선분 AB를 그린다.

2) 점 O를 중심, 선분 AB가 원의 반지름이 되는 원을 작도할 것이다. 점 O와 선분 AB를 선택한 후에 작도 메뉴의 **중심과 반지름이 주어진 원**을 선택하면 원이 작도된다.
3) 원이 작도되고 난 후에 원을 선택한 후에 작도메뉴의 **원의 내부**를 선택한다.
4) 원의 내부를 다시 선택하여 작도메뉴의 **원 내부 위의 점**을 선택한다.
5) 선분을 선택하여 작도 메뉴의 **선분 위의 점**을 선택한다.
6) 선분 위의 점과 원 내부 위의 점을 선택하여 작도 메뉴의 **선분**을 선택한다.
7) 6)에서 작도한 선분을 선택하여 작도 메뉴의 **중점**을 선택한다.
8) 원 내부 위의 점과 중점을 선택한 후에 작도 메뉴의 자취를 구해본다.

위의 과정으로 작도를 한 후에 문제의 조건에 맞게 적절하게 더 추가하여 작도를 해 보면 주어진 조건들에 대한 성질들을 탐구할 수 있다.

탐구 문제 5.1.10 한 변의 길이가 3인 정사각형 $ABCD$가 있다. 그림과 같이 정사각형 $AEFG$는 정사각형 $ABCD$를 A를 중심으로 $30°$ 회전한 것이다. 이때 그림의 색칠된 부분의 넓이를 구하여라.

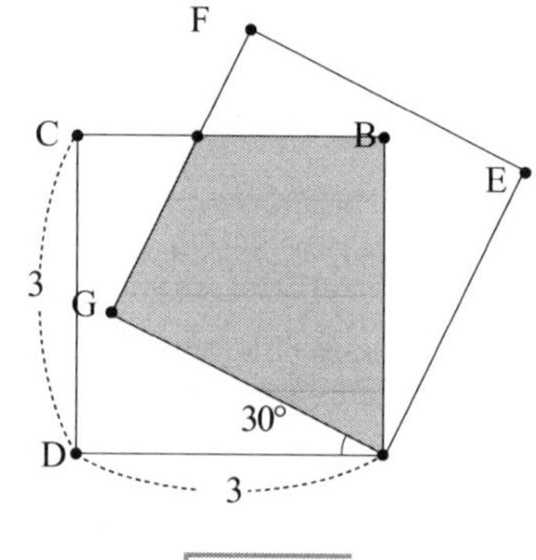

그림 5.24

풀이 $\angle \mathrm{GAH} = 30°$ 이므로

$\overline{\mathrm{AH}} : \overline{GH} = 2 : 1$

이다. $\overline{\mathrm{GH}} = x$ 라 두면 $(2x)^2 = x^2 + 3^2$,

$x^2 = 3$.

따라서 $x = \sqrt{3}$.

그러므로 $\triangle \mathrm{GAH} = \frac{1}{2} 3 \times \sqrt{3} = \frac{3\sqrt{3}}{2}$.

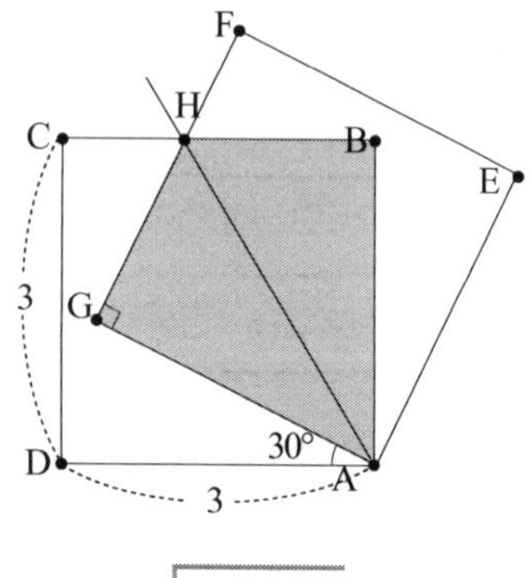

그림 5.25

■■■

탐구문제 5.1.10 더 탐구하기

생각하기

선분 AH는 $\angle BAG$의 이등분선이므로 $\angle GAH = 30°$.
따라서 $\triangle GAH$는 정삼각형의 반이다.

GSP 활용하기

GSP로 작도하여 점 G를 이동하여 다양한 각도에서 넓이의 변화를 관찰할 수도 있다. 그러나 종이접기로도 지도가 가능한 문제라고 생각이 된다. 학생들에게 두 장의 색종이로 한 꼭짓점을 고정시킨 다음에 점 G를 이용해 보고 느낀 점들을 이야기하도록 한 다음에 $\angle DAG = 30°$, $\angle DAG = 45°$ 또는 $\angle DAG = 60°$일 때 어떻게 변화가 되는지를 살펴 볼 수 있다. 또한 옆의 그림 5.26처럼 한 꼭짓점을 대각선의 중점에 두고 회전시켰을 때의 넓이의 변화를 관찰할 수 있는 자료도 만들어 볼 수 있다.

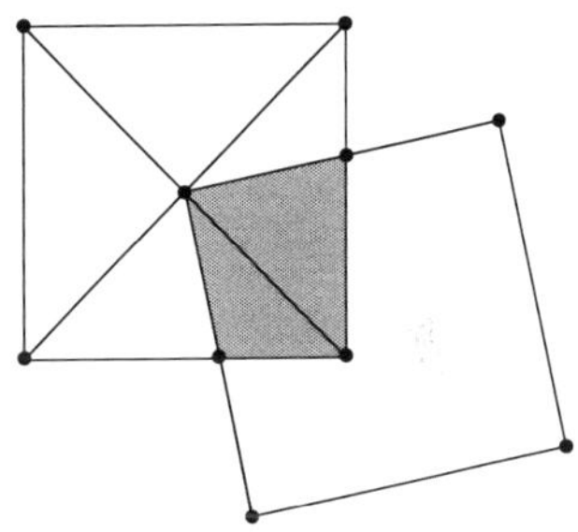
그림 5.26

나의 노트

5.2 등변사변체(等面四面体)의 체적 공식

5.2.1 사면체의 전개도

사면체는 삼각추라 부르기도 하는 다면체 중에서 가장 단순한 것이다. 그렇지만 주어진 삼각형을 한 면으로 하는 사면체를 실제로 만들어 본다는 것은 그렇게 간단하지 않음을 지금부터 살펴보기로 하자.

먼저 아래의 그림과 같은 사면체 $ABCD$ 를 정점 C 로부터 나가는 3개의 능(稜) $\overline{CA}$, $\overline{CB}$, $\overline{CD}$ 를 따라 잘라서 펼친 전개도를 생각한다.

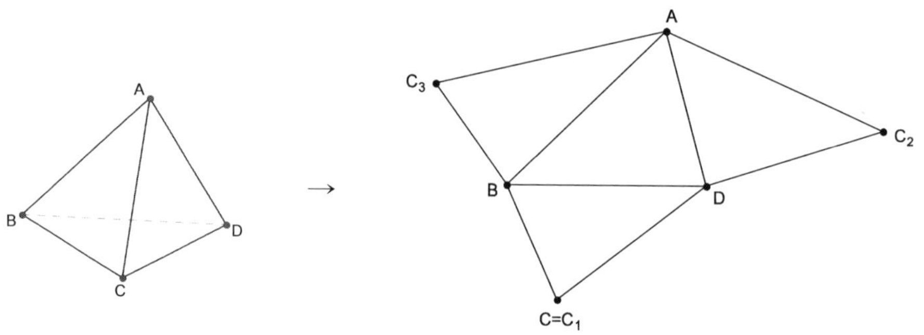

그림 5.27

위 그림 5.27에서

$$\overline{BC_1} = \overline{BC_3},\ \overline{DC_1} = \overline{DC_2},\ \overline{AC_2} = \overline{AC_3} \qquad \cdots\cdots\cdots \ (※)$$

가 성립한다. 이제 역으로

주어진 $\triangle ABD$ 의 외부에 조건 (※) 를 만족하는 3개의 임의의 삼각형을 붙이면, 이들을 접어서 사면체로 만들 수 있겠는가?

라는 의문이 생긴다. 답은 『No』 이다. 왜냐하면 예컨대 $\angle ABC_3$ 와 $\angle BDC_1$ 이 너무 작으면 접더라도 2점 C_1 과 C_3 이 만나지 않기 때문이다. 그렇다면

임의로 고정된 점 $C_1 = C$ 에 대해서 사면체의 전개도로 되는 2점 C_2 와 C_3 는 항상 존재하는가? 또한 이들을 어떻게 잡으면 되겠는가?

이 문제는 선분의 길이 $\overline{AC_2}$ $(=\overline{AC_3})$ 를 구하는 문제로도 볼 수 있으며, 그것은 사면체 $ABCD$ 에서 능 $\overline{AC}$ 에 해당하므로, 아래의 그림에서처럼 사각형 $ABCD$ 에서 대각선 $\overline{BD}$ 를 접는 선으로 하여 $\triangle CBD$ 를 접어나가는 도중에 얻어질 것이다.

완전히 접었을 때 점 C 의 위치를 C' 이라 하면, 결국 점 C 는 반원을 그리면서 점 C' 에 도달하게 되는 것이다. 따라서 이 반원 상의 임의의 점 P 에 대해서

$$\overline{AC} > \overline{AP} > \overline{AC'}$$

인 관계가 성립한다. 다시 말해서 점 P 가 점 C 에서 C' 으로 나아감에 따라 $\overline{AP}$ 는 $\overline{AC}$ 에서 $\overline{AC'}$ 으로 연속적으로 단조감소함을 (좌표를 이용하더라도) 쉽게 알 수 있다. 그러므로 구하고자 하는 길이 $\overline{AC_2}$ 는

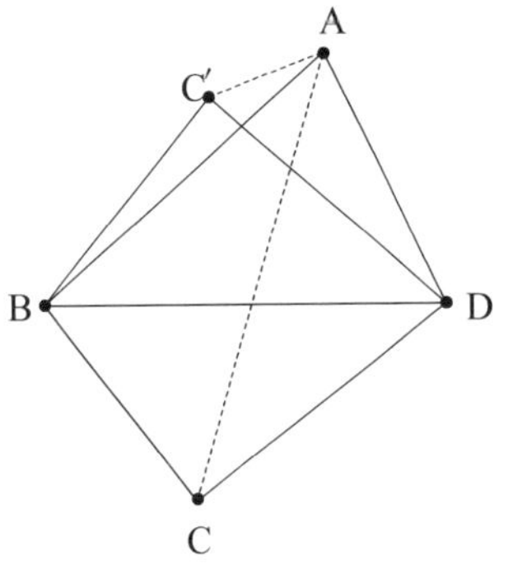

그림 5.28

$$\overline{AC} > \overline{AC_2} > \overline{AC'}$$

를 만족한다. 즉, $\overline{AC} > k > \overline{AC'}$ 을 만족하는 임의의 양인 실수 k 에 대해서

$$\overline{AC_2} = \overline{AC_3} = k$$

를 만족하는 점 C_2, C_3 이 $(\overline{BC_3} = \overline{BC},\ \overline{DC_2} = \overline{DC}$ 로 정해져 있으므로) 일의적으로 존재하여 사면체의 전개도가 얻어지게 된다.

문제 5.2.1

아래의 그림 5.29와 같은 사면체 $ABCD$ 는 $\overline{BD}$ 의 대변 $\overline{AC}$ 의 길이를 x 라 할 때 $\frac{7}{5} < x < 5$ 의 범위에서만 존재함을 보여라.

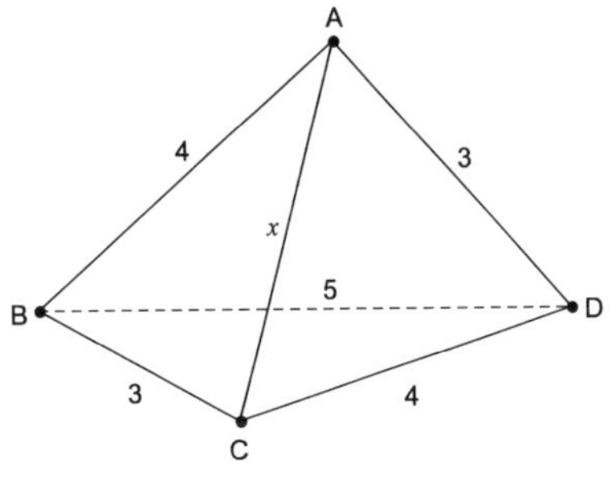

그림 5.29

5.2.2 3직각사면체

원점인 O 인 직교좌표계의 각 축 상에 아래의 그림과 같이 3점 $A,\ B,\ C$ 를 잡아 사면체 $O-ABC$ 를 만든다. 이것은 정점 O 에서의 3개의 면각이 모두 직각이므로 이를 특히 **3직각사면체**라 부른다.

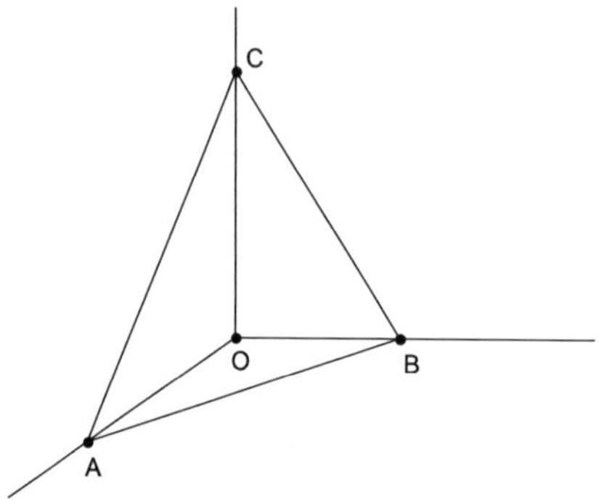

그림 5.30

이와 같은 3직각사면체의 밑면인 $\triangle ABC$ 는 예각삼각형이다. 그리고 그 역도 성립한다. 다시 말해서

정리 5.2.2

> 임의로 주어진 예각삼각형 ABC 를 밑면으로 하는 3직각사면체 $O-ABC$ 는 단하나 존재한다.

증명 $A(x,\ 0,\ 0),\ \ B(0,\ y,\ 0),\ \ C(0,\ 0,\ z)\ \ ;\ \overline{AB}=u,\ \ \overline{BC}=v,\ \ \overline{CA}=w$ 라 하여 연립방정식

$$x^2+y^2=u^2,\ \ y^2+z^2=v^2,\ \ z^2+x^2=w^2$$

을 만족하는 양인 실수 $x,\ y,\ z$ 가 단 한 쌍 존재함을 보이면 충분하다. 실제로 $\triangle ABC$ 가 예각삼각형이므로 양인 실수 $x,\ y,\ z$ 는 다음과 같이 일의적으로 정해진다.

$$x=\sqrt{\frac{1}{2}(u^2-v^2+w^2)}\ ,\ y=\sqrt{\frac{1}{2}(u^2+v^2-w^2)}\ ,$$

$$z = \sqrt{\frac{1}{2}(-u^2 + v^2 + w^2)} \quad \cdots\cdots \ (*)$$

■ ■ ■

문제 5.2.3 4면이 모두 직각삼각형인 사면체(이를 **4직각사면체**라 부르기도 한다.)는 존재하는가?

풀이 답은 yes. 아래 그림 5.31의 왼쪽 그림 참조. ■ ■ ■

문제 5.2.4 4면이 모두 둔각삼각형인 사면체는 존재하는가?

풀이 답은 yes. 아래 그림 5.31의 오른쪽 전개도를 참조. 앞서 소개한 판정 조건을 활용하여 실제로 이 그림이 사면체의 전개도가 됨을 보일 수 있다.

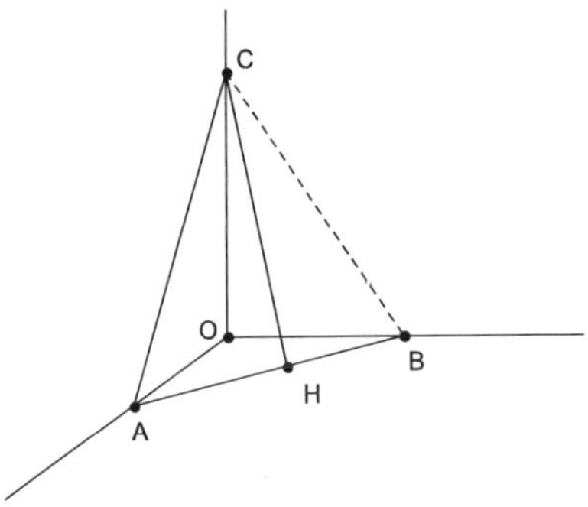

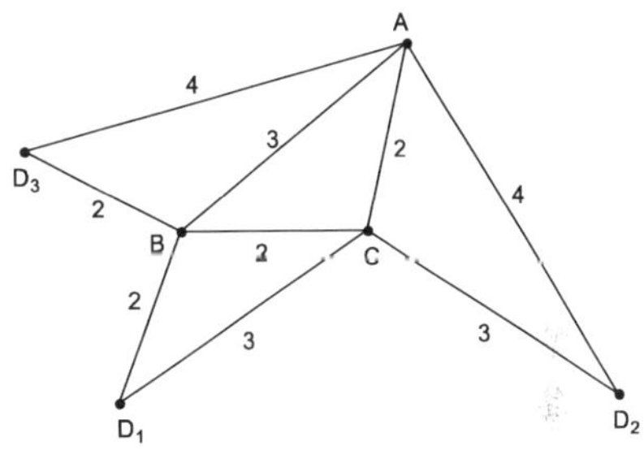

그림 5.31 ■ ■ ■

5.2.3 등면사면체

정사면체는 사면체 중에서 대표적인 것으로 각 면이 합동인 정삼각형으로 이루어진 것이다. 정사면체의 일반화로서 각 면이 합동인 삼각형으로 이루어진 사면체(이를 **등면사면체**라 함.)를 생각해 보기로 한다. 등면사면체의 한 정점에서 나아가는 세 변을 잘라 펼치면 위의 그림과 같이 삼각형

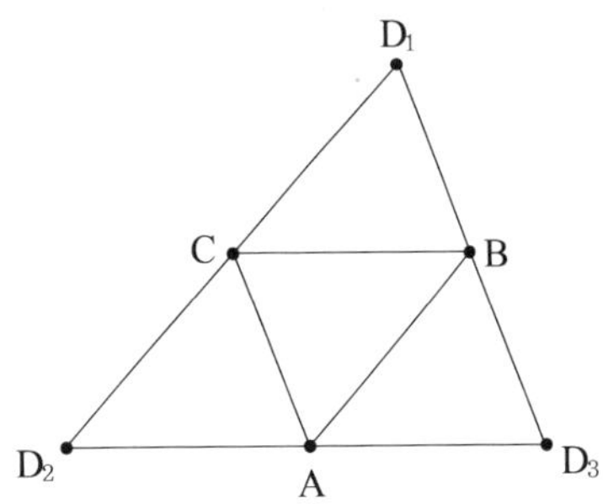

그림 5.32

을 얻을 수 있음을 쉽게 알 수 있다. 더욱이 이 경우에 점 A, B, C는 각 변의 중점임을 상기할 것. 역으로 그림 5.32와 같은 삼각형 $D_1D_2D_3$ 이 주어졌을 때 각 변의 중점을 이은 선분을 접는 선으로 하여 접어나가면 등면사면체를 얻을 수 있다.

위의 사실을 이용하여 다음과 같은 정리를 얻을 수 있다.

정리 5.2.5

등면사면체의 면은 예각삼각형이다. 또, 임의로 주어진 예각삼각형을 면으로 하는 등면사면체는 일의적으로 존재한다.

증명 아래의 왼쪽 그림은 둔각삼각형인 경우에 이것을 이용하여 등면사면체를 만들 수 없음을 말하고 있다. 직각삼각형인 경우에는 마찬가지로 만들 수 없음을 알 수 있다. 그러나 예각삼각형인 경우에는 각 변의 중점을 이은 선분을 접는 선으로 하여 접었을 때, 세 점 D_1, D_2, D_3 은 삼각형 $D_1D_2D_3$ 의 수심 H 에서 세운 $\triangle ABC$ 의 수선 상에 놓이게 되므로 일의적으로 존재한다. (그림 5.33의 오른쪽 그림에서 삼수선의 정리를 활용할 것) ■

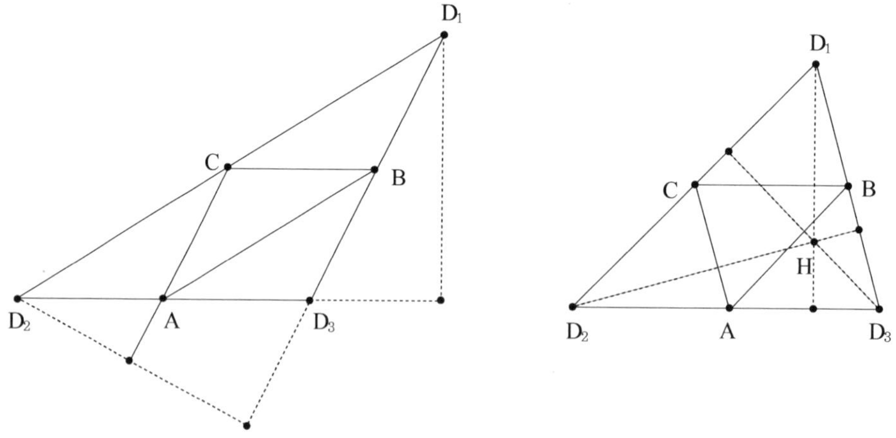

그림 5.33

별해 아래의 그림과 같은 직육면체 $OBPC-DRAQ$ (이를 간단히 T로 나타내기로 한다.)에서 정점 A의 좌표를 $A(a, b, c)$ 라 한다. 이제 직육면체 T의 4정점 $O,\ P,\ Q,\ R$ 에서

정점이 O 이고 밑면이 BCD 인 삼각추 Y_O,
정점이 P 이고 밑면이 CBA 인 삼각추 Y_P,
정점이 Q 이고 밑면이 ADC 인 삼각추 Y_Q,
정점이 R 이고 밑면이 DAB 인 삼삭추 Y_R

을 만들어 잘라내면 사면체 $ABCD$ 를 얻을 수 있다. 그런데 이들 4개의 삼각추는 모두 서로 합동이므로 사면체 $ABCD$ 의 각 면도 서로 합동이다. 따라서 사면체 $ABCD$ 는 등면사면체이다. 이 사면체 $ABCD$ 를 직육면체 T 의 내접사면체라 부르기로 한다. 내접사면체의 체적 V 를 조사하여 보면 다음과 같다.

$$T = abc,$$

$$Y_O = Y_P = Y_Q = Y_R = \frac{1}{6}abc$$

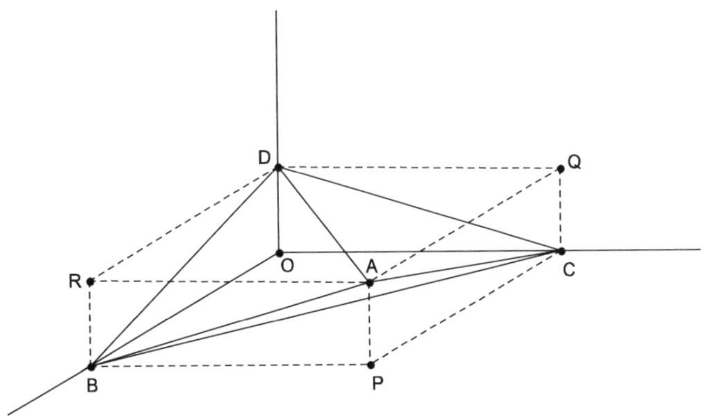

그림 5.34

$$V = T - (Y_O + Y_P + Y_Q + Y_R) = \frac{1}{3}abc$$ ■ ■ ■

이상의 사실로부터 다음을 얻는다.

직육면체의 내접사면체는 등면사면체이며, 그 체적은 직육면체의 체적의 $\frac{1}{3}$ 이다.

임의로 등면사면체 $ABCD$ 가 주어졌다고 하자. 이때 $\triangle BCD$ 는 예각삼각형이므로 정리 5.2.5에 의하면 3직각사면체 $O-BCD$ 는 일의적으로 정해진다. 다시 말해서 정점 B, C, D 를 각각 직교좌표계의 x 축, y 축, z 축의 양의 방향에 일의적으로 배치할 수 있다. 이제

$$B(x, 0, 0),\quad C(0, y, 0),\quad D(0, 0, z) \qquad \cdots\cdots\cdots\cdots \ (☆)$$

라 하여 점 $E(x, y, z)$ 를 택하면 직육면체의 내접사면체로서의 등면사면체 $EBCD$ 를 얻을 수 있다. 그런데 등면사면체 $ABCD$ 와 $EBCD$ 는 동일한 밑면삼각형 BCD 를 가지므로 정리 5.2.2로부터 일치함을 알 수 있다. 따라서 다음의 정리를 얻는다.

정리 5.2.6

임의의 등면사면체는 어떤 직육면체의 내접사면체가 된다. 이때 그 직육면체는 이 등면사면체에 대해서 일의적으로 정해진다.

위에서 살펴본 사실들을 바탕으로 하여 등명사면체의 체적을 구하는 공식을 다음과 같이 유도할 수 있다.

먼저 등면사면체 $ABCD$ 의 정점 $B,\ C,\ D$ 의 좌표를 위의 (☆)와 같이 두면 등면사면체의 체적은 $\frac{1}{3}xyz$ 이다. 따라서

3변의 길이가 각각 $u,\ v,\ w$ 인 예각삼각형을 면으로 하는 등면사면체의 체적 V 는 다음의 공식에 따라 구할 수 있다.

$$V = \frac{1}{12}\sqrt{2(u^2 - v^2 + w^2)(u^2 + v^2 - w^2)(-u^2 + v^2 + w^2)}$$

이는 삼각형에서의 Heron의 공식에 상응하는 것으로 활용도가 높을 것으로 생각된다.

참고

임의의 등면사면체는 어떤 직육면체의 내접사면체가 된다는 사실로부터 다음을 쉽게 얻을 수 있다:

(1) 대변의 길이는 서로 같다. (마주 보고 있는 직사각형을 생각할 것)

(2) 대변의 중점을 이은 선분(이를 **대변중선**이라 함)은 대변에 수직이다. (직육면체의 대면을 볼 것)

(3) 3개의 대변중선은 1점에서 서로 직교한다. (실제로 직육면체의 중심에서)

참고

사면체에서 각 면의 넓이가 같으면 각 면은 서로 합동이다. 즉, 등적사면체는 등면사면체이다.[7)]

참고

등면사면체의 성질로서

$$\text{무게중심 } G = \text{외심 } F = \text{내심 } I$$

기 성립함을 다음과 같이 보일 수 있다.

먼저 등면사면체 $ABCD$ 를 내접사면체로 하는 직육면체를 생각한다. 이때 이 직육면체의 중심 E 으로부터 정점 A, B, C ,D 는 등거리에 있으므로 점 E 는 이 등면사면체의 외심(외접하는 구의 중심) F 와 일치한다. 또, 점 E 를 정점으로 하는 4개의 사면체

$$EABC,\ \ ECDA,\ \ EBAD,\ \ EDCB$$

는 서로 합동이므로, 점 E 로부터 사면체의 각 밑면에 내린 수선의 길이는 서로 같다. 따라서 점 E 는 등면사면체 $ABCD$ 의 내심(내접하는 구의 중심) I 와 일치한다.

끝으로 원점 O 를 시점으로 하는 각 정점의 위치벡터는 (☆) 에서처럼

$$\overrightarrow{OB} = (x, 0, 0),\ \overrightarrow{OC} = (0, y, 0),\ \overrightarrow{OD} = (0, 0, z),\ \overrightarrow{OA} = (x, y, z)$$

로 되므로 무게중심 G 의 위치벡터는

$$\begin{aligned}\overrightarrow{OG} &= \frac{1}{4}(\overrightarrow{OB} + \overrightarrow{OC} + \overrightarrow{OD} + \overrightarrow{OA}) \\ &= \frac{1}{2}(x, y, z) \\ &= \overrightarrow{OE}\end{aligned}$$

로 주어진다. 그러므로 $G = E$ 이다.

7) 岩田至康編, 幾何學大辭典, 第2卷, 槇書店(1992), p. 151.

5.3 부동점에 관한 Nishiyama의 정리

먼저 위상수학에서 잘 알려진 **Brouwer의 부동점정리**란 다음을 말한다.

『원판 $B^2 := \{(x, y) \in R^2 \mid x^2 + y^2 \leq 1\}$ 에서 정의된 연속사상 $f : B^2 \to B^2$ 는 반드시 부동점 $a \in B^2$, 즉 $f(a) = a$ 를 만족하는 점을 갖는다.』

Brouwer의 부동점정리를 증명하기 위해서는 다음의 보조정리가 필요하다.

보조정리 5.3.1

연속인 사상 $g : B^2 \to S^1$ 로서 아래의 조건

$$g(x) = x, \quad \forall x \in S^1$$

을 만족하는 것은 존재하지 않는다.

증명 연속인 사상 $g : B^2 \to S^1$ 로서 조건 『$g(x) = x, \ \forall x \in S^1$』 을 만족하는 것이 존재한다고 가정한다. 이때

$$h : S^1 \to B^2 \ ; \ h(x) = x, \quad \forall x \in S^1$$

에 대해서

$$g \circ h : S^1 \to S^1 \ ; \ (g \circ h)(x) = x, \ \forall x \in S^1$$

이다. 따라서 $g \circ h$ 는 루프(loop)로서 S^1 내에서는 한 점으로 축약이 되지 않는다.

한편

$$g_t \ : \ B^2 \to S^1 \ ; \ g_t(x, y) := g(t + (1-t)x, (1-t)y)$$

를 생각하면 $g_t \circ h$ 는 $g \circ h$ 와 $g_1 \circ h$ 를 연결하는 homotopy이다. 더욱이

$$(g_1 \circ h)(x, y) = (1, 0), \quad \forall (x, y) \in S^1,$$

즉 $g_1 \circ h$ 는 constant map이다. 따라서 이것은 $g \circ h$ 가 한 점으로 축약된다는 의미이므로 모순이다. ■ ■ ■

Brouwer의 부동점정리의 증명 만약 부동점이 존재하지 않는다면

$$\overrightarrow{f(x)x} \neq 0, \ \forall x \in B^2$$

이다. 이제 사상 $g : B^2 \to S^1$ 를

$$g(x) := \overrightarrow{f(x)x} \cap S^1, \ \forall x \in B^2$$

으로 정의하면, $g : B^2 \to S^1$ 는 조건 『$g(x) = x, \ \forall x \in S^1$』 을 만족하는 연속인 사상이다. 이는 보조정리 5.3.1에 모순이므로 사상 f 는 부동점을 적어도 하나 갖는다.

참고

위의 Brouwer의 부동점정리는 보다 일반적인 compact인 볼록집합에서 성립하지만, 여기서는 Nishiyama의 정리와 관련된 것을 소개하기 위하여 B^2 인 경우만을 생각하기로 한다.

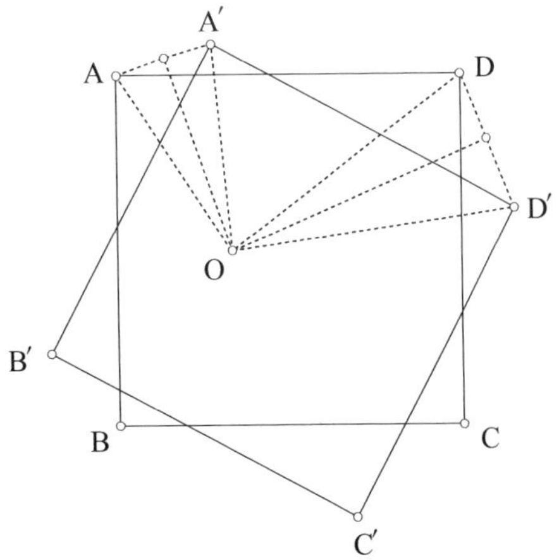

그림 5.35

부동점에 관한 Nishiyama의 정리는 위의 그림 5.35와 같이 2장의 정사각형

의 종이가 무작위로 놓여 있을 때, 윗면 $A'B'C'D'$ 을 적당히 회전시켜 아래면 $ABCD$ 에 포개기 위한 부동점(회전의 중심)을 보다 쉽게 구하는 방법을 소개한 것이다. 부동점을 찾기 위한 Euclid기하에서의 작도법으로 알려진 것은 다음과 같다.

『위의 그림 5.35에서처럼 $\overline{AA'}$ 과 $\overline{DD'}$ 의 수직이등분선의 교점을 O 라 하면

$$\triangle OAD \equiv \triangle OA'D'$$

이므로 점 O 가 이 경우의 부동점(회전의 중심)이다.』

Nishiyama([13,14])는 1982년에 이와 같은 부동점을 그림 5.36에서처럼 대응되는 변의 교점을 이은 선분의 교점으로 구할 수 있음을 보였다.(증명은 뒤에서 논함.) 정사각형의 경우에 네 변이 모두 같으므로 포개는 방법은 4가지이며, 아울러 회전의 중심도 4개가 있다. 그림 5.37, 5.38, 5.39는 나머지 경우의 Nishiyama의 작도를 보인 것이다. 위에서 보인 Euclid기하의 방법에서는 자와 compass가 필요한 반면에 Nishiyama의 작도법에서는 compass를 쓰지 않아도 된다는 점이 큰 특징이라 하겠다.

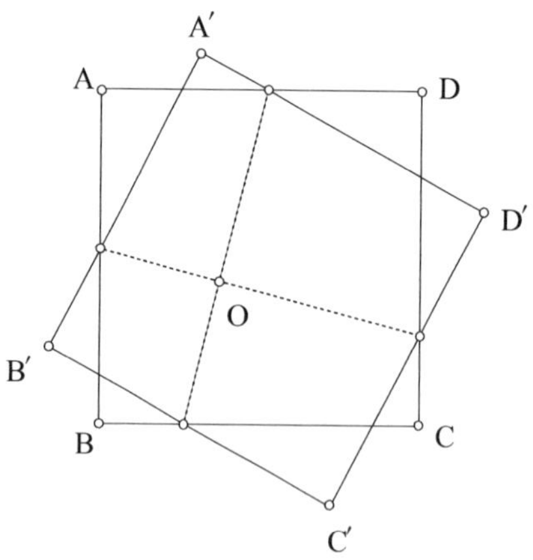

그림 5.36

(점 O 를 중심으로 $-28°$ 만큼 회전)

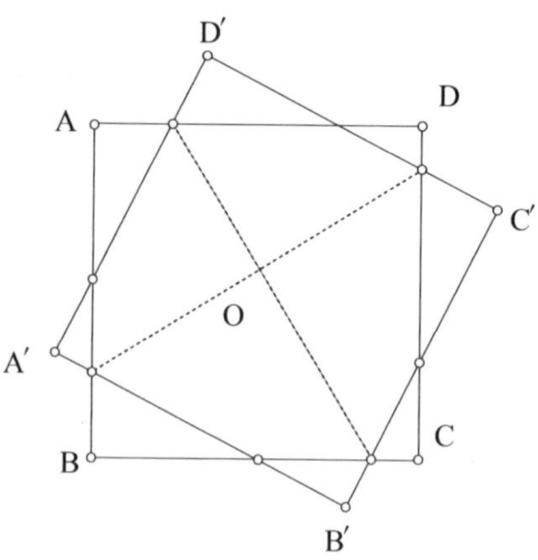

그림 5.37

(점 O 를 중심으로 $-298°$ 만큼 회전)

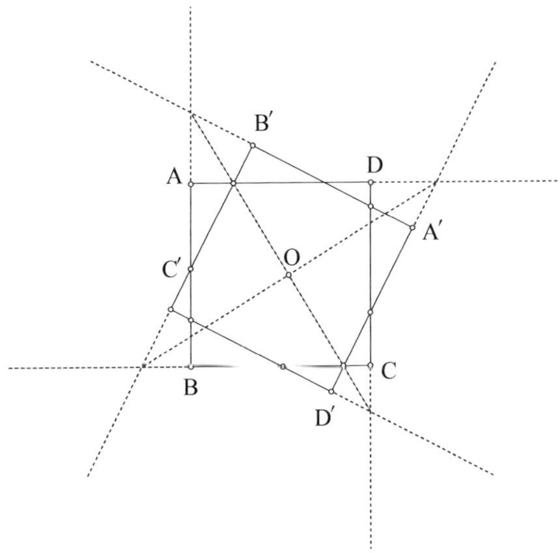

그림 5.38 (점 O를 중심으로 $-118°$ 만큼 회전)

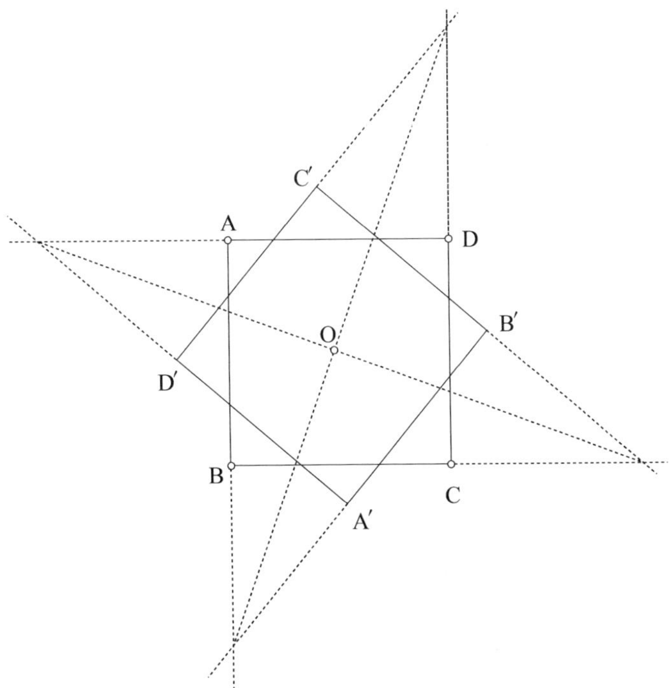

그림 5.39 (점 O를 중심으로 $-220°$ 만큼 회전)

5.3.1 Nishiyama의 정리의 증명([13, 14, 15, 16])

아래 그림 5.40과 같이 서로 만나는 두 직선 l_1, l_2 를 포개도록 하는 부동점(회전의 중심)은 l_1, l_2 의 교각의 이등분선 상에 있다. 실제로 교각의 이등분선 상의 임의의 점 Q 를 잡아 Q 에서 l_1, l_2 에 내린 수선의 발을 차례로 R, S 라 하면 $\triangle QPR \equiv \triangle QPS$ 이다. 따라서 $\overline{QR} = \overline{QS}$. 그러므로 점 Q 를 중심으로 회전하면 직선 l_1, l_2 는 포개어진다.

다음으로 그림 5.41에서처럼 나란한 두 직선 l_1, l_2 가 거리가 같은 나란한 두 직선 l_3, l_4 와 만난다고 하자. 이때 $\square EFGH$ 는 마름모이므로 대각선 $\overline{EG}$ 는 $\angle FEH$, $\angle FGH$ 를 각각 이등분한다. 여기서 그림 5.41과 같이 대각선상의 임의의 한 점 Q 를 잡아, Q 를 중심으로 l_1, l_2 를 회전하면 l_3, l_4 에 각각 포개어진다.

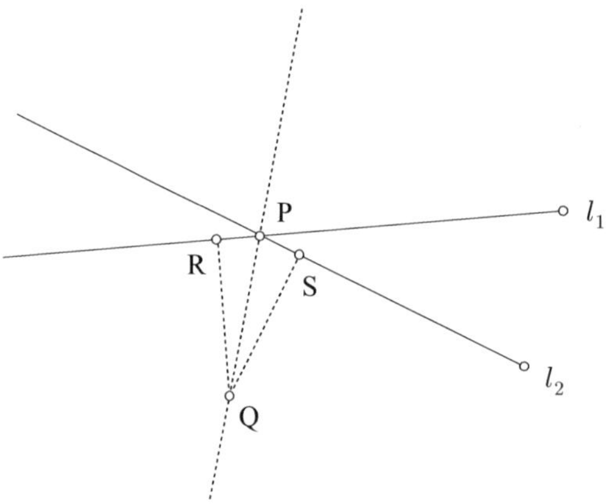

그림 5.40

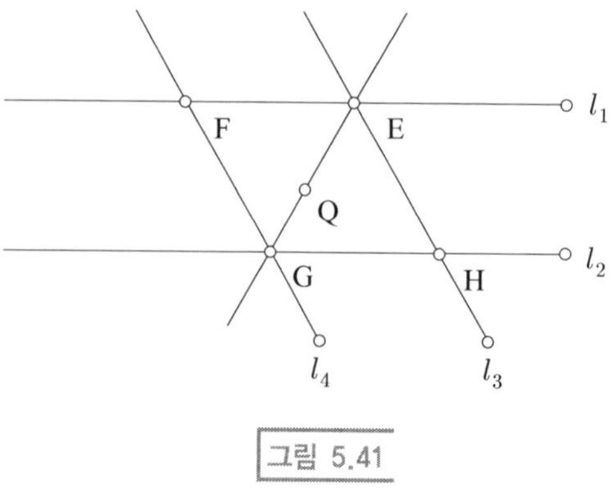

그림 5.41

이제 그림 5.42를 이용하여 Nishiyama의 작도법의 타당성을 보이기로 한다. 먼저 $\overline{PR}$은 $\angle APD'$, $\angle B'RC$를 각각 이등분함을 알 수 있다. 따라서 $\overline{PR}$ 상의 임의의 점을 회전의 중심으로 잡으면 변 $A'D'$을 변 AD로, 변 $B'C'$을 변 BC로 각각 포갤 수 있다. 마찬가지로 $\overline{QS}$ 상의 임의의 점을 회전의 중심으로 잡으면 변 $A'B'$을 변 AB로, 변 $C'D'$을 변 CD로 각각 포갤 수 있다. 그러므로 4변이 동시에 포개어지기 위해서는 $\overline{PR}$과 $\overline{QS}$의 교점 O, 즉 $O := \overline{PQ} \cap \overline{QS}$가 회전의 중심이 될 수밖에 없다.

참고

(1) 앞에서 살펴 본바와 같이 정사각형의 부동점은 4개 있으며, 정팔각형의 부동점은 8개 있다. 일반적으로 정n각형의 부동점은 n개 있음을 알 수 있다. 따라서 n을 점차 크게 잡음으로써 원의 부동점은 무수히 많음을 예측할 수 있다. 실제로 다음절에서 이와 같은 사실이 성립함을 알 수 있으며, 더욱이 이들 부동점은 한 직선 위에 놓여 있음도 알 수 있다.

(2) Nishiyama의 부동점의 작도법에서 필요한 것은 사각형의 대변이 평행이라는 사실뿐이므로 정사각형뿐만이 아니라 직사각형 내지 평행사변형에도 이 작도법을 적용할 수 있다.

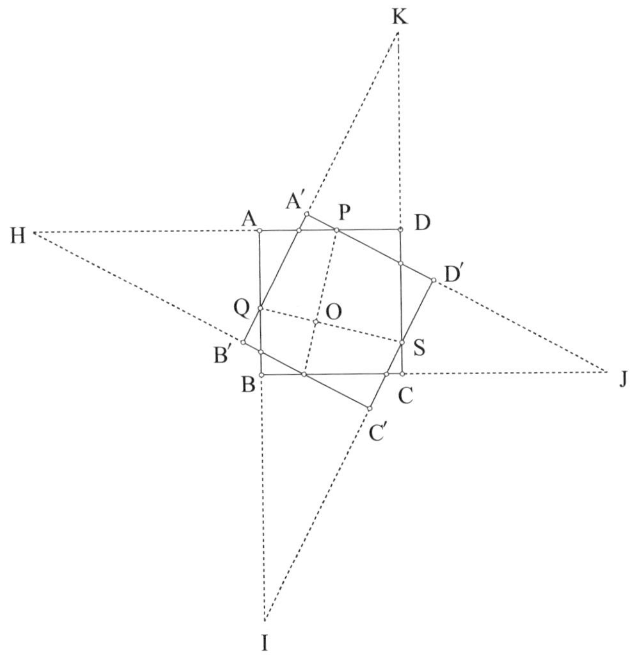

그림 5.42

5.3.2 원의 부동점([15, 16])

그림 5.43에서처럼 원 O, O' 의 교선 XY 상의 임의의 점 P 를 잡아, P 를 회전의 중심으로 원 O' 을 회전하면 원 O 에 포개어진다. 다시 말해서 점 P 는 이 변환의 부동점이 된다. 왜일까?. 실제로 이 변환에 의해서 점 P, O' 을 지나는 선분 $A'B'$ 은 점 P, O 를 지나는 선분 AB 로 옮겨지므로 쉽게 알 수 있다. 이 경우에

$$\overline{PA}=\overline{PA'}, \quad \overline{PB}=\overline{PB'} \quad \cdots\cdots\cdots\cdots\cdots\cdots \quad (*)$$

이 성립한다.

그림 5.44에서처럼 부동점을 P_1, P_2, P_3 로 각각 택했을 때 교선 XY 는 선분

$$X_1Y_1, \; X_2Y_2, \; X_3Y_3$$

롤 옮겨짐을 알 수 있다.(작도방법은 위의 관계 (*) 를 참조할 것.)

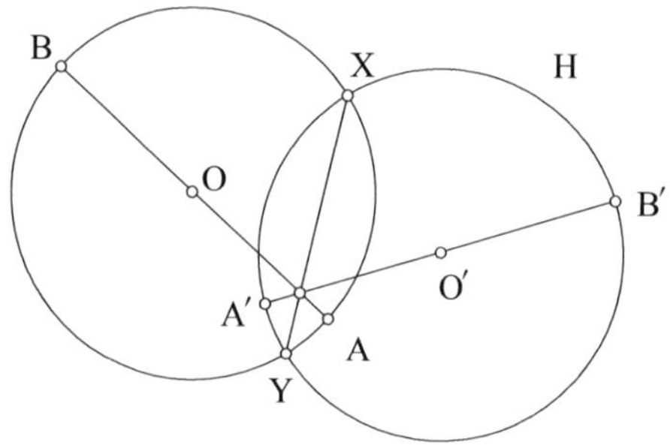

그림 5.43

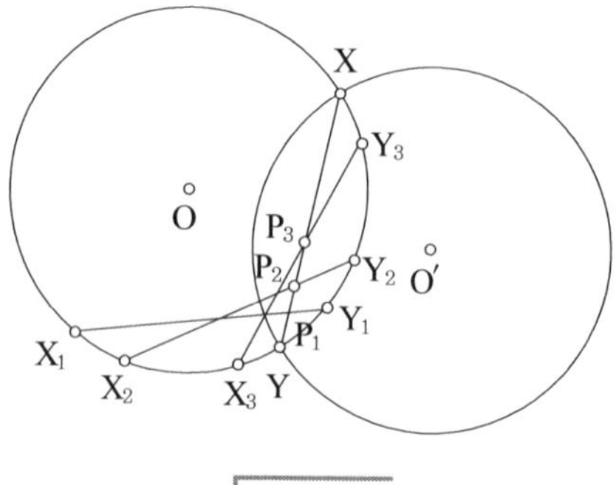

그림 5.44

문제 5.3.2 아래의 그림 5.45를 이용하여 정사각형의 부동점 4개는 한 직선 위에 놓여 있음을 설명하여라.

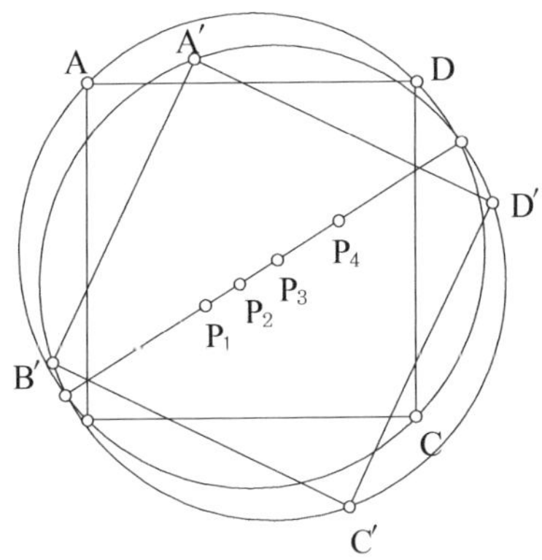

그림 5.45

문제 5.3.3 **岡部의 사진문제**

상사변환의 부동점에 관한 한 예로서 Okabe의 사진문제([17])를 소개하고자 한다.

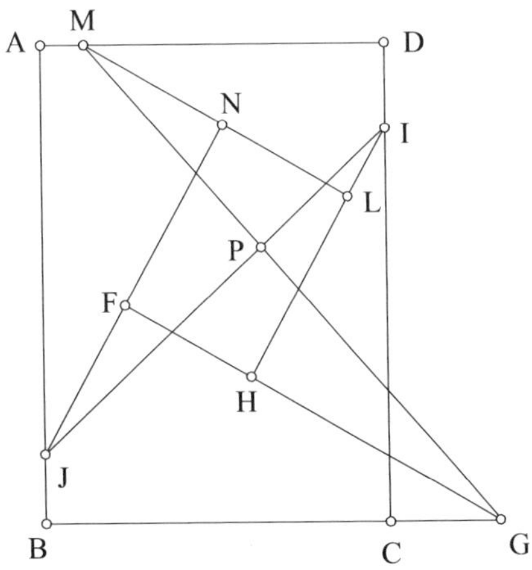

그림 5.46

주어진 사진 α 와 이것을 축소하여 만든 사진 β 가 있다고 한다. 사진 α 위에 사진 β 를 비어져 나오지 않게 놓을 때 대응점이 포개어지는 곳, 즉 부동점이 있으며 그 부동점을 찾는 방법으로 다음과 같은 것이 잘 알려져 있다.

주어진 사진 α 를 동일한 비율로 차례로 축소한 것을 같은 위치관계를 유지하면서 계속해서 배치해 가면 결국 한 점에 수렴한다. 이때 이 극한점이 찾고자 하는 부동점이다.

이 방법은 지극히 수학적이므로 이를 보다 사실성 있게 보인 방법이 위의 그림 5.46이다.(Okabe [18], Okabe-Kojima [19])

나의 노트

참고문헌

[1] 김경동, 김희식, 비유클리드기하학의 모험 택시기하학, 경문사, 2004.

[2] 박진석, 김향숙, 해석기하학 개론[제2판], 경문사, 2011.

[3] 이강섭 외 6인, 수학II, (주)지학사, 2002.

[4] 장경윤, 택시 기하-교사와 학생을 위한 비유클리드 기하학, 수학교육학 연구 제4권 제1호 9번째 논문, 1994.

[5] 최상기 외 5인, 고등학교 수학 2, 고려출판사, 2003.

[6] 최상기 외 5인, 고등학교 수학 2 교사용지도서, 고려출판사, 2003.

[7] 한국과학기술원 수학문제연구회, 한국과학기술원 과학영재센터, 최수영, 카이스트 사이버 원격교육 자료, 2002.

[8] 홍성대, 공통수학의 정석, 성지출판사.

[9] George A. Jennings, *Modern Geometry with Applications*, Springer-Verlag, 1994.

[10] M. J. Greenberg, 유클리드 기하학과 비유클리드 기하학, 경문사, 1996.

[11] Dale Varberg and Edwin J. Purcell, *Calculus with Analytic Geometry*, 6th Edition, Prentice Hall, Englewood Cliffs, New Jersey, 1992.

[12] 村崎武明(むらさき たけあき, 群馬大學 教育學部), 等面四面体から等面六面体へ, 數學 セミナ, 2004년 2월호, pp. 48-52.

[13] 西山 豊, 折紙をそろえる, 數學セミナ, 日本評論社, 1982年 2月号, 表紙, p. 28.

[14] 西山 豊, 不動点を見せします, 數學セミナ, 日本評論社, 1982年 8月号, 表紙, p. 122

[15] 西山 豊, 圓を重ねる, 數學セミナ, 日本評論社, 1986年 11月号, 表紙, pp. 67−69.

[16] 西山 豊, 不動点を見せる, 數學セミナ, 日本評論社, 2002年 2月号, pp. 14−18.

[17] 岡部 恒治, エレガントな解答をもとむ(出題), 數學セミナ, 日本評論社, 1989年 1月号.

[18] 岡部 恒治, エレガントな解答をもとむ(解答), 數學セミナ, 日本評論社, 1989年 4月号.

[19] 岡部 恒治, 小島 誠, 不動点の存在について, 數學セミナ, 日本評論社, 2002年 2月号, pp. 19-23.

참고 사이트

[1] http://www.mathlove.org/doc/papers/0046.html

[2] http://www.math.uncc.edu

[3] http://math.rice.edu/!pcmi/sphere/sphere.html

[4] http://www.mccallie.org/myates/Sphereica.htm

[5] http://www.shef.ac.uk/physics/people/vdhillon/teaching/phy105/phy1...

[6] http://www.djuga.net/winglobe.html

[7] http://www.andong.ac.kr

[8] http://cont112.edunet4u.net/%7Ejin0629/ckdgh/life001.htm

[9] http://myhome.hanafos.com/%7Esyji/refl01.htm

[10] http://www.du.edu/~jcalvert/math/ellipse.htm

[11] http://www.ies.co.jp/math/java/conics/toy/toy.html

[12] http://www.ies.co.jp/math/java/conics/focus_hyper/focus_hyper.html

[13] http://www.komal.hu/cikkek/dandelin/ellipszis.e.shtml

[14] http://en.wikipedia.org

[20] http://www.ngii.go.kr/index.html

[21] http://www.math.uh.edu/~dog/Math3305/Taxicab%20Geometry.doc

[22] http://www.montanamath.org/TMME/v2n1/TMMEv2n1a5.pdf

[23] http://www.ogu.edu.tr/~math/menu/download/01-1.pdf

찾아보기

14 생각하는 수학

중등수학 교과내용으로

기하학 다시보기 제4판

지은이 김향숙·정승달
펴낸이 조경희
펴낸곳 경문사
펴낸날 2007년 3월 30일 1판 1쇄
2025년 9월 5일 4판 3쇄
등 록 1979년 11월 9일 제313-1979-23호
주 소 04057, 서울특별시 마포구 와우산로 174
전 화 (02)332-2004 팩스 (02)336-5193
이메일 kyungmoon@kyungmoon.com
facebook facebook.com/kyungmoonsa

값 17,000원

ISBN 978-89-6105-360-0
ISBN 89-7282-735-5(세트)

★ 경문사 홈페이지에 오시면 즐거운 일이 생깁니다.
http://www.kyungmoon.com

한국과학기술출판협회 회원사